U0223109

时空信息支撑下的城市定量研究

杨卫军　何华贵　刘　洋等　著

科学出版社
北　京

内 容 简 介

本书是一本聚焦于城市定量研究领域的 FME 软件实操性工具书。全书系统梳理了城市研究的基本概况、指标体系、时空数据类型和来源、定量分析模型等内容，阐述了在多源、人本、时空特征的新数据环境下，地理空间分析如何与多专业融合发展，解决城市研究可量化、可视化等问题。对产业分析、土地利用、人口、宜居、遥感、交通、不动产 7 个应用专题进行重点介绍，并以广州市城市规划勘测设计研究院数据中台搭建为案例，将研究成果进行全面应用和推广。

本书适合地理信息系统专业学生阅读，也可供城市定量分析模型研究人员、FME 软件建模人员及空间分析从业人员使用和参考。

粤 S（2022）364 号

图书在版编目（CIP）数据

时空信息支撑下的城市定量研究/杨卫军等著. —北京：科学出版社，2023.10

ISBN 978-7-03-076258-0

Ⅰ. ①时… Ⅱ. ①杨… Ⅲ. ①地理信息系统－应用－城市规划－研究－中国 Ⅳ. ①TU984.2-39

中国国家版本馆 CIP 数据核字（2023）第 165267 号

责任编辑：郭勇斌　邓新平　常诗尧 / 责任校对：张亚丹
责任印制：吴兆东 / 封面设计：义和文创

科学出版社出版
北京东黄城根北街 16 号
邮政编码：100717
http://www.sciencep.com
北京中石油彩色印刷有限责任公司印刷
科学出版社发行　各地新华书店经销
*
2023 年 10 月第 一 版　开本：720 × 1000　1/16
2024 年 4 月第二次印刷　印张：19　插页：2
字数：378 000

定价：179.00 元

（如有印装质量问题，我社负责调换）

前　言

近年来，基于大数据的城市研究方法已经成为热点研究问题，各个院校和机构也逐渐成立了相应的研究队伍，如武汉大学资源与环境科学学院成立了武汉大学城市化研究室；北京市城市规划设计研究院与联通智慧足迹共同成立了智慧足迹-北规院规划大数据联合创新实验室；龙瀛、茅明睿等成立了北京城市实验室。城市研究方法越来越多，从传统的统计学方法到基于地理信息的空间分析方法，体现出明显的跨专业特性，并表现在以下几个方面。

（1）城乡规划专业与地理信息科学专业的融合。首先，地理信息科学专业逐步关注城市研究问题，如武汉大学资源与环境科学学院翁敏等开设空间数据分析（spatial data analysis，SDA）课程，并著《空间数据分析案例式实验教程》，将空间分析方法运用到城市研究的应用实践当中去，选取社会弱势性空间格局分析、社区生活圈可步性测度等 16 个综合案例。很多规划工作者在进行城市研究时开始运用地理信息方面的工具，如上海市城市规划设计研究院开始通过运用 FME（feature manipulate engine）来解决城市规划方面的问题，开展城市规划中的时空圈及街道形态分析应用。

（2）对于分析模型的定量化要求越来越高，复杂度也大大提高。城市研究方面的分析模型已不再满足于定性分析，而是需要基于大数据环境的定量分析。在北京市城市规划设计研究院龙瀛等著的《城市规划大数据理论与方法》中，运用了大量各类空间数据分析工具，如 ArcGIS、NetworkX、Depthmap 等；《空间数据分析案例式实验教程》中，综合运用了 GeoDa、SPSS、ArcGIS 等工具。目前，对于定量空间数据分析的门槛还是比较高的，为了解决城乡规划专业的不同角度的问题，需要采用不同的算法模型和工具。

《时空信息支撑下的城市定量研究》由广州市城市规划勘测设计研究院（以下简称广州市城勘院）的编写团队进行编写。作为华南地区规模最大、专业最齐全的城市规划勘测设计高新技术单位，广州市城勘院在数据化、信息化建设方面积累了大量数据资源及项目建设经验。

广州市城勘院是一个拥有多专业的联合体，包括测量、规划、岩土、建筑等专业，自 2018 年以来陆续开展了跨专业的融合实践，实施“数据中台”战略，将地理信息中心打造成数据中心及创新中心，不仅能够服务于测量专业，还能够服务于规划、建筑等专业，真正做到了前台应用灵活多变，中台部分相对稳定。

广州市城勘院从三个方面开展研究工作。首先，围绕国土空间规划编制实施监督需求建立城市定量分析模型，综合采用云计算、大数据挖掘、遥感智能解译、深度学习算法等新一代技术，建立了城市开发、城市形态、城市功能、城市活动、城市活力、城市品质六个主题的城市定量分析模型。其次，围绕自然资源监测与城市环境评估需求建立城市感知与监测预警能力体系。2020 年，广州市城勘院申请成立了广东省城市感知与监测预警企业重点实验室，该实验室融合了规划师、测绘师、地理学者、建筑师、地质学者、经济学者，依托广东省卫星应用技术中心广州市级节点，以国产遥感卫星影像数据为核心，聚焦高精度空间感知、高分辨率遥感监测与评估、高效率城市运行常态化监测与城市体检等技术攻关方向，对自然资源监测与城市环境评估开展了多项前沿性研究。最后，围绕数据安全与按需服务需求打造时空数据中台产品。2019 年，广州市城勘院开始建立面向院内部服务的时空信息数据中台，借助数据仓库技术（ETL）和数据中台微服务架构能够灵活拓展的特性，开展空天地城市全空间数据融合，实现了基础时空数据、国土空间规划数据、公共专题数据、互联网在线抓取数据、物联网实时感知数据等自动汇交，支撑底数、底图精准构建，开展了包括多专业、多源异构数据汇交融合，国家与地方坐标自动转换，支持超 300 种数据格式自动转换，支持数据安全共享分发与自动更新，集成近 100 个城市定量分析模型库，充分体现新型基础测绘工作“按需服务、一库多能”的要求。

数据中台的建立基于“数据超市”的在线服务能力，提供模型定量分析的图形化界面与灵活的交互功能和可视化功能，全面地掌握空间信息的动态变化，进行科学的、高效的城市定量分析。我们需要找到一个建模功能强大的商业软件来支撑数据中台，幸运的是，通过 FME 的建模和开发实践，发现 FME 不仅能够满足通用空间分析的需要，而且在建立城市定量分析模型方面同样适用，具体体现在以下几个方面。

（1）通过 FME 的 500 多个转换器，能够自由组合成城市研究所需的面向复杂场景的模型，这些模型具有可量化、可视化、可调整、可拖拽、可调试的特性，在使用过程中我们越来越感觉到“没有做不到，只有想不到”。

（2）通过 FME 的桌面端工具，可以对建立的模型进行调试，有点类似于软件编程，只是 FME 通过可视化的工具实现了这一点。这样对模型的正确性进行验证，每一步的调试都有中间结果显示。

（3）通过 FME Server，实现了模型的共享，即知识的积累。某个部门开发的模型，可以快速地修改和复用于其他部门和领域，这些模型和数据一样，也是可以积累的无形资产。

（4）通过 FME Integration 的开发，我们实现了数据的在线分发、格式转换、坐标转换、在线数据加密，搭建了面向院内各个部门的地理信息数据公共服务平台，实现了地理信息数据安全地、高效地共享和分发。

在以前的地理信息方面的书中，FME 就是一款经典格式转换的软件。根据我们的实践证明和 FME 近年来的发展，FME 已经成为一款集数据清洗、ETL、建模、可视化于一体的软件；而且越来越多的应用证明 FME 内置的算子足够强大，不仅能满足地理信息领域的空间分析需要，也能够满足其他领域的分析建模需要。FME 真正实现了模型的可量化、可视化、可调整、可拖拽、可调试。虽然其他商业地理信息软件如 ArcGIS、ENVI 等也在建立自己的算法库、模型库，也开发了可视化建模工具，但其丰富程度、便捷性还在进一步完善的过程中。

本书以实际操作为目标，作为工程级的应用书籍，希望读者可以在实际的生产应用场景中应用 FME 这个工具，FME 在每一类城市定量分析模型的建立过程中，都提供了相应的示例数据及操作指引。本书附有相应的示例数据，读者可通过扫描封底二维码获取，该数据仅用于本书的配套学习使用，仅供参考，因实际情况不同，数据可能会存在一些差异。本书在编写过程中，也得到了 FME 官方代理商北京世纪安图数码科技发展有限责任公司（以下简称为北京世纪安图公司）的大力支持。

本书基于笔者和地理信息科学、城市规划等相关领域学者的最新研究理论及实践成果，结合国内 GIS 数据及应用特点，以及技术发展趋势进行撰写，在秉承学术领域理论方法及应用原则的同时，更加侧重于以实际操作解决现实所需开展的各类应用及相关问题，重视以方法和工具的形式，通过全流程讲解，为读者展示较为全面、综合的实际操作解决方案。

本书第 1 章介绍了城市研究的总体情况，并着重介绍了城市定量研究的最新发展趋势与技术变革。第 2 章介绍了城市研究指标体系的总体情况，包括城市研究指标体系发展概论、指标体系常见的构建方法，以及空天信息支撑下的城市定量研究指标情况与特点。第 3 章主要对城市定量研究所用到的常见数据及新数据进行了全面介绍，包括对传统数据进行回顾，对新数据如遥感卫星数据、物联网感知数据、互联网数据等的数据采集与汇聚、数据治理等多项技术内容进行了详细描述。第 4 章侧重于定量分析模型的讲解，对定量分析模型进行了分类，对传统定量分析方法进行了梳理与回顾，在此基础上，详细介绍了定量分析模型，特别是 FME 定量分析模型的结构、特点、功能与优势。第 5～11 章分别对大数据在城市定量分析特定领域的落地应用进行了详细描述，包括以城市开发强度分析为例的土地利用专题研究、基于互联网位置大数据的人口专题研究、基于互联网地理大数据的宜居专题研究、基于时空大数据的交通专题研究等，从研究数据获取与汇聚、模型构建、指标分析和落地应用等全流程进行一一讲解，以达到实际操作指导的效果。第 12 章着重介绍了模型的共享与发布，对模型的可复制、可推广的共享模式进行了描述，同时对 FME Server 应用案例进行了细致的讲解。第 13 章侧重于系统开发与集成应用方面的实际操作，基于 FME Integration 建设基础地理信息数据中台，对系统集成总体技术框架、详细技术路线、数据超市及在线分析服务等内容进行了介绍，并对数据中台这一近年来逐渐兴起的全新技术的特点与优势进行了展示。

目　录

第1章 概　　论

城市是人类活动最为密集的区域，人类对城市的研究从未停止。近年来，随着物联网、云计算、大数据、人工智能等新兴技术的普及，人类对城市的研究逐渐从传统数据、小范围、抽样概要尺度研究向以时空数据、大范围、连续精细监测为核心的定量研究演变。本章将对时空信息支撑下的城市定量研究时空数据环境、代表机构与发展挑战方面展开介绍。

1.1 城市定量研究时空数据环境

数据是城市定量研究的根基，是支撑起城市规划决策科学性的基石。城市定量研究发展至今，数据获取渠道从官方统计口径资料、政府行业主管部门资料到各种来源大数据，共同构成了种类丰富、形式多样的城市定量研究时空数据环境。官方的测绘数据具备高精度、高权威性，极具数据挖掘价值，包括有测绘行业数字正射影像图（digital orthophoto map，DOM）、数字高程模型（digital elevation model，DEM）、数字栅格地图（digital raster graph，DRG）、数字线划地图（digital line graph，DLG）的4D产品，以及自然资源调查等测绘成果数据。随着卫星遥感、物联网技术的蓬勃发展，以及社交媒体、智能手机等的广泛使用，更加具备开放特质的时空大数据涌现，这类新兴时空大数据的特点主要呈现出精度高（以单个的人或设施为基本单元）、数据量大（以千万级甚至是亿级为单位的记录数据量）、时效性高（每月、每日甚至是每分钟更新）、覆盖性广（不受行政区划限制）（龙瀛等，2018），可支撑城市定量、规划设计、商业资讯等方面研究。典型城市定量研究的时空数据从数据来源的角度可分为基础测绘数据、城市管理数据、运营商开放能力平台数据、企业产业数据、宏观经济统计数据和互联网大数据。

1. 基础测绘数据

基础测绘数据主要来源于测绘部门。例如，地形图包含丰富的自然地形地貌及城市基础设施，如水系、植被、建筑物、交通路网等。除此之外，基础测绘数据还包括数字正射影像图、数字高程模型、数字地表模型，以及近年来开展的实景三维中国建设成果，包括倾斜摄影测量模型、人工建模精细模型、建筑信息模型（building information model，BIM），以及新型基础测绘带来集成城市管理的地理实体属性信息。

2. 城市管理数据

城市管理数据包括城市土地利用现状、自然资源调查、土地权属、房屋建筑、地址门牌号、各类公共服务设施、地下空间设施等一系列城市对象。针对城市管理，广州市开展以“四标四实”（标准作业图、标准地址库、标准建筑物编码、标准基础网格，实有人口、实有房屋、实有单位、实有设施）为核心内容的规范城市管理专项行动工作，全面摸清人、地、房、设施和产业等信息。

3. 运营商开放能力平台数据

运营商开放能力平台可以提供手机信令数据等，手机信令数据挖掘在多个领域实现了应用，如城市职住平衡分析、城市空间结构识别、人口分布与空间活动的动态特征研究、区域交通出行特征研究、城镇体系规划中的应用研究等。手机信令数据样本量大、客观、全面、采样不会有很明显的倾向性，且数据具有较强的时空持续性，可以观测到人口移动出行整个过程，是其他数据源难以比拟的。

4. 企业产业数据

法人是指具有民事权利能力和民事行为能力，依法独立享有民事权利和承担民事义务的组织。企业产业数据具体包括法人基础信息，如组织机构代码、法人名称、状态、机构类型等；也包括法人注册登记信息、税务登记信息、统计信息等多个大类。基于政务网络、空间地理信息系统，以及支持多业务部门的数据集成和交换平台，按照统一的数据库编码标准，收集、比对、整合分散在税务、市场监管等部门的基础数据，集聚、整合各参建部门管理系统中涉及法人的基础信息（如组织机构代码、机构名称、机构类型、经济行业、业务/经营范围、机构地址、法定代表人等字段，以及机构变更、注销的相关信息），建设以组织机构代码为唯一标识的法人基础数据库。

5. 宏观经济统计数据

宏观经济统计数据以统计经济信息为基础，主要来源为政务管理部门如国家税务总局、统计局、发展和改革委员会、经济贸易委员会、市场监督管理总局、人力资源和社会保障局、财政局、海关等部门的相关宏观经济统计数据。

6. 互联网大数据

兴趣点（POI）数据、网络地图数据、公交刷卡数据、ETC 收费数据、共享单车数据、出租车数据等交通专题数据与房价数据、微博数据、夜间灯光数据等社会民生数据均为城市定量研究提供了丰富、有效的数据基础，与前文数据共同组成了支撑城市定量研究的时空信息底盘底数。

1.2 城市定量研究代表机构

目前在城市定量研究方面，国内已有多个代表机构在城市规划、城市计算、人口分析、交通优化、设施布局等多个城市管理领域开展了具有创新性、前瞻性的系列研究。

北京市城市规划设计研究院在数字规划方面，较早地开展了多项专题研究。基于遥感影像与开放数据的城市土地承载力评价，提出了基于空间分布的城市土地承载力评估方法，耦合遥感观测和社会开放数据，通过对土地利用空间分区和土地承载力指数的空间分级，估算人口承载数量阈值范围（胡腾云，2018）；城乡规划公共设施优化布置及选址模型研究，建立了一套适合我国城乡规划公共设施优化布置及选址的模型框架体系；在技术上利用时空行为地理学理论方法，设计了充分兼顾供给均等性和需求差异性的模型算法；在数据上整合城市物质空间和公众时空行为数据作为支撑；在实践上研发模型系统，普及和推动规划支持技术应用，实现行业信息化工作的整合发展和变革创新（黄晓春等，2020）；基于2008年北京市连续一周的公交刷卡数据，结合2005年居民出行调查、地块级别的土地利用图，识别公交持卡人的居住地、就业地和通勤出行距离，并将识别结果在公交站点和交通分析小区尺度上汇总（龙瀛等，2012）。

北京清华同衡规划设计研究院同样开展了多领域城市定量研究。利用公交刷卡数据提取通勤人口交通出行量（OD）信息，以此判断城市各个功能区之间的关系，还可以通过长时间的数据积累，分析同一用户的OD变化特征，反映人口居住和工作地迁移情况（王鹏等，2014）；通过出租车GPS轨迹识别人口出行特征，出租车轨迹数据量较大、分布均匀，数据不仅包含OD信息，还包含城市道路上汽车的实时车速，通过数据挖掘识别用地的性质和出行人口的行为特征（李苗裔等，2018）；通过收集城市公共卫生资源POI数据、手机信令数据、高德交通态势数据，分析了福州公共卫生资源的空间布局与人口空间分布的关系，并以特殊公共卫生应急状态为背景，诊断出福州公共卫生资源缺乏的区域（孙士玺和王秀凤，2019）。

武汉大学城市化研究室以空间数据分析为核心技术支撑，近年来在多个方向开展了城市定量专题研究。利用遥感及规划大数据开展国土空间规划实施评估，实现空间评价的多个指标的精确计算与评估结果的专题制图。如公园绿地等城市公共服务设施的可达性研究与时空演变机制解析，从数量、质量和可达性三方面建立城市公共绿地评价体系，通过聚类分析和皮尔逊相关系数，探究公共绿地在街道水平上的分布不公平性及其与居民健康的空间关联，以期为城市绿地建设与空间布局优化提供参考（谭冰清等，2018）。又如城市工业用地与产业园区的空间影响机制研究，以工业用地效率测度为基础，将产业园区的空间影响机制进行定量化，通过地理加权回归与方差分解法的模型构建，决定工业用地效率中的劳动力、资本投入强度，且对相关因素空间异质进行了全面分析；采用网络搜索数据（百度指数数据），运用向量自回归（vector autoregression，VAR）模型、向量误差修正（vector error correction，VEC）模型、脉冲响应函数，以及面板数据模型对我国31个省（自治区、直辖市）生态文明关注度的时空特征、区域性差异及其影响因素进行研究（李霖等，2020）。

1.3　城市定量研究发展挑战

目前城市定量研究的应用方向与应用方法日趋成熟，形成了多个细分研究领域。对各项研究所需要的数据、常用方法与步骤、成果展现形式等均形成了一定规模的体系。但由于城市定量研究本身涵盖内容较广，面对的是综合性的社会问题，需要不同种类的数据进行支撑，其涉及大量的数据预处理工作，分析步骤也较为复杂，工作量较大，导致在处理大量异构数据与多层次分析的时候效率不高。此外，还面临数据资源很难共享、无法将多源数据综合分析和提高附加值、数据处理单调乏味等问题。

1.3.1　数据处理：多源数据融合处理挑战

在以往的城市定量研究过程中，受数据采集渠道的约束，一般直接采用调查问卷、统计年鉴或小范围内的地形图、土地规划等信息。这类数据获取渠道单一，格式规范标准，处理起来相对容易。随着新兴时空大数据崛起，除了传统的GIS、CAD这类国土规划数据，还有各类社交APP和点评网站，以及多专业融合趋势下的多专业数据汇集。首先数据整理过程较为麻烦，一般需要对数据进行ETL工作；其次数据格式来源多样，除了数字正射影像图、数字高程模型、建筑信息模型、激光点云（LAS）、倾斜摄影三维模型（OSGB）、统计数据（CSV、XLSX），以及多种数据库如数据仓库/数据湖（AWS RedShift）、OLTP型数据库（MySQL、MongoDB、SQL Server、Oracle、PostgreSQL）、OLAP型数据库（Apache Hive、Elasticsearch、ClickHouse、Apache Doris）、API数据源（JSON、Excel、CSV）等。

针对这些多源数据融合处理特点，可结合空间ETL工具进行自动化数据处理分析。空间数据涉及数据库、表格、文本、空间等形式的数据，对于不同存储格式、不同坐标系的空间数据，需要进行数据转换等预处理工作。如FME具备数百种数据格式相互转换能力，将丰富的GIS数据处理功能结合在一起，实现空间数据的多种类型的处理、整合、分析。有别于传统定量分析方法，FME将各类空间定量分析工具转换为模块函数，通过图形化界面进行自由拖拽搭配使用，将可重复步骤化解为自动化、流程化处理，并且通过空间数据转换处理，实现算子组装、可拖拽、可调整、参数化的效果。

1.3.2 分析工具：跨专业软件使用挑战

城市定量研究面临的数据丰富、需求多变的现状，需要团队成员具备熟练掌握测绘、地理信息、景观设计、建筑设计等多种跨专业软件的能力，甚至需要团队成员掌握代码开发能力。一般情况下跨专业软件需要经历较长时间的学习过程，给数据分析人员带来不小挑战。

针对跨专业软件使用难度较高的问题，可采用模块化的思维进行各个数据处理阶段的切割。根据不同的数据处理步骤，形成模块化的工具包。综合模块化的处理工具能够提供便捷、高效、快速的解决方案，通过将功能进行模块化封装，形成可自由转换、组合的各类转换器，并将转换器进行有机组合，在重构数据过程中提炼空间数据分析的原理、步骤，并形成一系列标准化的数据转换、融合、分析的模型。功能模块化的特点是预先集成一系列的转换器，通过零代码方式搭建数据处理分析流程，供用户自由搭配使用，基本实现所有空间处理分析功能。

1.3.3 成果要求：实时数据分析时效性挑战

城市定量研究已进入大数据分析阶段，大数据的种类多、价值高。实际上，大数据时代不意味着所有大数据都是开放使用的，如手机信令数据、公交刷卡数据、共享单车轨迹等大多不是开放的，数据获取成本较高。具备开放意义的商业网站、社交媒体网站等，其信息获取难度大，数据清洗过程复杂。因此，数据生产的自动化程度不高、海量数据处理耗时长，以及数据错误识别、智能化程度低等问题一直制约着大数据在城市定量研究中的应用。与此同时，城市定量研究从数据提供步入到数据产品服务的阶段，更多的数据成果产品响应要求是实时的。谷歌利用其地球引擎（Earth Engine）和人工智能技术，基于哨兵2号影像推出Dynamic World数据库，能提供接近实时的10m分辨率全球土地利用数据。

因此，对于当前的城市定量研究，需要使用 ETL 工具实时处理数据，其具备海量数据的处理能力。简单的数据处理通过预设好的转换器运行，大型数据转换通过批处理模式高并发运行。分析工具自动化和流程化的数据处理能力，可以极大地提高生产效率，减少了相关人力成本。通过大数据处理技术流程化、定制化的处理过程，可最大程度简化城市定量研究的数据处理的时效性难点，让技术人员将关注点放在研究问题本身。

第2章　城市研究指标体系

2.1　城市研究指标体系发展概论

自然资源部于2021年提出对城市的安全、创新、协调、绿色、开放、共享6个维度开展规划现状周期性体检，实现对城市国土空间健康态势的智能化识别；住房和城乡建设部从生态宜居、城市特色、交通便捷、生活舒适、多元包容、安全韧性、城市活力、城市人居环境满意度8个方面建立评估体系，通过“一年一体检、五年一评估”的工作制度治理“城市病”；广东省工业和信息化厅也提出产业园建设发展绩效评价体系，在土地利用、环境保护、安全生产等方面进行产业园区专项检查；广州市发展和改革委员会针对综合质效、创新发展、协调发展、绿色发展、开放发展、共享发展、主观感受多方面进行评估，建立高质量发展指标体系。

2.1.1　自然资源部“双评价”体系概述

2018年，自然资源部正式成立，标志着一直以来由于行政体制割裂而造成的规划重叠冲突、资源管理分割的阻碍得以破除，其有效整合了国土、林草和水利等部门的资源管理权责与国家发展和改革委员会、原国土资源部（现自然资源部）、住房和城乡建设部等部门的空间规划职能，统筹我国全域空间规划、自然资源监测评价与开发利用，以及国土空间用途管制与生态修复等工作。随后，《中共中央国务院关于建立国土空间规划体系并监督实施的若干意见》的出台促使国土空间规划相关工作在全国范围内陆续部署开展；2020年1月，自然资源部正式发布《资源环境承载能力和国土空间开发适宜性评价指南（试行）》。

“双评价”主要包括资源环境承载能力评价与国土空间开发适宜性评价两部分，评价体系是有层次递进关系的。资源环境承载能力评价分为单项评价、集成评价两部分，单项评价指标包括土地资源、水资源、海洋资源、环境、生态和灾害六大要素，在单项评价的基础上聚焦生态保护、农业生产、城镇建设三类功能，通过分级阈值确定及指标体系选择，开展资源环境承载能力集成评价。基于生态保护、农业生产、城镇建设功能指向的资源环境承载能力集成评价结果，开展国土空间开发适宜性评价，将全域空间分别划分为生态保护极重要区、重要区、一般区和农业生产适宜区、一般适宜区、不适宜区，以及城镇建设适宜区、一般适宜区、不适宜区，最终形成评价报告、评价图件与评价数据表。

“双评价”是从资源环境角度认识国土空间开发保护利用特征的一种方式，在客观了解资源环境禀赋条件的基础上，为确定区域的主体功能，科学划定生态保护红线、永久基本农田、城镇开发边界等空间管控边界；为统筹优化生态、农业、城镇等空间布局提供支撑。

“双评价”技术流程图如图 2-1 所示。

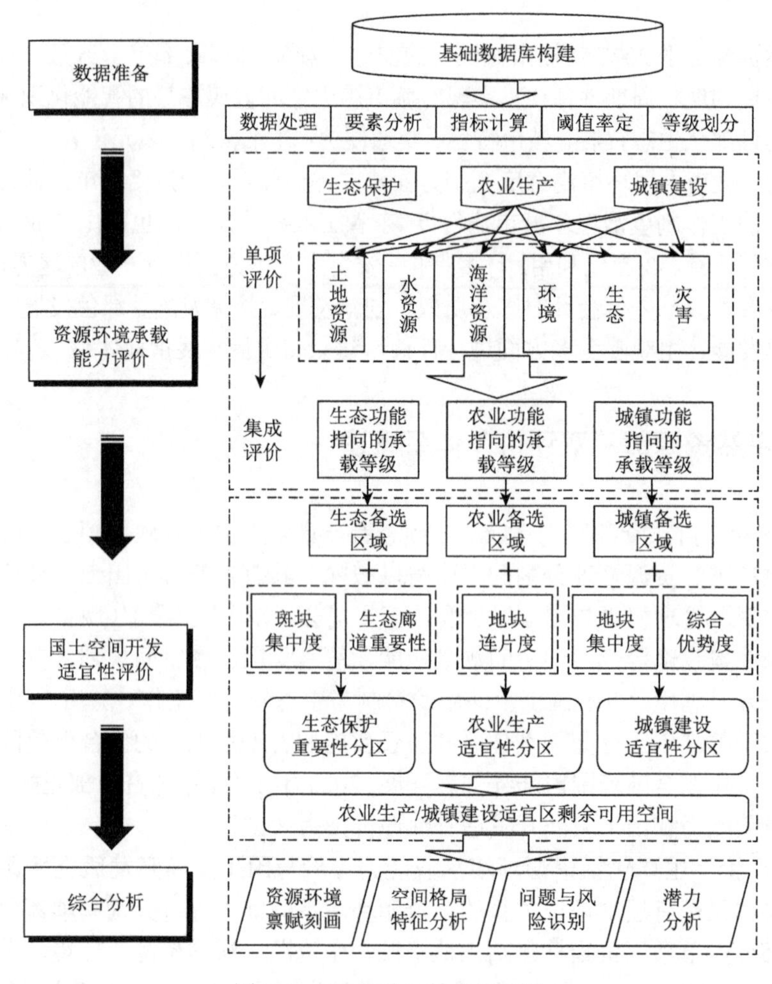

图 2-1 “双评价”技术流程图

2.1.2 智慧城市建设绩效指标体系概述

随着城市化进程提高，对城市经济发展、资源利用、生态环境、生活质量带来了严峻挑战，建设智慧城市建设绩效指标体系，成为城市精细化管理的重要手段。2012 年，我国住房和城乡建设部发布《国家智慧城市试点暂行管理办法》，正式拉开了中国智慧城市建设的序幕。经过概念普及、政策推动、试点示范后，现今智慧城市、信息惠民等相关申报试点已超过 700 个。

1. ISO 智慧城市指标

ISO 37122：2019《可持续发展的城市和社区——智慧城市的指标》由国际标准化组织城市可持续发展技术委员会（ISO/TC 268）提出并制定，以可持续发展作为总体原则，将智慧城市作为城市发展的指导思想，协助城市指导和评估城市服务的绩效管理，以及生活质量。指标体系涵盖了经济、教育、能源、环境与气候变化、金融、政务、医疗、住房、人口和社会、娱乐、安全、固体垃圾、体育和文化、电信、交通、城市区域农食品安全、城市规划、废水、供水 19 个主题，共设置了 80 项具体指标，可分别映射到联合国可持续发展的 17 个目标中。

2. ISO/IEC 智慧城市指标

ISO/IEC 30146：2019《信息技术——智慧城市 ICT 评价指标》由国际标准化组织/国际电工委员会的第一联合技术委员会（ISO/IEC JTC 1）提出并制定，该项国际标准针对智慧城市 ICT 基础支撑能力、ICT 应用服务水平等方面提出一套评价指标体系，从绩效指标和能力指标两个维度设置了两级指标，共设置 6 个一级指标、19 个二级指标、57 个指标分项，从 ICT 视角给出了可用于评估各个城市智慧化建设水平和质量的评价指标体系。

3. ITU-T 智慧城市指标

ITU-T Y.4903/L.1603《评估实现可持续发展目标的可持续智慧城市关键绩效指标》是国际电信联盟电信标准局、欧洲经济和社会委员会及联合国其他机构共同制定的可持续智慧城市关键绩效指标（KPI）。该指标体系以信息和通信技术的使用情况、可持续发展目标的实现情况作为关键绩效指标，同时考虑了联合国可持续发展目标、联合国人居署城市繁荣指数，以及 ISO 37120：2014《城市可持续发展 城市服务和生活品质的指标》（已作废，现行为 ISO 37120：2018《可持续城市和社区城市服务和生活品质的指标》），共设置经济、环境、社会和文化 4 个领域，包含 19 个主题、89 个指标分项。

4. 新型智慧城市评价指标

GB/T 33356—2022《新型智慧城市评价指标》是由中国电子技术标准化研究

院、北京航空航天大学、国家信息中心、山东省计算中心、中国信息通信研究院等单位联合起草，为更好地支撑开展新型智慧城市评价工作而制定的国家标准。评价指标体系（图 2-2）划分了客观指标与主观指标，共包含 9 项一级指标、29 项二级指标和 62 项二级指标分项。该标准以评价指标的形式明确了新型智慧城市重点建设内容及发展方向，指导各级政府清晰了解当地建设现状及存在问题，有针对性地提升智慧城市建设的实效和水平。

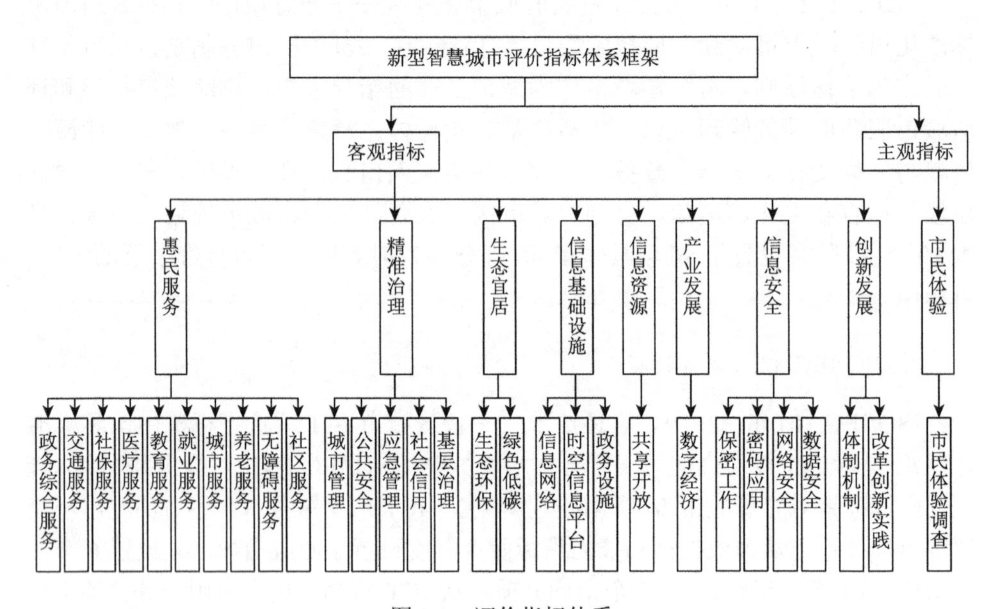

图 2-2　评价指标体系

5. 住房和城乡建设部智慧城市试点指标体系

2012 年底，住房和城乡建设部印发了《国家智慧城市（区、镇）试点指标体系（试行）》。该指标体系设置了保障体系与基础设施、智慧建设与宜居、智慧管理与服务、智慧产业与经济 4 个一级指标，下设 11 个二级指标、57 个指标分项。整个指标体系基本涵盖了产业、民生、社会、环境和基础设施建设等各方面内容，主要致力于回答“什么是智慧城市”“怎么建智慧城市”“智慧城市带来的好处”，以及“钱从哪里来”等问题。

6. 广东省智慧城市评价指标体系

由广东省经济和信息化委员会（现广东省工业和信息化厅）、广东省质量技术监督局（省质监局）联合发布广东省地方标准《智慧城市评价指标体系》，广东省智慧城市评价指标体系规定了智慧城市的评价指标体系、指标权重设计原则和指标评价方法。其中，指标体系由三级构成，覆盖城市基础设施、经济发展、社会生活及政府管理与服务 4 个方面，具体可以细分为 30 个客观指标和 2 个主观指标。除了具有导向性作用的 4 个信息网络基础设施指标，如光纤入户率、互联网普及率等各占比 4%以外，其余指标均按照均分的原则占有 3%的权重。2 个主观指标分别是智慧城市基础设施满意度和智慧生活便捷性满意度，通过调查问卷的形式让居民从主观感知的角度作出评价。

7. 上海市智慧城市发展水平评估指标体系

上海市智慧城市发展水平评估指标体系，包括三个构成总指数的一级指标：网络就绪度指数、智慧应用指数与发展环境指数。网络安全状况系数作为对总指数的修正系数。网络就绪度指数、智慧应用指数与发展环境指数的权重按 2∶5∶3 分布，下设 10 个二级指标、42 个指标分项。网络安全状况系数没有权重，在对各区的总指数进行修正后，形成各区的智慧城市发展水平指数；各区智慧城市发展水平指数修正后的平均值即为上海市智慧城市发展水平指数。

2.1.3　城市体检指标体系概述

近年来我国城镇化率超过 60%，城镇化发展已进入“下半场”。国际经验和国内发展表明，这段时期是各类发展矛盾和暴发“城市病”的集中期。在新的发展阶段中，中国城市规划建设管理的工作重心已发生转变，需要“推进以人为核心的新型城镇化”，开展“建立城市体检评估机制”，加快“城市病”治理，建设高品质人居环境和创造美好生活，推动城市健康可持续和高质量发展。

我国城市体检中有两份文件对相关工作作出了指导，分别是 2021 年 6 月自然资源部发布的《国土空间规划城市体检评估规程》，明确了体检评估工作流程及体检评估指标体系；2021 年 4 月，住房和城乡建设部发布的《关于开展 2021 年城市体检工作的通知》，在 31 个省（自治区、直辖市）中选取了城市体检样本城市进行城市体检，明确了 2021 年城市体检指标体系。

1. 自然资源部“国土空间规划城市体检评估”

《国土空间规划城市体检评估规程》提出开展国土空间规划城市体检评估，对城市发展特征及规划实施效果定期进行分析和评价，有助于及时揭示国土空间治理、城市功能布局中存在的问题和短板，不断完善国土空间规划编制和实施，提高城市发展质量。

自然资源部城市体检评估工作按照“一年一体检，五年一评估”的方式开展，总体上要求各城市按安全、创新、协调、绿色、开放和共享 6 个维度建立指标体系，包括基本指标、推荐指标和自选指标。基本指标是与国土空间规划紧密关联的底线、用地、设施类指标。推荐指标从其他方面直接或间接反映国土空间治理水平，主要涉及空间结构优化、人居环境改善等方面指标。

部分体检评估基本指标和推荐指标见表 2-1。在基本指标的基础上，可结合本地发展阶段选择推荐指标，也可另行增设与时空紧密关联，体现质量、效率、结构和品质的自选指标；按安全、创新、协调、绿色、开放和共享 6 个维度，建立符合地方实际的指标体系。推荐指标中有 48 项“▲”所列指标为国务院审批城市体检评估应附加的基本指标，国务院审批城市基本指标为 81 项。

表 2-1　部分体检评估基本指标和推荐指标

一级	二级	编号	指标项	指标类别
安全	水安全	A-01	人均年用水量（m^3）	基本
		A-02	地下水水位（m）	基本
		B-01	重要江河湖泊水功能区水质达标率（%）	推荐
		B-02	用水总量（亿 m^3）	推荐▲
		B-03	水资源开发利用率（%）	推荐▲
		B-04	湿地面积（km^2）	推荐▲
		B-05	河湖水面率（%）	推荐▲
		B-06	地下水供水量占总供水量比例（%）	推荐
		B-07	再生水利用率（%）	推荐▲
	粮食安全	A-03	永久基本农田保护面积（万亩）	基本
		A-04	耕地保有量（万亩）	基本
		B-08	高标准农田面积占比（%）	推荐
	生态安全	A-05	生态保护红线面积（km^2）	基本
		B-09	生态保护红线范围内城乡建设用地面积（km^2）	推荐▲
	文化安全	A-06	历史文化保护线面积（km^2）	基本
		B-10	自然和文化遗产（处）	推荐
		B-11	破坏历史文化遗存本体及其环境事件数量（件）	推荐▲
	城市韧性	A-07	人均应急避难场所面积（m^2）	基本
		A-08	消防救援 5 分钟可达覆盖率（%）	基本
		A-09	城区透水表面占比（%）	基本
		A-10	城市内涝积水点数量（处）	基本
		A-11	超高层建筑数量（幢）	基本

续表

一级	二级	编号	指标项	指标类别
安全	城市韧性	B-12	综合减灾示范社区比例（%）	推荐▲
		B-13	年平均地面沉降量（mm）	推荐
		B-14	经过治理的地质灾害隐患点数量（处）	推荐
		B-15	防洪堤防达标率（%）	推荐
	规划管控	A-12	违法违规调整规划、用地用海等事件数量（件）	基本
创新	投入产出	B-16	社会劳动生产率（万元/人）	推荐▲
		B-17	研究与试验发展经费投入强度（%）	推荐
		B-18	万人发明专利拥有量（件）	推荐
		B-19	高等学校数量（所）	推荐▲
		B-20	每 10 万人中具有大学文化程度人口数量（人）	推荐
	发展模式	A-13	闲置土地处置率（%）	基本
		A-14	存量土地供应比例（%）	基本
		B-21	批而未供土地处置率（%）	推荐▲
		B-22	新增城市更新改造用地面积（km^2）	推荐▲
		A-15	城乡工业用地占城乡建设用地的比例（%）	基本
		B-23	城乡居住用地占城乡建设用地的比例（%）	推荐▲
		B-24	城乡职住用地比例（$1:X$）	推荐▲
		A-16	土地出让收入占政府预算收入比例（%）	基本
		B-25	城市建设用地综合地价（元/m^2）	推荐▲
		A-17	城区道路网密度（km / km^2）	基本
	智慧城市	A-18	“统一平台”建设及应用的县级单元比例（%）	基本
协调	集聚集约	A-19	常住人口数量（万人）	基本
		B-26	实际服务管理人口数量（万人）	推荐▲
		B-27	人口自然增长率（‰）	推荐▲
		B-28	常住人口城镇化率（%）	推荐▲
		A-20	城区常住人口密度（万人/km^2）	基本
		A-21	建设用地总面积（km^2）	基本
		A-22	城乡建设用地面积（km^2）	基本
		B-29	城镇开发边界范围内城乡建设用地面积（km^2）	推荐▲
…	…	…	…	…

由上述指标及对规程的表述理解，国土空间规划城市体检评估主要目标是服务于国土空间规划改革，更多是作为规划的实施评估环节，评价内容既包括城市建成区的现状体征指标，也包括大量区域性和自然资源类的规划管控指标。

2. 住房和城乡建设部“城市体检”

目前住房和城乡建设部推动的城市体检工作面向高品质人居环境建设，重点对城市人居环境现状和相关公共政策的实施绩效评估进行体检。城市体检的客体对象是城市人居环境，也涉及到对城市相关公共政策的绩效评价。城市体检的主要工作内容包括对城市人居环境现状及相关公共政策实施绩效评估并进行定期、全面、客观的分析评价，识别发现城市相关公共政策问题和人居环境短板，针对性地提出提升策略，推动后续治理行动和具体项目的细化及实施。建立城市体检工作机制，有利于提高城市规划建设管理领域的治理能力。

住房和城乡建设部城市体检指标体系由生态宜居、健康舒适、安全韧性、交通便捷、风貌特色、整洁有序、多元包容、创新活力 8 个方面共 65 项指标构成。部分指标如表 2-2 所示，全部指标详见附表 1。

表 2-2　2021 年城市体检指标体系部分指标

目标	序号	指标	解释	指标类型
一、生态宜居	1	区域开发强度（%）	市辖区建成区面积占市辖区总面积的百分比。	导向指标
	2	人口密度超过 1.5 万人/km^2 的城市建设用地规模（km^2）	市辖区建成区内人口密度超过 1.5 万人/km^2 的地段总占地面积。人口密度是指城市组团内各地段单位土地面积上的人口数量。	底线指标
	3	城市生态廊道达标率（%）	市辖区建成区内组团之间净宽度不小于 100m 的生态廊道长度，占城市组团间应设置的净宽度不小于 100m 且连续贯通生态廊道长度的百分比。生态廊道是指在城市组团之间设置的，用以控制城市扩展的绿色开敞空间。	底线指标
	4	城市绿道服务半径覆盖率（%）	城市绿道 1km 半径（步行 15min 或骑行 5min）覆盖的市辖区建成区居住用地面积，占市辖区建成区总居住用地面积的百分比。	导向指标
	5	公园绿地服务半径覆盖率（%）	市辖区建成区内公园绿地服务半径覆盖的居住用地面积，占市辖区建成区内总居住用地面积的百分比（5000m^2 及以上公园绿地按照 500m 服务半径测算；2000～5000m^2 的公园绿地按照 300m 服务半径测算）。	导向指标
二、健康舒适	6	完整居住社区覆盖率（%）	市辖区建成区内达到《完整居住社区建设标准（试行）》的居住社区数量，占居住社区总数的百分比。	导向指标
	7	社区便民商业服务设施覆盖率（%）	市辖区建成区内有便民超市、便利店、快递点等公共服务设施的社区数，占社区总数的百分比。	导向指标
	8	社区老年服务站覆盖率（%）	市辖区建成区内建有社区老年服务站的社区数，占社区总数的百分比。	导向指标

续表

目标	序号	指标	解释	指标类型
三、安全韧性	9	城市内涝积水点密度（个/km^2）	市辖区建成区内每平方千米土地面积上常年出现内涝积水点的数量。	导向指标
	10	人均避难场所面积（m^2/人）	市辖区建成区内应急避难场所面积与常住人口的比例，不宜小于 1.5m^2/人。	底线指标
	11	城市道路网密度（km/km^2）	市辖区建成区组团内城市道路长度与组团面积的比例，有 2 个以上组团的应分别填报。组团内道路长度不宜小于 8km/km^2。	导向指标
	12	城市常住人口平均单程通勤时间（min）	市辖区内常住人口单程通勤所花费的平均时间。	导向指标
	13	通勤距离小于 5km 的人口比例（%）	市辖区内常住人口中通勤距离小于 5km 的人口数量，占全部通勤人口数量的百分比。	导向指标
	14	轨道站点周边覆盖通勤比例（%）	市辖区内轨道站点 800m 范围覆盖的轨道交通通勤量，占城市总通勤量的百分比。	导向指标
…	…	…	…	…

2.2　城市研究指标体系常见构建方法

2.2.1　主观赋权法

主观赋权法基于专家对该指标的专业认知程度，包括直接赋权法、德尔菲法、层次分析法等。直接赋权法是最原始的综合评价赋权方法，是由决策专家对每项指标直接分配权重，常常由不同等级（1～10）来衡量每个评价指标的重要性程度。直接赋权法的优点是简便和直观，但在应用过程中得到的结果较为粗糙和主观化，难以准确反映客观实际，而且仅能适用于指标和专家较少的情况下。德尔菲法也称专家调查法，能充分利用专家的知识、智慧和经验，实现专家判断的集成，是美国兰德公司于 1946 年应用于预测分析的专家评估方法。德尔菲法的核心在于专家意见和建议的统计处理经过几轮的反馈，最终使得专家意见趋于一致，本质上是一种反馈匿名函询法。在预测过程中，专家间背靠背，彼此互不相识、互不往来，相对独立，能真正充分地发表意见；但该方法的缺点是所需周期长，不利于决策评估的进行。层次分析法一般是在面对多目标决策问题时，需要一个系统的方法将目标分解成若干层次。在 20 世纪 70 年代初，美国学者在研究“根据各个工业部门对国家福利的贡献大小而进行电力分配”问题时，首次提出层次分析法（analytic hierarchy process，AHP）。层次分析法通过目标层、策略层和指标层的划分，对某一决策目标进行分解，依据专家的判定形成判断矩阵并计算权重，是一种定性与定量相结合的方法，用于处理多目标、多层次的复杂系统问题。

2.2.2 客观赋权法

客观赋权法不同于主观赋权法由专家给予评价指标重要程度，而是依据评价指标的信息而计算出所应该赋予的权重，包括熵权法、变异系数法、主成分分析法等。

熵是物理学名词，按照信息论基本原理的解释，信息是系统有序程度的一个度量，熵是系统无序程度的一个度量。根据信息熵的定义，对于某项指标，可以用熵值来判断某个指标的离散程度，其熵值越小，指标的离散程度越大，该指标对综合评价的影响（即权重）就越大；如果某项指标的熵值全部相等，则该指标在综合评价中不起作用。因此，可利用信息熵这个工具，计算出各个指标的权重，为多指标综合评价提供依据。

变异系数是衡量资料中各观测值变异程度的统计量。当进行两个或多个资料变异程度的比较时，如果度量单位与平均数相同，可以直接利用标准差来比较；如果单位和（或）平均数不同时，比较其变异程度就不能采用标准差，而需采用标准差与平均数的比值（相对值）来比较。

主成分分析法是设法将原来众多具有一定相关性的指标，重新组合成一组新的互相无关的综合指标来代替原来的指标。主成分分析法，是考察多个变量间相关性的一种多元统计方法，研究如何通过少数几个主成分来揭示多个变量间的内部结构，即从原始变量中导出少数几个主成分，使它们尽可能多地保留原始变量的信息，且彼此间互不相关。通常数学上的处理就是将原来 P 个指标作线性组合，作为新的综合指标。

2.2.3 扩展合成法

随着各个领域中综合评价指标体系的广泛应用，对评价方法的研究日趋数字化、复杂化和交叉学科化。在线性合成法的基础上，逐渐出现了可以在不估计指标权重的前提下，将各个指标进行组合，生成最终综合指数的方法，即扩展合成法。该方法并不是不估计权重，而是采用加权的方式。扩展合成法中包含属于无监督学习的聚类分析方法。

聚类分析是多元统计方法中的一种，也是综合评价指标体系构建方法中常用的一种，依据研究对象的特征对客观数据在某种标准下的亲疏程度在没有先验的情况下进行分类，使得在同一类样本中具有高度的同质性。聚类不同于分类，对所要求划分的类别是未知的。在综合评价指标体系的构建中，可以对某一指标进行聚类分析，得到聚类的结果。

2.3　城市定量研究常用指标介绍

时空信息包含时间和空间两个维度的信息，在空间和时间因素影响下，城市内部、外部物质发生关联关系。在时空信息支撑下，许多常用的城市研究指标从定性到定量的分析成为现实。

从自然资源部“双评价”体系、智慧城市建设绩效指标体系到城市体检指标体系的构建，都是全方位完整的综合评价指标体系，包含城市、发展、经济、安全、生活等方方面面，其中就有不少方面涉及时空数据分析统计，本节专门用 GIS 空间统计技术，整理了一些常用的城市定量研究指标，分别为城市交通、城市经济、城市开发、城市风貌和城市人口。

2.3.1　城市交通

1. 道路网密度（km/km^2）

指快速路及主干路、次干路、支路总里程与对应城区面积的比值。

计算方式：城区道路网密度 = 道路网里程/城区面积。道路网里程以交通行政主管部门数据为准，辅以基础测绘、全国国土调查及年度国土变更调查、地理国情普查和监测、遥感监测等数据。

2. 公园绿地、广场步行 5min 覆盖率（%）

指 400m^2 以上公园绿地、广场用地周边 5min 步行范围覆盖的居住用地占所有居住用地的比例。

计算方式：居住用地来源于全国国土调查及年度国土变更调查中的城镇住宅用地。公园绿地、广场、居住用地位置结合全国国土调查及年度国土变更调查、地理国情普查和监测、遥感监测等数据确定。首选最短步行路径分析、地图导航步行路线规划等反映实际步行时间的方法，以公园绿地、广场用地边界为起始点，计算 5min 步行可到达的居住用地面积占居住用地总面积的比例。技术条件有限和采用服务半径测算偏差较小的情况下，可采用分析设施服务半径覆盖居住用地的方法，计算公园绿地、广场用地边界向外缓冲 300m 半径覆盖的居住用地面积占居住用地总面积的比例。

3. 社区卫生服务设施步行 15min 覆盖率（%）

指社区卫生服务中心 15min、卫生服务站 5min 步行范围覆盖的居住用地占所有居住用地的比例。计算方式与“公园绿地、广场步行 5min 覆盖率（%）”类似。

4. 社区小学步行 10min 覆盖率（%）

指社区小学 10min 步行范围覆盖的居住用地占所有居住用地的比例。计算方式与“公园绿地、广场步行 5min 覆盖率（%）”类似。

5. 社区体育设施步行 15min 覆盖率（%）

指综合健身馆、游泳馆、运动场等社区体育设施 15min 步行范围覆盖的居住用地占所有居住用地的比例。计算方式与“公园绿地、广场步行 5min 覆盖率（%）”类似。

6. 市区级医院 2km 覆盖率（%）

指区级及以上医院（除专科医院）2km 范围覆盖的居住用地占所有居住用地的比例。

7. 等级医院交通 30min 行政村覆盖率（%）

指采用合理的交通方式，除专科医院的等级医院在 30min 可达范围覆盖的行政村数量占行政村总数量的比例。

计算方式：行政村数量、名称来源于民政部门，其位置信息以行政主管部门数据为基础，结合全国国土调查及年度国土变更调查、地理国情普查和监测等数据确定。等级医院不包括专科医院，其位置信息以行政主管部门数据为基础，结合全国国土调查及年度国土变更调查、地理国情普查和监测等数据确定。可结合地方实际，合理确定交通方式，首选最短路径分析、地图导航路线规划等反映实际交通时间的方法，以医院为起点，计算其 30min 可达范围覆盖的行政村数量占行政村总数量的比例。技术条件有限和采用服务半径测算偏差较小的情况下，可采用分析设施服务半径覆盖行政村的方法，以医院为中心，计算向外缓冲 15km 半径覆盖的行政村数量占行政村总数量的比例。

8. 轨道站点 800m 半径服务覆盖率（%）

指轨道站点 800m 半径范围所覆盖的常住人口与就业岗位之和占区域内现状总常住人口与总就业岗位之和的比例。

计算方式：轨道站点位置结合全国国土调查及年度国土变更调查、地理国情普查和监测、遥感监测等确定；常住人口、就业岗位数据结合大数据技术分析识别。指标相关要求可参考国家标准 GB/T 51328—2018《城市综合交通体系规划标准》9.3.3 节。

9. 工作日平均通勤时间（min）

指工作日居民通勤出行时间的平均值。

计算方式：数据来源于交通调查或依据一定时间序列的大数据分析识别通勤人口及其工作地、居住地，通过通勤人口的通勤总时长与通勤人口的比值计算获得。

10. 都市圈 1h 人口覆盖率（%）

指都市圈 1h 通勤圈范围内覆盖的人口占总人口的比例。数据来源于交通调查或大数据分析识别。

11. 基于等时圈的 15min 生活圈评价

等时圈是交通耗时在地理空间上的反映，它在一定程度上反映了该地区的交通便利程度，可用于区域交通分析、城市群分析、城市交通便捷度分析、公服设施可达性分析、生活便利性评价等。

2.3.2　城市经济

1. 商业活力指数

商业中心是城市中心的重要组成部分，为城市居民提供必要的生活服务及休闲设施，是城市居民活动的重要场所。商业空间的发展除受到城市规划影响外，也具有一定的自发性和属地性。商业中心的形成与发展，一定程度上反映了城市空间更新趋势。通过对消费点评网站的数据进行爬取和分析，提炼城市各商业区域的获利指数，从而了解城市商业设施活力现状分布情况。

2. 城市功能区分类

土地使用功能、使用强度、土地利用方向、基准地价、大体一致的区域，它们的集约利用程度和使用潜力也基本相同，是在产业聚集和扩散两种力的共同作用下逐渐形成的多功能结合体，比如，文教区、商业区和住宅区。

3. 城市对外日均人流联系量（万人次）

指城市与外部地区之间的日均人流量，包括流入量、流出量，表征城市与外部地区人流联系程度。

计算方式：数据来源于大数据分析识别。利用位置大数据，识别人口的空间位置变化，分析流入和流出的人口数量，汇总得出城市对外日均人流联系量。

4. 商业功能

基于点评数据的城市商业活力挖掘、基于工商登记企业数据的城市商业结构分布。

2.3.3 城市开发

1. 生态保护红线面积（km^2）

指划定的生态保护红线范围的面积。生态保护红线指在生态空间范围内具有特殊重要生态功能、必须强制性严格保护的区域，通常包括具有重要水源涵养、生物多样性维护、水土保持、防风固沙、海岸生态稳定等功能的生态功能极重要区域，以及水土流失、土地沙化、石漠化、海岸侵蚀等生态环境敏感脆弱区域。

2. 生态保护红线范围内城乡建设用地面积（km^2）

指划定的生态保护红线范围内的城乡建设用地总面积。城乡建设用地面积来源于全国国土调查及年度国土变更调查。

3. 城镇开发边界范围内城乡建设用地面积（km^2）

指划定的城镇开发边界范围内的城乡建设用地总面积。

4. 河湖水面率（%）

指河流、湖泊、水库常水位的水域面积占行政区域面积（不考虑邻近海域面积）的比例。

计算方式：河湖水面率（%）= 河湖水域面积/行政区域面积×100%。河湖水域面积来源于全国国土调查及年度国土变更调查，为河流、湖泊、水库水面的面积总和。

5. 重要江河湖泊水功能区水质达标率（%）

指原则上按照国务院批复的《全国重要江河湖泊水功能区划（2011—2030 年）》（国函〔2011〕167 号）中确定的名录内的水功能区，经评价，其中水质达标的水功能区数量占全部监测水功能区数量的比例。

6. 消防救援 5min 可达覆盖率（%）

指消防站（含微型消防站）5min 车行范围覆盖城区面积占城区总面积的比例。

计算方式：以消防站点中心位置 5min 车行范围做时空圈分析，计算其覆盖范围的城区面积占城区总面积比例。缺乏技术条件的城市或地区可用3km缓冲半径替代5min车行范围。消防站点资料来源于应急管理部门。

7. 人均城镇建设用地面积（m^2）

指城镇建设用地面积与城镇常住人口规模的比值。

计算方式：人均城镇建设用地面积＝城镇建设用地面积 / 城镇常住人口。城镇建设用地面积来源于全国国土调查及年度国土变更调查。

8. 存量土地供应比例（%）

指存量建设用地供应面积占土地供应总面积的比例。其中，存量建设用地是指报告期内变更调查数据中未建设用地或经批准转为建设用地的、再盘活利用无须占用新增建设用地指标的土地，包括闲置土地、批而未供土地，以及低效用地等。

计算方式：存量土地供应比例（%）＝评估年份前三年存量建设用地供应总面积/评估年份前三年土地供应总面积×100%。如评估年为2019年，则统计2016年、2017年和2018年的存量建设用地供应总面积和土地供应总面积。存量建设用地供应总面积和土地供应总面积来源于土地市场动态监测与监管系统，或从自然资源主管部门开展的建设用地节约集约利用评价中获取。

2.3.4　城市风貌

1. 贴线率（%）

贴线率是指由多个建筑立面构成的街面至少应该跨及所在街区长度的百分比，即临路建筑物的连续程度及底层建筑物的退让程度，是建筑物的长度和临街红线长度的比值，这个比值越高，沿街面看上去越齐整。

在集中绿地或活动广场周围的展馆建筑街面贴线率不宜小于70%，在集中绿地或活动广场周围的展馆建筑建议采用局部底层架空的形式。街面建筑裙房贴线率是指裙房贴近建筑后退线建设的比率，街面建筑裙房贴线率是衡量街道裙房空间连续性的重要指标，对裙房贴线率的控制主要是保证街道裙房空间的连续性。

$$\text{贴线率}P=\frac{\text{街面线长度}B}{\text{建筑控制线长度}L}\times 100\%$$

（1）当建筑为底层架空的形式，且架空高度小于等于10m时，架空部分的长度L_1可计入街面线的有效长度，即该建筑的街面线长度为L_2。

（2）当建筑为骑楼的形式时，骑楼建筑轮廓投影线可计入街面线的有效长度。

（3）当建筑外墙面有凹进变化的形式时，若建筑外墙面凹进深度小于等于 2m，可计入街面线的有效长度。

2. 绿视率（%）

绿视率是一个反映行人对周围绿色环境的感知程度指标，它是指绿化面积在行人正常视野面积中所占的比例。城市居住区绿视率的计算方式通常以实地拍摄照片为数据源，然后计算照片中绿色区域在照片中所占比例。

基于街景图片的绿视率计算有两种。一种是对 RGB 颜色（红、绿、蓝）进行判断提取，另一种是基于人工智能方法识别绿植形状。

计算在 MATLAB 中完成，步骤如下所示。对每一张街景图片，将照片的色彩模式从 RGB 导为 HSV（色相、饱和度、明度），并从数字图像中提取各色相通道的值；对每一个像素，计算像素的颜色在颜色光谱中的度数；根据对颜色光谱的观察，定义 60°～180°为绿色，因此，对每一张街景图片，绿色的比例为度数落在 60°～180°之间的像素个数与总像素个数的比值。考虑到每一个位置点有前、后、左、右 4 个方向的街景图片，对每一个位置点，取 4 个方向的街景图片绿色比例的平均值为该位置点的平均绿色比例，即为该位置点的绿视率。将绿视率分成了 4 种程度，分别是不绿、一般绿、绿及非常绿，4 种程度对应的绿视率大小分别是≤0.2、(0.2～0.4]、(0.4～0.5]，以及＞0.5。每一条街道上有多个位置点用来获取街景图片，即有多个绿视率的值。对每一条街道，取多个位置点的绿视率的平均值，即为该街道的绿视率，同时还可计算各条街道的绿视率的标准差，用来表示绿视率在街道上分布的不均匀性，标准差越大，各个位置点的绿视率差异越大，分布越不均匀。

3. 天空开阔指数（%）

天空开阔指数是在观察点上看到的所有天空在视域锥面中所占的比例，一般用立体角表示。以数字图像作为评价媒介时，在忽略相机边缘畸变的情况下，可近似用天空面积与全图像面积之比反映天空的开阔程度。研究空间开阔程度时，视野中的遮挡物在视网膜上产生一个相应的投影面积，这个面积的大小表征物体对视线遮挡的程度。

4. 森林覆盖率（%）

指以行政区域为单位的森林面积与土地总面积的百分比。森林面积，包括郁闭度 0.2 以上的乔木林地面积和竹林地面积、国家特别规定的灌木林地面积、农田林网及村旁、路旁、水旁、宅旁林木的覆盖面积。

计算方式：森林覆盖率（%）＝森林面积/土地总面积×100%。数据来源于全国国土调查及年度国土变更调查、自然资源专项调查。

5. 超高层建筑数量（幢）

指建筑高度超过 100m 的住宅及公共建筑的数量。数据来源于地理国情普查和监测、“多测合一”等相关数据。

6. 城市外部形态

城市外部形态可用紧凑度来反映。紧凑度是反映地物离散程度的一个指标，地物离散程度越大，其紧凑度越低，城市空间受外界干扰越大，保持内部资源的稳定性越困难。紧凑度的变化表示城市空间形态扩展所处的阶段，当紧凑度下降时，城市处于迅速向外扩张的阶段；而紧凑度上升时，城市则处于内部填充的改造发展阶段。紧凑度的数值在 0～1 之间，数值越接近 1，说明越具有紧凑性，形状越接近圆；反之，则说明紧凑性越差。

$$\mathrm{BCI}=\frac{2\sqrt{\pi A}}{P}$$

式中，BCI 表示城市用地紧凑度；A 表示城市建成区面积；P 表示城市轮廓周长。

7. 城市内部结构

城市内部结构可用空间句法的方法反映。空间句法理论是一种通过对建筑、社区及城市体系的空间结构的定量化描述，来研究空间组织与人类社会之间关系的理论和方法。它从自由空间本身出发，解释了城市体系内空间形态、交通网络、人流、车流和社区文化等诸多现象。

2.3.5 城市人口

1. 城区常住人口密度（万人/km^2）

指城区范围内单位面积土地上常住人口数量。

计算方式：城区常住人口密度＝城区常住人口数量/城区面积。城区常住人口数量来源于统计部门。

2. 实际服务管理人口数量（万人）

指需要本区域提供各类公共服务和商业服务，以及行政管理的城市实有人口规模的日均值。

计算方式：数据来源于大数据分析识别。利用位置大数据识别区域内某月的日均实有人口数量（根据设备用户数和设备覆盖率计算实有人口，不含停留时间3h以内的短时过境人口，建议参考常住人口统计调查时点）。

3. 人口迁徙

基于互联网位置大数据的城市人口迁徙分析，指利用微信等移动设备的位置信息，统计人流在不同城市间的迁徙方向和热度，并按照不同出行方式进行分类统计。

第3章 数据来源与获取

3.1 常见数据来源

传统城市定量研究工作涉及到包括地形图、影像图、交通路网、人口、用地、经济专项数据等类型众多的小样本数据，数据的获取方式依赖于测绘、统计年鉴、调查问卷、文献等，时间尺度也多以“年”或“十年”为单位，数据现势性较低。这种传统数据的“小样本量”和“滞后性”导致了一系列严重问题：难以全面掌握城市发展现状、难以与城市发展状况相符合、难以精准诊断建设过程中遇到的问题，且这些问题贯穿于城市研究的全过程。常见地理信息数据如图 3-1 所示。

图 3-1 常见地理信息数据

3.2 新数据环境与获取

城市大数据对物质空间和社会空间进行了深入的刻画，为客观认识城市系统并总结其发展规律提供了重要机遇，也是城市规划和城市研究的重要支撑。大数据具有的多源、人本、时空等属性特征与城市规划决策的本质属性具有紧密的耦合性，为城市规划决策提供数据基础和技术支撑，推动着城市规划精准化，以及城市治理高效化发展。甄茂成等（2019）通过对大数据作用于城市规划的相关文献梳理，大数据推动了城市规划在 4 个方面发生明显转型：从“小样本静态”向“多源时空”数据转变；从单一空间尺度向全域空间尺度转变；从“物质空间”向

"以人为本"转变；从"人工化"向"智能化"转变。在此基础上，还从居民时空行为分析、城市交通路网布局优化、城市功能区划分、区域联系和城市等级分析、城市生态环境治理，以及城市边界划定等方面梳理城市规划领域中的大数据应用进展。

大数据可以利用遥感、测绘、传感器、互联网等技术手段来实现数据的大批量和精准化抓取，所获数据内容呈现大样本量，具有实时动态、微观详细等特征，且这种基于网络、手机信令、社交媒体、传感器等手段获取的大数据，可以在时空维度上实现对研究区域的社会、经济活动的全面分析，为城市研究提供基本依据。如基于海量公交刷卡数据可以清楚直观地展示城市职住分离情况；基于互联网地图可精准计算城市时空圈为城市交通规划相关领域提供路网现状分析；基于手机信令数据可清楚直观地展示城市间的人口流动分析等。

在大数据技术日益成熟的时代，互联网数据、社交网络数据、社会兴趣点、手机信令数据、公交刷卡数据、物联网传感器数据的出现，既为城市规划研究带来了数据获取和分析上的巨大变革，同时也要求城市规划必须建立以解决城市问题为导向，以城市综合研究为支撑的大数据应用体系框架，以便更好地为城市发展服务。

从数据类型来分，我们可以将其分为三类。一是基于测绘、遥感、传感器等手段获取的具有地理信息的空天地数据；二是利用互联网工具包括下载、爬虫等手段从互联网地图（百度、高德等）、谷歌地球、OSM 等获得的互联网地图数据；三是从招聘网站、社交网站、消费网站、运营商等获得的反映当时某种情况并具有时间与空间信息的时空数据。

3.2.1　遥感卫星数据

国外民、商用对地观测卫星领域加快体系化构建，建立全球资源、环境监测网络，在保持平稳发展的同时注重能力拓展，呈现新的发展态势与趋势：一方面，美国等开始探索低成本、小型化发展途径，以保持数据连续性和填补能力空白；另一方面，商业遥感卫星星座进入常态化补网阶段。2021 年国外共部署了 112 颗卫星，时间分辨率和空间分辨率持续提高，全球对地观测能力与综合效益不断提升（龚燃，2022）。

中国最近 10 年卫星遥感和北斗卫星导航空间基础设施建设取得突破性进展。中国在轨遥感卫星达到 132 颗左右，仅 2018 年就发射了 64 颗遥感卫星。北斗卫星导航系统已经发展到北斗三代，提前进入"全球时代"。空间基础设施的完善为中国卫星产业应用注入了巨大的活力，遥感卫星和北斗卫星导航数据应用分析的市场前景广阔。

同时，随着越来越多的商业遥感卫星公司进入，全球商业遥感卫星行业进入了暴发期，2017年发射数量激增。未来，随着遥感技术的商业化，商业遥感卫星的数量将会逐步增加（图3-2）。

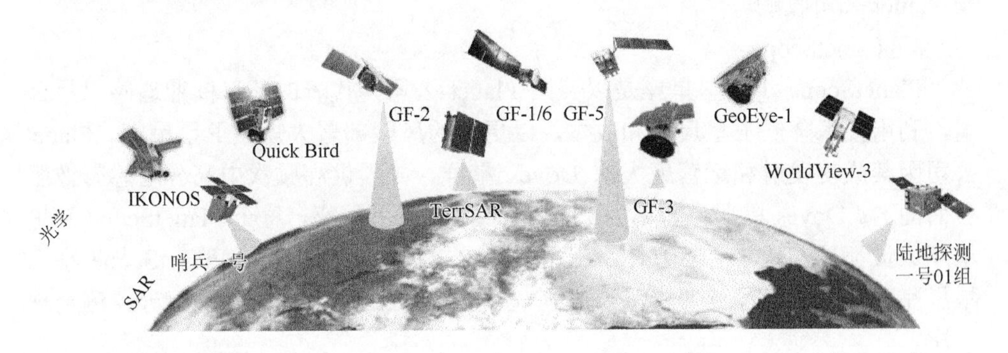

图3-2　光学卫星和SAR卫星

1. 光学卫星数据

光学卫星指的是利用光学成像遥感器获取图像信息的侦察卫星，星载遥感器主要工作在可见光和红外波段。可在单一波段和多个波段采用胶片或光电器件（如CCD）成像，具有图像直观、分辨率高等特点。国外常用的光学卫星有Landsat、RapidEye、PlanetScope、SkySat、GeoEye-1、WorldView、Sentinel-2、Pleiades、IRS、KOMPSAT等；国内常用的光学卫星主要为资源系列、高分系列、吉林一号卫星星座、珠海一号卫星星座等。

1）Landsat

Landsat系统是美国对地观测体系内进行中分辨率遥感的主要系统，主要用于陆地资源调查和管理、水资源调查和管理、测绘制图等。Landsat卫星已发展了四代，第一代为Landsat-1～3，第二代为Landsat-4、5，第三代为Landsat-6、7，第四代为Landsat-8。经过历代发展，Landsat卫星技术水平稳步提高并初步实现商业化运营。Landsat-8卫星延续对地观测数据记录的持续时间，全球陆地观测任务将延长至40年以上，对能源和水资源管理、森林资源监测、人类和环境健康、城市规划、灾后重建和农业等众多领域发挥重要作用。

2）RapidEye

德国RapidEye地球探测卫星于2008年8月成功发射，是全球第一个环境资源卫星星座。RapidEye星座由5颗卫星组成，均匀分布在一个太阳同步轨道内，运行于620km高空，每颗卫星重约150kg，设计寿命为7年。RapidEye星座传感器图像在400～850nm内有5个波段，每颗卫星都携带6台分辨率达5m的照相机，能够提供“红边”波段，可通过5个波段获取影像，为植被分类，以及植被生长状态监测提供有效信息。通过 RapidEye 星座，能实现快速传输数据，连续成像，缩短重访间隔时间，该卫星星座一天内可访问地球任何一个地方，5 天内可覆盖北美和欧洲的整个农业区。该卫星星座于 2015 年被美国 Planet 公司收购。

3）PlanetScope

PlanetScope 小卫星星座是以美国 Planet 公司为代表的新兴商业遥感卫星公司，利用技术降低卫星尺寸和成本，以更低的风险部署大规模卫星星座。Planet 公司因其成功发射和运营庞大的 Doves 星群、并提供高频次中高分遥感影像服务而闻名。Doves 星群也被称为 PlanetScope 小卫星星座，每个 PlanetScope 卫星星座成员都是一颗 3U 立方体小卫星（10cm×10cm×30cm）。PlanetScope 小卫星星座现有在轨卫星 170 余颗，是全球最大的卫星星座，可实现每天监测全球一次。

4）SkySat

SkySat 卫星星座是美国 Planet 公司发展的高频成像对地观测小卫星星座，主要用于获取时序图像、制作视频产品，并服务于高分辨率遥感大数据。SkySat 卫星星座目前已经发射卫星 13 颗，是世界上拥有卫星数量最多的亚米级高分辨率卫星星座，其全色波段分辨率可以达到 0.8m，多光谱（蓝、绿、红、近红外 4 个波段）也具有较高的地面分辨率（1m）。同时，SkySat 卫星星座还具有非常高的时间重访频率，可实现一天内对全球任意地点 2 次拍摄，非常有利于地物目标监测和变化检测分析。未来，其卫星数量将增加至 21 颗，可以具备对监测目标每天 8 次的重访能力。

5）GeoEye-1

GeoEye-1 卫星由美国 GeoEye 公司于 2008 年 9 月发射，代表了当时商业遥感卫星的技术水平和发展趋势，标志着分辨率优于 0.5m 的商业遥感卫星进入实用阶段。GeoEye-1 卫星运行在高度为 681km、倾角为 98°的太阳同步轨道，轨道周期为 98min，降交点地方时为 10：30。全色（波段）分辨率达到 0.41m，4 谱段多光谱分辨率为 1.64m，天底点标称成像幅宽为 15.2km。主要载荷为“地球之眼成像系统”相机（GIS），三镜消像散镜组，口径为 1.1m，焦距为 13.3m。

6）WorldView

WorldView 系列卫星由美国 DigitalGlobe 公司研发，它由 4 颗（WorldView-1&2&3&4）卫星组成。其中，WorldView-1 卫星和 WorldView-2 卫星分别在 2007 年和 2009 年发射；2014 年发射的 WorldView-3 卫星是第一颗用于对地观测和先进地理空间方案的多种载荷、超光谱、高分辨率商业卫星，提供 0.31m 的全色分辨率、1.24m 的多光谱分辨率、3.7m 的短波红外分辨率。WorldView-4 卫星于 2016 年 11 月搭乘美国擎天神 5 号运载火箭发射升空，再一次大幅提高了 DigitalGlobe 星群的整体数据采集能力，让 DigitalGlobe 可以对地球上任意位置的平均拍摄频率达到 4.5 次/d，且地面分辨率优于 1m。

7）Sentinel-2

Sentinel-2 卫星为高分辨率多光谱成像卫星，是欧洲航天局（European Space Agency，ESA）全球环境与安全监视计划（即哥白尼计划）系列卫星的第二个组成部分，包括 Sentinel-2A 卫星和 Sentinel-2B 卫星。Sentinel-2A 卫星于 2015 年 6 月 23 日发射，Sentinel-2B 卫星于 2017 年 3 月 7 日发射。单星重访周期为 10d，双星重访周期为 5d。主要有效载荷是多光谱成像仪（MSI），采用推扫模式，共有 13 个波段，光谱范围在 400～2400nm 之间，涵盖了可见光、近红外和短波红外，光谱分辨率为 15～180nm，空间分辨率可见光为 10m，近红外为 20m，短波红外为 60m，成像幅宽为 290km，每轨最大成像时间为 40min。Sentinel-2 卫星主要用于全球高分辨率和高重访能力的陆地观测、生物物理变化制图、监测海岸带和内陆水域，以及灾害制图等。

8）Pleiades

法国和意大利于 2001 年签署空间对地观测卫星系统发展计划，由法国国家空间研究中心负责研制 Pleiades 卫星，并把它作为 SPOT 系列卫星的后续计划，以满足民用及国防对空间对地观测的需要。Pleiades 高分辨率卫星星座由 2 颗完全相同的卫星 Pleiades-1A 和 Pleiades-1B 组成，分别于 2011 年 12 月和 2012 年 12 月成功发射。Pleiades-1A 和 Pleiades-1B 是完全相同的两颗卫星，它们组成双子星，是与 Ikonos 为同一级别的卫星。其全色分辨率达到了 0.5m，成像幅宽达到 20km，远超过 Ikonos 的技术指标；整星能以±40°倾角前、后视成像，具有三维立体成像的能力，双星配合可实现全球任意地区的每日重访，最快速地满足客户对任何地区的超高分辨率数据获取需求。

9）IRS

IRS-P5 卫星，又名 Cartosat-1，是印度政府于 2005 年 5 月 5 日发射的遥感制图卫星，它搭载有两个分辨率为 2.5m 的全色传感器，两个传感器具有两套独立的成像系统，可以同时在轨工作，这样就能构成一个连续条带的立体像对。在地面情况良好时，该条带长度可达数千公里，数据主要用于地形图制图、高程建模、地籍制图，以及资源调查等。

IRS-P6 卫星，也被称为 RESOURCESAT-1，是印度空间研究组织建造的地球观测卫星。IRS-P6 卫星于 2003 年 10 月 17 日，由 PSLV-C5 运载火箭在斯里哈里科塔发射场发射。IRS-P6 卫星的总体目标是提供有关综合土地和水资源管理的业务基础，以及遥感数据服务。

10）KOMPSAT

KOMPSAT 卫星，全称为 Korea multi-purpose satellite，中文译为阿里郎卫

星，是基于韩国国家空间计划（Korea national space program），由韩国航空宇宙研究院（Korea Aerospace Research Institute，KARI）研制的卫星。目前有 4 颗卫星在轨，分别是 KOMPSAT-2、KOMPSAT-3、KOMPSAT-3A 和 KOMPSAT-5。其中，KOMPSAT-2 的高空间分辨率对于地面勘测极具意义；KOMPSAT-3 可用于公共安全、灾害灾难、国土资源管理等精密地面观测任务；相对 KOMPSAT-3，KOMPSAT-3A 不仅分辨率更高，还能为用户提供分辨率为 5.5m 的中波红外影像，主要应用领域为国土测绘、城市规划、农林监测、灾害管理、海洋和水资源监测、国防安全、城市热岛分析、夜间成像跟踪等；KOMPSAT-5 是一颗雷达卫星。

11）资源系列

资源一号 02C 卫星（ZY1-02C）于 2011 年 12 月 22 日成功发射，牵头主用户为国土资源部（现自然资源部）。ZY1-02C 搭载有全色多光谱相机和全色高分辨率相机，主要任务是获取全色和多光谱图像数据，可广泛应用于自然资源调查与监测、防灾减灾、农林水利、生态环境、国家重大工程等领域。

ZY1-02C 配置了 10m 分辨率 P/MS 多光谱相机和两台 2.36m 分辨率 HR 相机，两台 HR 相机幅宽达到 54km，从而使数据覆盖能力大幅增加，使重访周期大大缩短。

资源一号 02D 卫星（5m 光学卫星）于 2019 年 9 月 12 日成功发射，卫星工作在太阳同步轨道上，回归周期为 55d，设计寿命为 5 年。资源一号 02D 卫星（5m 光学卫星）是资源一号 02C 卫星的接续星，主推光谱分辨率，定位于中等分辨率、大幅宽观测和定量化遥感任务，可提供丰富的地物光谱信息。卫星上的有效载荷重点针对短波红外波段进行了波段细分，光谱遥感特性突出，可实现地物的精细化光谱信息调查，满足新时期自然资源监测与调查需求。

12）高分系列

高分一号卫星（GF-1）于 2013 年 4 月 26 日成功发射，牵头主用户为国土资源部（现自然资源部），其他用户包括环境保护部、农业部（现生态环境部、农业农村部）等。卫星搭载了两台 2m 全色分辨率、8m 多光谱分辨率相机，4 台 16m 多光谱分辨率相机。GF-1 实现了 2m 高分辨率大于 60km 的成像幅宽，16m 分辨率实现了大于 800km 的成像幅宽，适应多种空间分辨率、多种光谱分辨率、多源遥感数据综合需求。

高分二号卫星（GF-2）于 2014 年 8 月 19 日成功发射，卫星搭载了两台 1m 全色高分辨率、4m 多光谱高分辨率相机。卫星侧摆±23°的情况下，可实现全球任意地区重访周期不大于 5d；在卫星侧摆±35°的情况下，重访周期还将进一步缩小。

高分四号卫星（GF-4）于 2015 年 12 月 29 日在西昌卫星发射中心成功发射，

搭载了一台可见光50m/中波红外400m分辨率、大于400km成像幅宽的凝视相机，采用面阵凝视方式成像，具备可见光、多光谱和红外成像能力，设计寿命为8年，可为我国减灾、林业、地震、气象等应用提供快速、可靠、稳定的光学遥感数据。

13）吉林一号卫星星座

吉林一号卫星星座是由长光卫星技术股份有限公司自主投资建设并运营的，是目前国内在轨卫星数量最多的商业遥感卫星星座。截至2022年11月17日，其在轨卫星数量已达到75颗。吉林一号卫星星座由高分、光谱、视频和宽幅四大系列卫星组成。

在分辨率优于0.75m、幅宽不小于17km的指标下，吉林一号高分系列卫星的重量由420kg降到40kg，成本实现了极大幅下降，发射及研制成本得到较好的控制。

吉林一号宽幅系列卫星作为全球目前幅宽最大的亚米级光学遥感卫星可获取0.5m全色分辨率、2m多光谱分辨率、大于150km幅宽的推扫影像，使得亚米级全国一张图的拍摄时间由原来的一年缩短到4个月，大幅提高了星座服务能力。

吉林一号视频03星作为全球首颗亚米级彩色视频卫星，具有专业级的图像质量、高敏捷机动性能、多种成像模式和高集成电子系统，可以获取11km×4.5km幅宽、0.92m分辨率的彩色动态视频。

吉林一号光谱01、02星能够实现理论上14d一次的高频次更新，获取26个谱段数据，用于病虫害监测、海冰监测、水华监测、赤潮监测、排污监测、地温监测、防火预警、碳汇评估、生长量估算等领域，作为基础数据库用于变化监测与趋势分析。以吉林省为例，可实现7d共7轨过境，获取东西宽690km、南北长750km范围数据，覆盖吉林全省。

14）珠海一号卫星星座

珠海一号卫星星座由34颗遥感微纳卫星组成，包括2颗OVS-1视频卫星、10颗OVS-2视频卫星、2颗OUS高分光学卫星、10颗OHS高光谱卫星、2颗SAR卫星，以及8颗OIS红外卫星。目前，珠海一号卫星星座已经实现3组共12颗卫星在轨运行。01组的2颗OVS-1视频卫星，于2017年6月15日搭载CZ-4B/Y31火箭发射入轨。02组的5颗卫星（1颗OVS-2视频卫星和4颗OHS高光谱卫星）于2018年4月26日由CZ-11/Y3火箭以“一箭五星”的方式发射入轨。03组的卫星数量及种类与02组相同，于2019年9月19日在酒泉卫星发射中心由CZ-11/Y7火箭以“一箭五星”方式发射入轨。

时序光学卫星影像如图3-3所示。

图 3-3　时序光学卫星影像

2. 雷达卫星数据

合成孔径雷达（SAR）技术自 1951 年提出至今已经发展了 60 余年，星载 SAR 技术的发展更是突飞猛进，日趋成熟。SAR 卫星采集数据具备以下几点优势：①可不受天气影响，具有穿透云雾、全天时、全天候工作能力，在多云多雨的广东地区优势更为明显。②雷达卫星可提供单极化、双极化及全极化等多种极化影像。通过不同的极化方式组合及处理可以从雷达图像中提取更多的地物参数信息，有利于地物分类及目标识别。不同极化方式下雷达图像的地物响应不同，例如，HH 极化及交叉（HV、VH）极化能较好地表达建筑物的纹理结构，VV 极化及交叉（HV、VH）极化可以较好地表达田埂等纹理结构信息。③雷达图像可以直观反映地物含水量、含盐量。因此，利用雷达图像进行土壤含水量反演等已成为当前雷达遥感应用关注的方向之一。

1）Sentinel-1

Sentinel-1（哨兵 1 号）卫星是欧洲航天局哥白尼计划中的地球观测卫星，载有 C 波段合成孔径雷达，可提供连续图像（白天、夜晚和各种天气）。Sentinel-1A 于 2014 年 4 月 3 日发射升空，Sentinel-1B 于 2016 年 4 月 25 日发射升空。重访时间约 6d，设计寿命最少 7 年，目前仍在轨运行，可提供原始数据（0 级）、SLC（1 级）、GRD（1 级）、Ocean（2 级）等产品，分辨率 2～40m 不等。主要应用于监测北极海冰范围、海冰测绘、海洋环境监测、土地变化、土壤含水量、地震、山体滑坡、城市地面沉降、溢油监测、海上安全船舶检测等。

2）TerraSAR-X、TanDEM-X

TerraSAR-X、TanDEM-X 两颗 SAR 卫星是由德国航空太空中心与民营公司共同研制的双卫星，设计寿命为 5 年，中心频率为 9.6GHz。其中 TerraSAR-X 上搭载着 X 波段合成孔径雷达传感器，可在高 514km 的极轨道上环绕地球，利用有源天线昼夜搜集雷达数据，无论是气象环境还是云层覆盖的分辨率精度均可达到 1m。

TerraSAR-X、TanDEM-X 可提供全球陆地高精度数字高程模型要求的观测数据，即空间分辨率 10m×10m、绝对垂直精度 10m（置信度 90%）、相对垂直精度 2m、绝对水平精度优于 10m（置信度 90%）、相对水平精度优于 3m（置信度 90%）。

3）高分三号

2016 年 8 月 10 日，中国成功发射了 GF-3，它是“高分专项”中唯一一颗雷达成像卫星，是中国首颗高分辨率全极化 SAR 卫星，能够全天候、全天时实现全球海洋和陆地信息的监视监测，并通过左右姿态机动扩大对地观测范围和提升快速响应能力。GF-3 设计寿命为 8 年，工作波段为 C 频段，可提供 1～500m 分辨率、10～650km 幅宽的微波遥感数据，服务于中国海洋、减灾、水利及气象等多个行业及业务部门。

4）陆地探测一号 01 组卫星

陆地探测一号 01 组卫星又叫 L 波段差分干涉 SAR 卫星，是国家民用空间基础设施规划部署建设的科研卫星，由 A、B 两颗设计状态一致的 L 波段 SAR 卫星组成，A、B 卫星分别已于 2022 年 1 月 26 日和 2 月 27 日成功发射，极大地改变了 SAR 卫星数据严重依赖国外的被动局面，有效提升我国地质灾害自主卫星监测能力与防治工作水平。

陆地探测一号 01 组卫星运行于约 600km 高度的准太阳同步轨道。双星均配置 L 波段合成孔径雷达载荷，具备多种成像模式，最高分辨率为 3m，最大观测幅宽可达 400km。充分利用 L 波段雷达波长长、在植被区具有穿透能力的特性，可解决条件复杂、地面调查难以到达地区的灾害隐患早期识别，提供覆盖范围广、测量点密度大、重复观测频率高的长波合成孔径雷达数据。

光学卫星成像类似于使用相机拍摄照片并且非常依赖天气和阳光条件，与光学卫星成像不同，SAR 成像系统则以射频辐射的形式为自己提供能源。合成孔径雷达干涉技术是新近发展起来的空间遥感技术，通过利用同一地区不同时期雷达影像数据中的相位信息，获得地表高程及形变等信息，已成为地表形变监测领域极有发展潜力的新方法。这种方法具有许多优点。

（1）SAR 白天或黑夜均可工作，无阳光照射要求。

（2）SAR 可以在任何天气条件下工作，因为射频辐射不受云、降水或其他天气条件的明显影响。

（3）SAR 可以收集不同波长和偏振的数据，以获得不同类型的信息。例如，有关表面结构和水分含量的信息。

（4）SAR 可以不同程度地穿透地下（植被、土壤），具体取决于 SAR 的波长。

（5）SAR 可以以较低的分辨率在大范围内收集信息，或者在较小的区域内收集非常详细的高分辨率图像。

（6）SAR 以独特的方式收集可以处理、检查并与其他类型的数据（包括光学卫星数据）组合的数据。

3. *夜光遥感数据*

夜光（夜间灯光）遥感数据产品不仅具有重要的科学价值，而且对于建立全球夜光遥感数据库、拓展夜光遥感数据应用范围具有重要的意义。虽说夜光遥感近年来取得了很大的进展，新型的夜光遥感传感器也弥补了很多传统传感器的缺陷，但夜光遥感仍处于初级发展阶段，高质量夜光遥感数据的可用性仍存在限制，生产夜光遥感数据产品存在着一定难度。

由于原始 DMSP/OLS 传感器的设计缺陷，其夜间灯光（DN）最大值为 63，导致灯光强度高的区域出现影像过饱和现象，无法直接使用其 DN 值来做相关研究。且 DMSP/OLS 传感器夜间灯光数据大多属于非辐射定标的产品，空间分辨率（1km）低。尽管研究人员提出的一些方法能在一定程度上降低影像的饱和与溢出，但是长时间序列中灯光的不连续性和不可比性依旧突出。

相比 DMSP/OLS 传感器获取的夜间灯光数据，美国索米国家极地轨道伙伴关系（NPP）卫星为太阳同步轨道卫星，轨道高度 824km，卫星上共搭载了 5 种传感器，携带的可见光红外成像辐射计套件（VIIRS）为其中最重要的传感器。NPP/VIIRS 传感器共有 22 个波段，波长范围在 0.4～12μm，涵盖可见光和红外光谱区间，光谱分辨率为 16bit，空间分辨率高达 500m。VIIRS 的白天/夜晚波段（day/night band，DNB）继承并优化了 DMSP/OLS 传感器的微光探测能力，相较于 DMSP/OLS 传感器，VIIRS/DNB 具有更小的瞬时视场、更多的灰度级，以及更高的空间分辨率，且 DNB 采用了和 VIIRS 其他波段相一致的辐射校正。更宽波段的辐射探测计和在轨辐射校正技术有效地提高了灯光影像的质量，因此 NPP/VIIRS 传感器夜间灯光数据在社会经济数据的空间化过程中比 DMSP/OLS 传感器数据的精度更高。从 2012 年 4 月至今，每月均有 NPP/VIIRS 传感器的夜间灯光数据，可用于短间隔时间序列分析，目前已经成为夜间灯光数据的主要来源，能够更准确地反映人类的经济活动空间信息。

2018 年 6 月 2 日 12 时 13 分，在酒泉卫星发射中心，武汉大学“珞珈一号”科学试验卫星 01 星搭乘长征二号丁运载火箭，准确进入预定轨道。

该卫星是全球首颗专业夜光遥感卫星，由武汉大学领衔，联合长光卫星技术股份有限公司研制。这是武汉大学“珞珈一号”科学试验卫星工程的第一颗卫星，主要用于试验验证国内处于空白的夜光遥感技术和国家急需的低轨卫星导航增强等技术。“珞珈一号”搭载了高灵敏度夜光相机，其精度将达到地面分辨率 100m，夜间能看见长江上所有亮灯的大桥，并获取精度远高于当前美国卫星的夜景图片。该卫星将面向国家发展和改革委员会等部门，监测全球宏观经济运行情况，为政府决策提供客观依据。同时，该卫星将搭载导航增强载荷，用于开展低轨卫星增强“北斗”等高轨导航卫星的试验。

利用 FME 可以方便快速的对夜光遥感数据进行处理分析，快速统计指定区域的灯光总值，并根据变化的夜光图斑分析研究区域的变化趋势，得到夜光遥感应用分析产品。

夜光遥感数据处理主要是通过夜光遥感影像数据投影、夜光栅格按全域裁剪、栅格镶嵌、栅格转面实现待叠加分类统计区域夜光遥感影像数据提取。具体处理流程如图 3-4 所示。

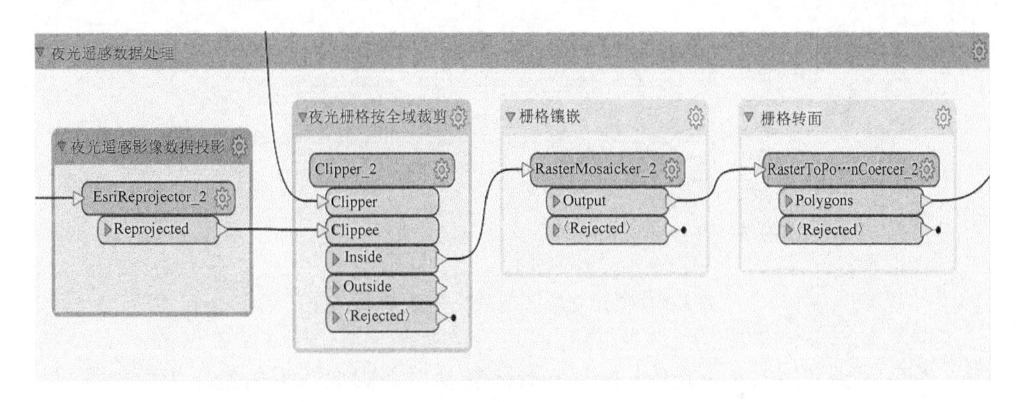

图 3-4　夜光遥感数据处理流程

原始夜光遥感影像数据采用 WGS84，需使用 EsriReprojector 转换器投影至 Asia_North_Albers_Equal_Area_Conic 坐标系，便于数据在统一的坐标系下开展叠加分类统计。

研究区域是位于 75N060E 片区的夜光遥感影像数据，覆盖范围包含中国全境，以及周边国家区域。其数据量较大，需要采用 Clipper 转换器结合研究范围边界进行裁剪输出，避免过多数据冗余，提高数据处理效率。同时在裁剪过程中添加“夜光年份”字段，利用字符串函数 Substring 结合数据读取时暴露的属性项“fme_basename”进行自动赋值，作为叠加分类统计的区分类型之一。

夜光遥感影像数据因部分年尺度数据无法获取，故采用经过了一定校正处理和合成的月尺度数据，利用 RasterMosaicker 转换器镶嵌为年尺度的平均数据，镶嵌过程中以“夜光年份”字段为分组进行，便于叠加分类统计尺度保持一致。具体参数设置如图 3-5 所示。

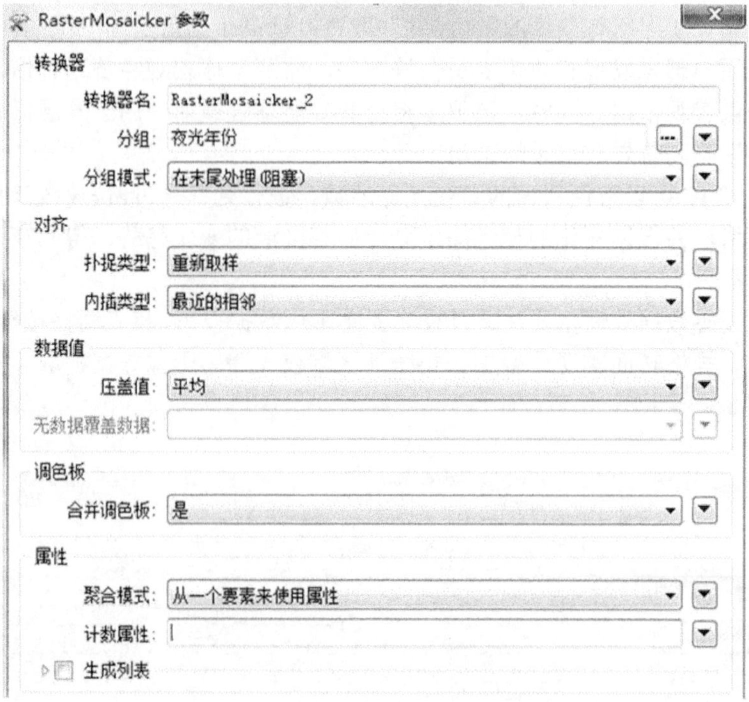

RasterMosaicker 参数
转换器
转换器名：RasterMosaicker_2
分组：夜光年份
分组模式：在末尾处理(阻塞)
对齐
扑捉类型：重新取样
内插类型：最近的相邻
数据值
压盖值：平均
无数据覆盖数据：
调色板
合并调色板：是
属性
聚合模式：从一个要素来使用属性
计数属性：
生成列表

图 3-5　夜光遥感影像数据镶嵌参数设置

然后需要利用 RasterToPolygonCoercer 转换器将影像数据矢量化为面数据，保留数据属性为“灯光值”。矢量化的面数据为了满足分区精细统计的需要，保留“灯光值”属性是为了统计夜光亮度的最大、最小、平均、数量、总和等数值，满足相关分析的需要。

3.2.2　物联网感知数据

传统的地理信息系统（GIS）是一种静止的数据流系统，即它的建设并没有考虑海量数据的存储、展示和分析，数据获取的时效性差，其根本原因是传统测绘技术在面临快速更新要求时遇到了新问题。尽管各种快速测绘技术，如准实时航空主动遥感测图、城市实景测量的广泛应用，但大部分 GIS 的数据源还远未到实时的程度，GIS 发挥的作用更多是事前预演和事后评估，很难对正在发生的事件进行分析和判断。而物联网上连接的海量传感器会成为 GIS 的数据宝库，因此，智慧位置将在物联网应用中发挥重要的、独特的作用。

（1）地理信息公共服务平台将成为物联网信息的基础设施。物联网通过感知设备对需要进行监测和监控的对象进行识别、跟踪、感知和管理，而一个对象完整的信息描述不仅包含了其矢量值或标量值，还包含了位置。通过采用 GIS，物联网管理人员可以从城市空间的角度查看管理对象的实时状态。在物联网的建设过程中使用 GIS 平台对设备的布设进行选址分析，如公共安全领域的摄像头布设，就可以在 GIS 平台上进行预演，以防出现监控盲点，从而达到感知设备布设的科学化和合理化，减少不必要的设备布设和资金投入。

（2）多种定位技术将为物联网提供位置信息。智慧位置的定位技术被广泛地应用在智慧城市的多个行业，如智慧物流、车联网、环境监测等。这些行业普遍具有对信息的采集位置非常敏感且对信息的采集轨迹有很高要求的特征。

（3）三维 GIS 将为物联网提供更丰富的展示手段。三维 GIS 与物联网的结合意味着物联网有了更丰富的展示方式。三维方式提供了一个高程视角，能够创造与二维 GIS 不一样的展示方式，如结合信号衰减方程做传感器的布设分析以减少传感器成本的投入。通过三维 GIS，可以将物联网前端传感器传回来的各种信息进行虚拟地重建和再现，建立具有真三维景观描述的、可实时交互的应用系统，三维 GIS 的应用将使物联网的感知、显示能力发生革命性的变化。

（4）移动 GIS 为互联网提供便捷的应用。移动 GIS 的出现使 GIS 的传统应用环境发生了极大的变化和改善，使 GIS 从专家系统一跃变为大众系统，完成了过去十几年间广大 GIS 从业者一直推崇的 GIS 应该走向大众的过程。

（5）传感技术为地理国情监测提供服务。地理国情具有显著的时序性，监测要求将过去的地理信息定时更新的被动服务方式转变为主动的监测和预报服务。对地理国情所包含的信息，不是事后再了解，而是通过高频率的主动监测方式，时刻了解情况的变化，挖掘变化的规律和趋势，及时地为政府、企业和社会公众提供地理国情信息的服务，以提高科学决策的水平和能力。显然，传统的人工测绘手段难以适应这种新的应用要求和服务模式，人不可能长时间值守在条件艰苦和危险的地区进行实时监测。对于地质滑坡、地面沉降等自然灾害的地理国情监测项目，就必须充分利用遥感卫星、机载航拍和多种类型的传感器进行信息获取，这正是物联网研究的内容。

3.2.3 互联网数据

1. 在线地图数据

百度、高德等地图的 Web 服务 API 为开发者提供 http/https 接口，即开发者通过 http/https 形式发起检索请求，获取返回 JSON 或 XML 格式的检索数据。用户可以基于此利用 FME 来快速获取在线地图数据。

在线服务示例如图 3-6 所示。

图 3-6　在线服务示例

像 OpenStreetMap（OSM）开源 wiki 地图这种人们随便拿来用的地图，其实有很多法律和技术上的限制，这些限制使得像地图这类的地理资讯无法有创意、有效率地被再利用。开放街道地图的动机在于其希望能创造并且提供可以被自由地使用的地理资料（像街道地图）给每个想使用的人，就像自由软件赋予使用者的自由一样。

可以利用 FME 或直接在浏览器中访问 http://download.geofabrik.de/，按照自己的需求下载不同区域的数据，本节就浏览器下载简单介绍具体下载方法。

1）登录网站

打开网站：https://export.hotosm.org/en/v3/（图 3-7），点击“Start Exporting”登录，会弹出登录对话框，登录即可。

图 3-7　登录界面

2）描述下载任务

登录之后，点击页面左上角“EXPORT TOOL”（图 3-8），弹出描述框，为下载的任务命名，方便下载之后查找。填写之后，点击“Next”。

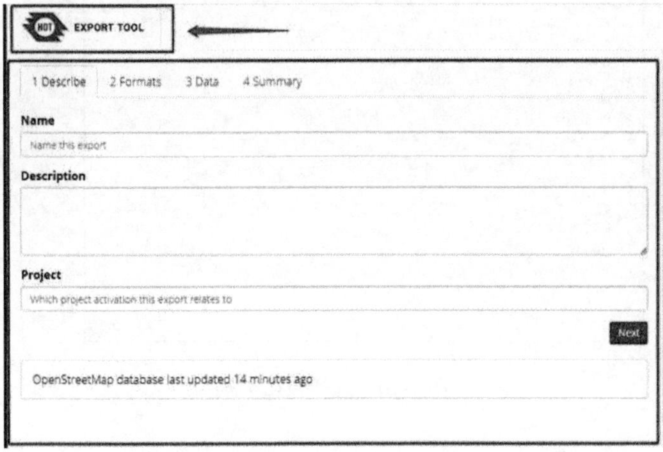

图 3-8　下载任务设置

3）选择存储类型

系统提供了多种数据格式，可同时选择多种格式，具体根据自己的需求进行选择，比如，选择 GeoPackage 和 OSM（图 3-9）。设置好后，点击右下角的“Next”。

图 3-9　格式选择

4）选择数据类别

OSM 包含的数据种类丰富，根据需求选择数据类别（图 3-10），可以多选，但选择的类别越多，数据量越大，下载时间越长。

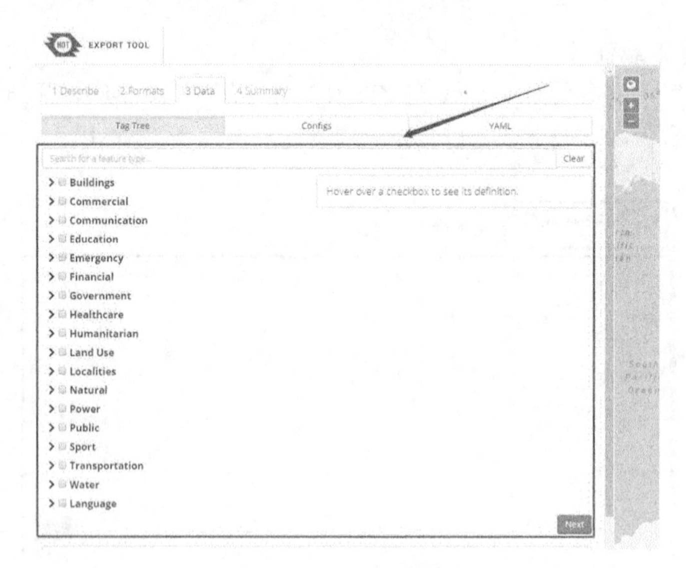

图 3-10　选择数据类别

5）设定下载范围

设置好下载类别后，开始选择下载的区域。范围的设定有以下 3 种方法。

（1）在搜索框输入某个区域，系统会自动定位这个范围（图 3-11）。

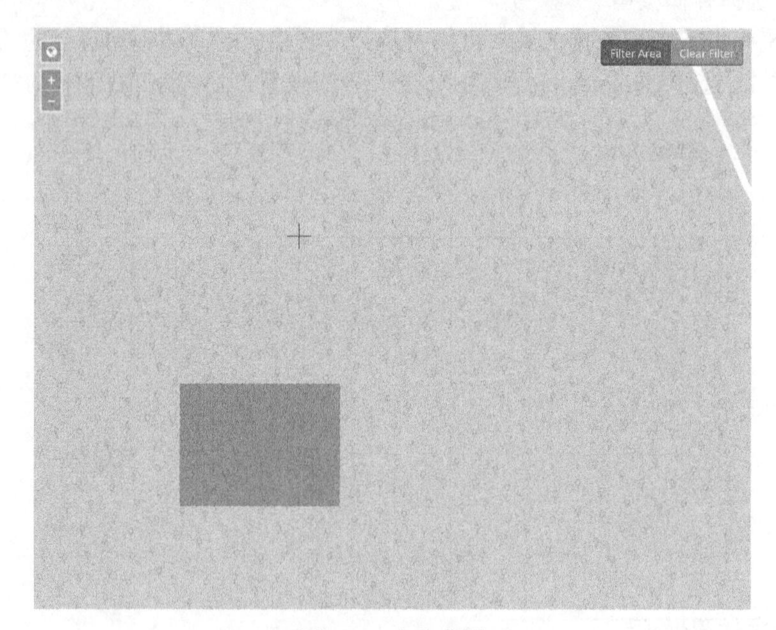

图 3-11　定位范围

（2）通过框选选择工具（图 3-12）。

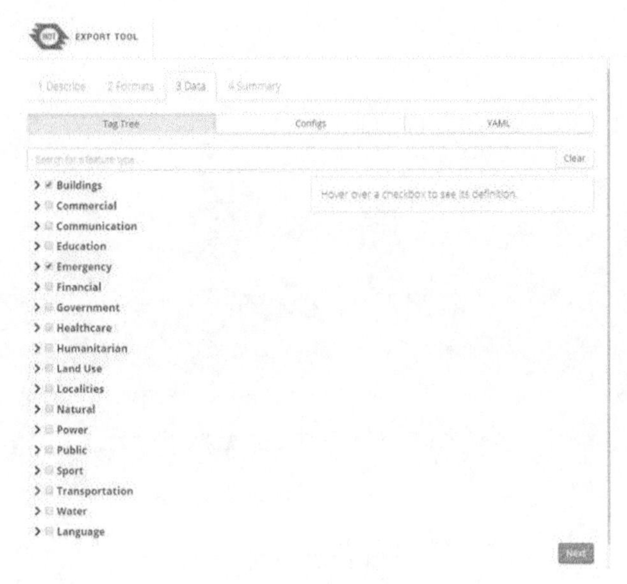

图 3-12　选择工具

（3）上传范围边界，必须为 GeoJSON 格式，可利用 FME 将 SHP、GDB 等数据转为 GeoJSON 格式。

6）数据下载

完成以上工作后，就可以下载地图了。下载申请通过后会收到一封邮件，建议从邮件中下载，速度会更快。

7）数据查看

数据可以直接在 FME 打开，从属性表可知，属性比较齐全；也可以进行相关的设置，使信息呈现得更美观（图 3-13）。

2. 街景数据

街景数据应用的主要场景可分为个人、企业和政府三大类。面向个人，主要是用户对街景地图服务的使用，通过搜索，查看街道的状况；面向企业，企业或机构对街景信息的提取，包括街景图片、地名、地址、特殊名称、POI 等，通过采集这些信息做信息化服务；面向政府，目前还没有真正地把街景数据用起来。在政府层面，针对我国国土空间规划管理部门“如何把街景数据用好”这一问题，李栋的《街景数据在规划设计与城市管理中的应用》一文中提及了几个案例。

案例一：城市跑步指数评估与分析。根据跑步爱好者在互联网上分享的跑步的动机，制作了一张跑步指数的鸟瞰图。如图 3-14 中标示的红色地域，是跑步行为密集的区域。

图 3-13　结果

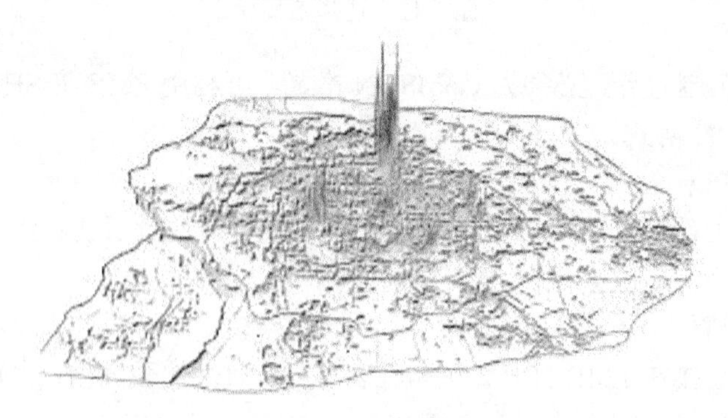

图 3-14　城市跑步指数图（后附彩图）

案例二：沈阳骑行指数评估与预测。和跑步指数案例类似，在分析了骑行量和街道物理环境的关联之上，增加了预测的步骤。将街景数据作为整个城市研究的数据来源之一，其他类型的城市数据还包括道路事故、天气数据、骑行轨迹数据、出租车数据、道路两边的功能区数据等，通过模型把这些数据联系在一起。在指数构建当中，用街景图像评估与预测道路适宜指数，主要包括危险指数、道路旁设施、拥堵指数、骑行热度、多样性等。这样就将骑行热度在城市空间上展示出来了。

案例三：在街区尺度城市管理和规划设计中的街景数据应用。这项研究是和城管部门合作完成的。研究收集和分析了城市管理中各类事件发生的时间、空间相关属性，考虑的街景核心要素包括通道、绿化覆盖率、机动化水平等。对“乱停车”的问题，分析有哪些要素和这项问题发生关系，比如，流动商贩、车道占用、废弃家具摆放等，并综合为一项“人居需求空间指数”。针对需求的高低来规划和布局改善性设施。

1）街景数据采集

目前互联网提供了海量的街景数据，并对其服务接口作出了详细的说明（https://lbs.qq.com/service/staticV2/staticGuide/staticDoc），接口说明如图 3-15 所示。

请求URL

静态图API，是通过构造一个HTTP协议的URL调用，获取一张地图的静态图片，可以通过参数指定地图位置、缩放级别、底图类型、叠加的覆盖物等。静态图API的调用形式如下：

https://apis.map.qq.com/ws/staticmap/v2/

参数说明

参数	必填	说明	示例
size	是	地图静态图片大小，宽*高，单位像素。	size=138*187
key	是	开发者密钥，申请密钥	key=OB4BZ-D4W3U-B7VVO-4PJWW-6TKDJ-*****
center	有条件必填	地图视图中心点，为经纬度坐标。 注意：有条件必填是指用户指定了markers、labels、path中至少一项，则此项可不填。	center=39.12,116.54
zoom		地图视图的级别设置，取值范围4≤zoom≤18，18级仅在maptype=roadmap时支持	zoom=10
bounds	有条件必填	通过设置一个矩形范围来显示地图 1. 系统会自动计算合适的缩放级别，以便设置的范围完整显示在图中 2. 本参数优先级高于center+zoom的组合参数 3. 参数格式： bounds=lat,lng;lat,lng 矩形范围西南角坐标 和 东北角坐标，两坐标英文分号 " ; " 分隔，纬度在前，经度在后，英文逗号" , " 分隔。	bounds=39.933828,116.472588;39.960675,116.497993
format	否	支持png(默认),png8,gif,jpg	format=png
scale	否	是否高清，取值2为高清，取值1为普清	scale=2
maptype	否	底图类型,支持5种底图展示效果： 普通路网，roadmap 卫星，satellite 卫星叠加路网，hybrid	maptype=roadmap

图 3-15　街景数据接口说明

注册 key，然后利用 FME HTTPCaller 转换器拼接 HTTPURL 链接（https://apis.map.qq.com/ws/staticmap/v2/?center=39.8802147,116.415794&zoom=10&size=600*300&maptype=roadmap&markers=size:large|color:0xFFCCFF|label:k|39.8802147,116.415794&key=OB4BZ-D4W3U-B7VVO-4PJWW-6TKDJ-WPB77），获得街景数据。部分关键代码详见附表 2。接口 key 如图 3-16 所示。

图 3-16　接口 key

2）街景数据应用

Wang 等（2019）基于遥感数据和互联网街景数据进行应用。首先，运用深度学习的方法，分别测算城市居民的绿化暴露水平；其次，运用多层级线性回归分析，估计城市社区的绿化暴露水平与居民心理健康之间的关联水平；再次，运用中介效应分析技术，检验是否存在绿化暴露水平影响居民心理健康的多种路径；最后，比较基于遥感数据和互联网街景数据所得到的分析结果，并探讨分析结果存在异同背后的原因。

“绿色景观指数”这一指标的测度如果采用传统的调研方法需要花费大量的人力和精力去采集街道图片，以及处理图例，而如今地图服务厂商提供的街景地图服务为街道进行大范围、高精度的“绿色景观指数”测度提供了可能（图 3-17）。

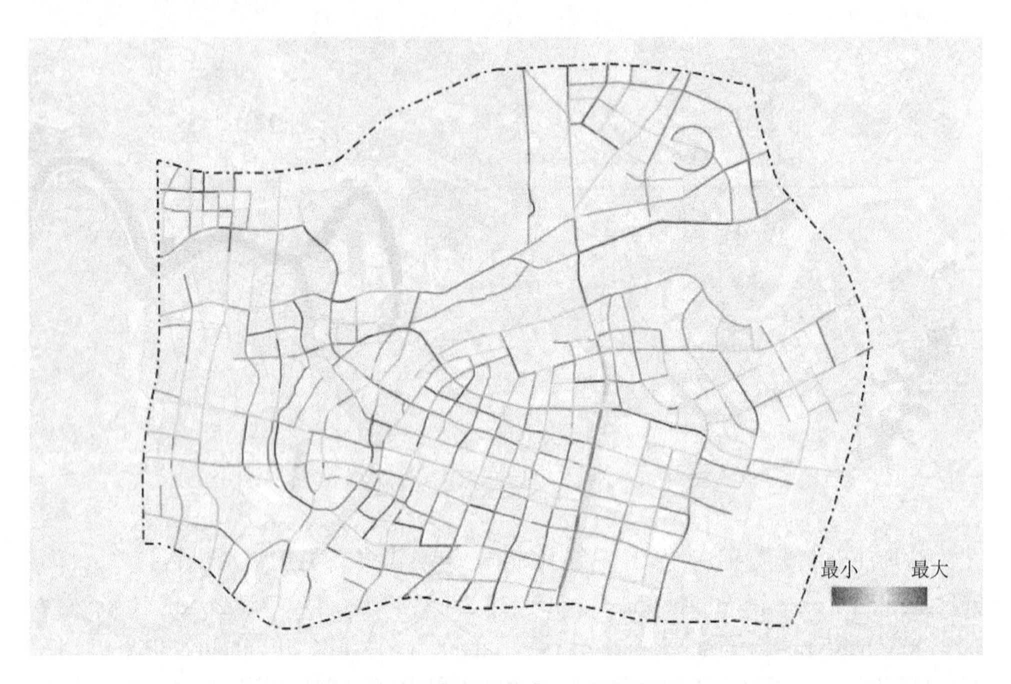

图 3-17　绿色景观指数（后附彩图）

3. 迁徙数据

人口迁移一般是指人口在两个地区之间的空间移动，这种移动通常涉及人口居住地由迁出地到迁入地的永久性或长期性的改变。联合国《多种语言人口学辞典》对人口迁移的定义为人口在两个地区之间的地理流动或者空间流动，这种流动通常会涉及到永久性居住地由迁出地到迁入地的变化。这种迁移被称为永久性迁移，它不同于其他形式的、不涉及永久性居住地变化的人口移动。

随着我国经济发展和社会变革的不断推进，人口迁移格局也发生了相应变化。

城镇化进程的不断加快使得我国逐渐形成了中心城市带动城市群，进而带动区域经济发展的格局。各城市之间的人口迁入迁出热度数据分析是了解城市的发展布局、中心城市和城市群带动区域的发展情况及各个区域之间的互动情况，也经常被应用于区域规划、城市战略规划及总体规划中。

CnOpenData 数据团队推出人口迁徙大数据，包含各地区迁入来源地信息、各地区迁出目的地信息和各城市内部出行强度信息三个子模块，涵盖迁入迁出城市、省份的总趋势和迁入迁出明细数据，为相关研究提供了优质的大数据样本（图 3-18）（摘自 https://www.cnopendata.com/data/population-migration）。

图 3-18　人口迁徙大数据

互联网位置大数据。互联网位置大数据是目前国内重要的位置数据统计平台之一，其庞大的数据库是研究者重要的数据来源。互联网位置大数据涵盖了每个城市每日热度前十的人口迁入迁出路线，以及乘坐飞机、火车、汽车的迁入迁出数据，并给出了迁移热度值。

1）数据获取

在日期栏中选择日期，并在搜索框中输入想要查看的城市，如上海，就可以看到指定的日期迁入迁出上海的数据。除了可以查看综合了飞机、火车和汽车三种不同交通方式的迁徙热度数据，还可以分别查看飞机、火车和汽车三种不同交通方式的迁徙热度数据。打开开发者工具，可以很容易地发现在搜索时所调用的接口。所以只要掌握了这个接口各个参数的含义，就可以通过 FME 的 HTTPCaller 转换器直接调用这个接口，从而得到想要的数据。

通过分析接口可以发现，当切换不同的交通方式、迁入迁出、日期及城市的时候，链接有三个部分发生变化（图 3-19）。第一个部分为日期，第二个部分为城市代码，第三个部分代表了不同的交通方式的代码。所以只要按照需求替换掉相应的部分即可。

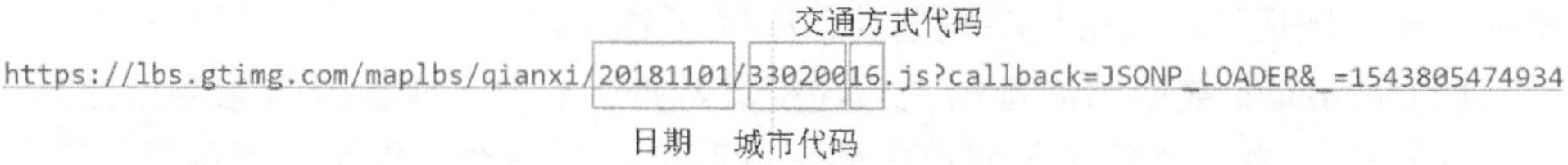

交通方式代码

https://lbs.gtimg.com/maplbs/qianxi/20181101/33020016.js?callback=JSONP_LOADER&_=1543805474934

日期　城市代码

图 3-19　请求链接解析

这三个部分，较容易获取的是日期和交通方式的代码这两个参数。如何获取城市代码呢？获取城市代码的途径有很多，上网搜索便会出来很多结果，但是如果贸然采用其他来源的城市代码可能产生与互联网位置大数据网站的城市代码不一致的现象，从而造成抓取的时候遗漏数据，所以最好能够采用互联网位置大数据网站自身的城市代码。

在打开互联网位置大数据网站的时候，服务器会传回我们需要的人口迁徙热度数据和一个 city.js 的文件，而这个文件中就恰好包含了我们需要的城市代码。所以在调用人口迁徙热度数据接口之前需要先把这个文件的城市代码解析出来。

也可以直接使用 HTTPCaller（图 3-20）。这里要注意的就是在 Response Body Encoding 一栏中要选择 utf-8。因为在 city.js 的文件中并没有标示编码信息。

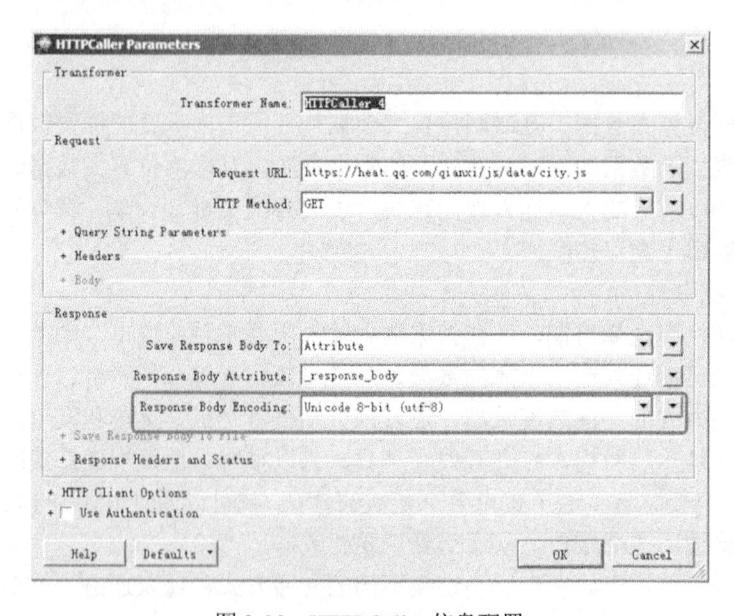

图 3-20　HTTPCaller 信息配置

解决了城市代码的问题，接下来要解决的就是日期问题，互联网位置大数据网站从 2015 年 2 月 3 日开始，每天更新数据。如要获取从 2015 年 2 月 3 日到 2019 年 3 月 23 日的数据，时间戳设置如图 3-21 所示。首先需要用到的是 DataTimeCalculator 转换器来计算开始日期到终止日期之间的时间间隔；然后再利用 DataTimeCalculator 的 Add or Subtract Interval 模式进行累加，依次得到从 2015 年 2 月 3 日到 2019 年 3 月 23 日的日期。

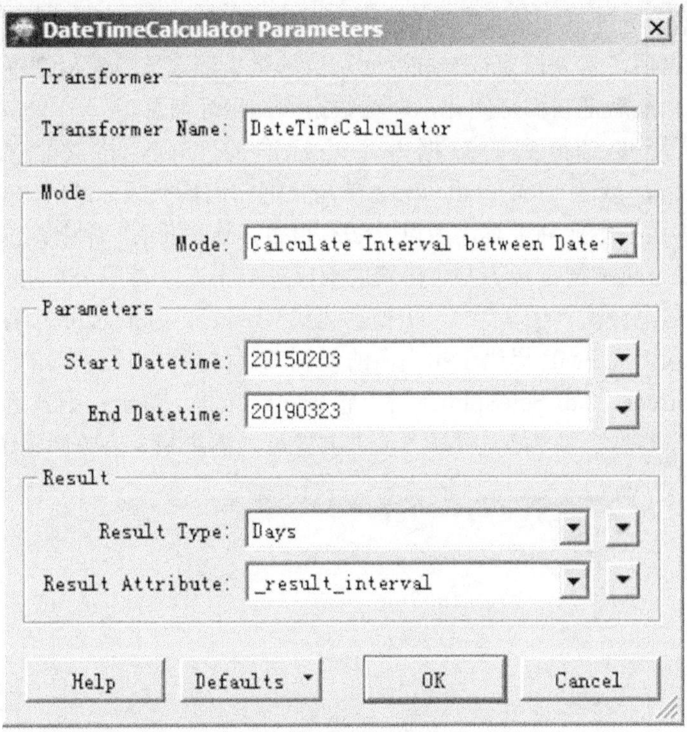

图 3-21 时间戳设置

交通方式的代码及含义见表 3-1。

表 3-1 交通方式的代码及含义

代码	含义	代码	含义
16	总的迁出	06	总的迁入
13	飞机迁出	03	飞机迁入
12	火车迁出	02	火车迁入
11	汽车迁出	01	汽车迁入

小贴士：

1. 迁徙量是互联网修改后的数值，不是具体的人数，无法确认真实性。

2. 每个城市只有每日热度前十的迁徙数据，即使是这种情况，当我们把所有城市汇总在一起的时候，数据依然可以反映一些现象。

3. 有些城市在某些日期不存在迁徙数据，当我们用相应的参数调用接口的时候，会返回空值。

2）数据预处理

拿到数据后，首先需要把一些返回空值的结果筛选掉；然后把下载得到的数据解析出来；最后把它们空间化，即给数据添加坐标信息。

因为调用接口得到的数据并不是标准的 JSON 格式，所以在利用 JSONFragmenter 或者 JSONFlattener 之前需要把它们转换成标准的 JSON 格式。因为 FME 提供了很多便利工具，所以方法有很多，这里推荐一种比较简便的方法：通过 StringSearcher 把符合 JSON 格式的部分提取出来，再用 JSONFragmenter 把各个城市的信息分离（图 3-22）。正则表达式（regular expression）确实很强大，但是也很烦琐，而 FME 提供了相当多的便利工具，可以忘掉烦琐的正则表达式，如 StringReplacer、AttributeSplitter 等。根据实践经验，对于正则表达式，只要能够把“(.*)”、“？”和“/d”用好，基本上就可以解决绝大多数问题了。

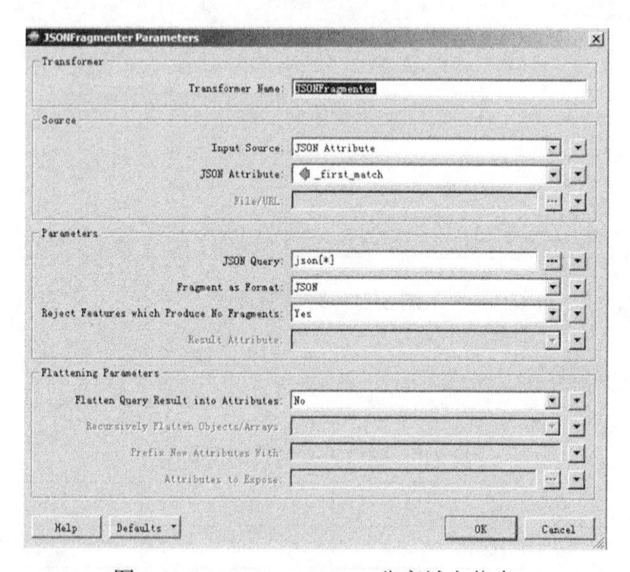

图 3-22　JSONFragmenter 分离城市信息

3）数据落图

可以通过高德地图、百度地图 API 或者官方的全国行政区划信息查询平台

（http://xzqh.mca.gov.cn/map）获取每个城市的中心点。再利用 FeatureMerger 与互联网位置大数据网站获取的 city.js 文件里的城市进行匹配，从而得到所需的城市坐标信息（图 3-23）。

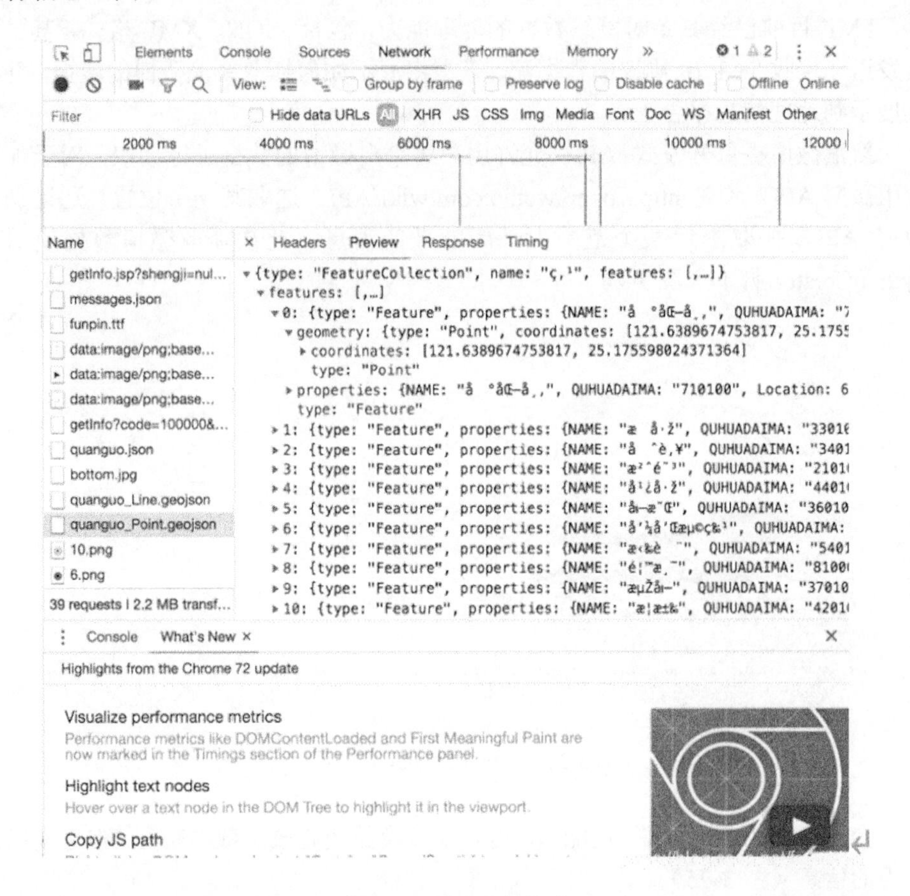

图 3-23　城市坐标信息

4）数据分析

准备好数据之后就可以做分析了。常见的人口迁徙数据分析有两类，其中一类是看各个城市之间的人口迁徙联系强度。可以选取不同的范围，比如，单个城市的人口迁入迁出情况、各省或者城市群的各城市之间的人口迁徙联系强度。选取城市，比如，一线城市与二线城市之间的人口迁徙联系强度，或者全国各个城市之间的人口迁徙联系强度。

4. 微博数据

基于位置的社交网络（location-based social network，LBSN）已经成为一种非

常流行的社会网络。对社交网络数据的研究也成为各个领域对用户行为分析预测的重要手段。对于普通用户来说，这些概念可能有些陌生，接下来用一个示例展示。

FME 目前已经具备对网络数据的处理能力，包括 JSON、XML 格式，甚至直接发送和接收 TCP/IP 协议的数据流。下文将演示如何抓取新浪微博的数据，并将其展示到地理信息平台上。

新浪微博提供开发式 API，允许用户对来自微博的数据进行读取，对于如何使用微博 API，参考 http://open.weibo.com/wiki/API。选取某一个位置，通过调用微博 API，抓取附近某个范围内最新的微博消息。此次抓取微博数据使用了 PythonCreator 脚本（图 3-24）。

```
1 import fmeobjects
2 import json
3 import weibo #https://github.com/michaelliao/sinaweibopy/wiki/OAuth2-HOWTO
4
5
6 # Template Class
7 class FeatureCreator(object):
8     def __init__(self):
9         logger = fmeobjects.FMELogFile()
10        APP_KEY =
11        APP_SECRET=
12        CALLBACK_URL = 'http://www.fme-china.com'
13        ACCESS_TOKEN =
14        self.weiboClient = weibo.APIClient(app_key=APP_KEY, app_secret=APP_SECRET, redirect_uri=CALLBACK_URL)
15        self.weiboClient.set_access_token(ACCESS_TOKEN, 86400)
16    def close(self):
17        feature = fmeobjects.FMEFeature()
18        r = self.weiboClient.place.nearby.users.get(source=self.weiboClient.client_id, lat = '30.659877', long = '104.069984', range = '2000'
19        feature.setAttribute('_weibo_contents', json.dumps(r))
20        self.pyoutput(feature)
```

图 3-24　PythonCreator 代码调用

得益于 FME 的数据处理能力，用 4 个转换器便完成了数据整理工作，提取出有用的信息（图 3-25）。

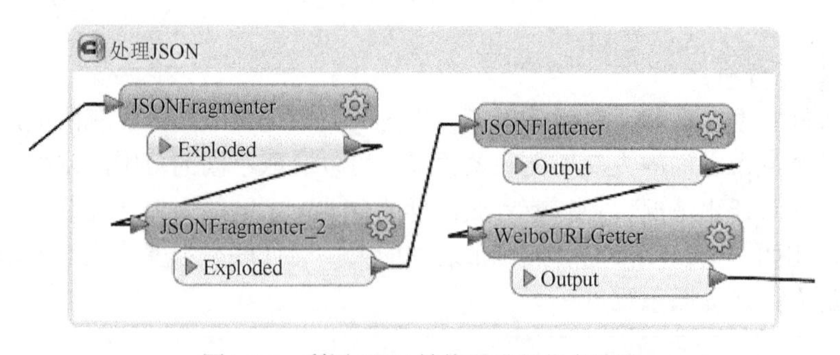

图 3-25　利用 FME 转换器进行信息清洗

获取到有用的信息后，可以将发送微博的位置信息空间落图和展示。

3.3　新数据汇聚与治理

3.3.1　新数据汇聚

1. 数据爬虫

网络爬虫（又称为网页蜘蛛、网络机器人），是一种按照一定的规则、自动地抓取万维网信息的程序或者脚本。还有一些不常使用的名字如蚂蚁、自动索引、模拟程序或者蠕虫。

爬虫基本流程如下。

（1）发起请求：通过 HTTP 向目标站点发起请求，即发送一个 Request，请求可以包含额外的 headers 等信息，等待服务器响应。

（2）获取响应内容：如果服务器能正常响应，会得到一个 Response，Response 的内容便是所要获取的页面内容，类型可能有 HTML、JSON 字符串、二进制数据（如图片视频）等类型。

（3）解析内容：得到的内容可能是 HTML，可以用正则表达式、网页解析库进行解析；也可以利用 FME 来处理 JSON 对象。可以直接转为 JSON 对象解析，也可以是 XML 数据，做保存或者进一步的处理。

（4）保存数据：保存形式多样，可以存为文本，也可以保存至数据库，或者保存为特定格式的文件。

FME 提供了 HTTPCaller 转换器，封装了 HTTP 的 GET、POST 等请求。也可以利用 FME 的 PythonCaller 模块和 Python 的 Requests 来进行解析，FME 的优势在于可以无缝地将 HTTP 爬虫结果和 FME 结合在一起，即直接利用 FME 的 JSON 或 XML 格式对结果直接进行解析，再利用 FME 其他转换器进行后续操作。

2. 数据处理

FME 是加拿大 Safe Software 公司开发的空间数据转换处理系统，它是完整的空间 ETL 解决方案。该方案基于 OpenGIS 组织提出的新的数据转换理念“语义转换”，通过在转换过程中重构数据的功能，实现了 300 多种不同数据格式（模型）之间的转换，为进行快速、高质量、多需求的数据转换应用提供了高效、可靠的手段。

（1）以 FME 为中心实现 300 多种不同数据格式（模型）的相互转换，如 DWG、DXF、DGN、ArcInfoCoverage、Shapefile、ArcSDE、Oracle、SDO 等。

（2）可独立地直接浏览各种格式的空间数据，同时浏览图形、属性和坐标数据。

（3）提供为数据转换进行自定义的图形化界面，能够可视化定义从原始数据到目标数据的图形与属性的对应关系。

（4）将数据转换与丰富的 GIS 数据处理功能结合在一起，如坐标系转换、叠加分析、相互运算、构造闭合多边形、属性合并等。

3. 遥感解译

FME 支持多种遥感影像格式，并提供了具有拼接、纠正、波段运算等功能的转换器，利用 FME 结合常用的遥感指数，可以在 FME 里就实现地物提取。

表 3-2 中的指数，它们的共同特点都是采用了比值计算和归一化（normalization）处理，因此数值范围介于−1～1。由于进行了比值计算，所以其生成的指数影像有助于消除地形差异的影响。这些指数创建的基本原理就是在多光谱波段内，寻找出所要研究地物的最强反射波段和最弱反射波段，将强者置于分子，弱者置于分母。通过比值计算，以几何级数进一步扩大二者的差距，使要研究的地物在所生成的指数影像上得到最大的亮度增强，而其他的背景地物则普遍受到抑制。

表 3-2　常用遥感指数

指数名称	计算公式	应用方向
归一化差异湿度指数（NDMI）	NDMI = [p(NIR)−p(MIR)]/[p(NIR) + p(MIR)]	NDMI 是基于中红外与近红外波段的归一化比值指数。与 NDVI 相比，它能有效地提取植被冠层的水分含量；在植被冠层受水分胁迫时，NDMI 能及时地响应，这对于旱情监测具有重要意义。
归一化差异水体指数（NDWI）	NDWI = [p(Green)−p(NIR)]/[p(Green) + p(NIR)]	NDWI 是基于绿波段与近红外波段的归一化比值指数。NDWI 一般用来提取影像中的水体信息，效果较好。
改进归一化差异水体指数（MNDWI）	MNDWI = [p(Green)−p(MIR)]/[p(Green) + p(MIR)]	该指数在城市建筑用地提取方面有较强的优势。
归一化植被指数（NDVI）	NDVI = [p(NIR)−p(Red)]/[p(NIR) + p(RED)]	
归一化建筑指数（NDBI）	NDBI = [p(MIR)−p(NIR)]/[p(MIR) + p(NIR)]	

注：表中 NIR 为近红外波段；MIR 为中红外波段；Green 为绿波段；Red 为红外波段；p 为遥感影像的图像色谱。

人工智能结合遥感解译，将深度学习技术引入遥感数据解译应用，可以全方面提升遥感数据的自动化处理、分析能力。在人工智能影像解译的过程中，训练样本的好坏直接影响着影像分类和变化检测结果的精度。基于多源矢量数据丰富的先验知识，自动获取地物类型在影像上的空间分布与类型标定值；并利用 FME 搭建模板进行样本的选取与标定，从而形成可供深度学习网络训练的大样本数据。

3.3.2　新数据治理

1. 坐标转换

欧洲石油调查组织（European Petroleum Survey Group，EPSG）（http://epsg.io/）维护着空间参照对象的数据集，OGC 标准中空间参照系统的标识符（spatial reference system identifier，SRID）与 EPSG 的空间参照系统 ID 相一致。

在 http://epsg.io/上可以通过 SRID 查询相应的空间参照系统的参数，以及 WKT、proj4 等多种表达方式。当然有许多开源小工具库也支持相应的转换。

FME 提供 Reprojector 转换器，全面支持 EPSG 和 ArcGIS 等坐标系，并支持矢量、栅格或点云等多种数据，并将它们的 x 坐标和 y 坐标从一个坐标系重投影到另一个坐标系上，同时 FME2020 之后的版本也提供了 ProReprojector 转换器，允许用户在 EPSG 的基础上自定义坐标系。

对于火星坐标系（百度、高德、国家测绘地理信息局）等有偏坐标系，可利用 FME 的 PythonCaller 转换器实现坐标转换。为方便读者使用，我们制作了一个火星坐标系转 WGS84 的转换器，并发布在 FME Hub（https://hub.safe.com/publishers/zzhnb/transformers/coordinatetranslate）上，感兴趣的读者可以尝试使用学习。

2. 数据落图

随着电子地图的不断发展，其应用也越来越多。像诸如百度地图等地图服务厂商还提供了免费的百度地图 API，如 JavaScript API、Flash API、Android SDK、Web 服务 API 等多种 API 产品。本节基于 Web 服务 API 中的 Geocoding API，在 FME 中实现一体化的地址解析和逆地址解析流程。

利用 FME 实现上述流程的好处在于以下几点。

（1）可以将需要获取坐标的地名地址或者需要获取地名地址的坐标，作为参数进行发布（图 3-26），使用户在每次运行模板时能够灵活配置需要解析的地名地址或其坐标。

（2）整个流程一体化，将调用 API 的过程及返回结果的解析一站式完成，提高工作效率，并且流程可复制。下面详细介绍下具体方法。

a. 注册百度账号，在 https://lbsyun.baidu.com/申请调用 API 的 key。

b. 点击“获取密钥”，在打开的页面中填好申请资料，然后“生成 API 密钥”。

c. 根据获取地名地址的说明，不管是地址解析还是逆地址解析都是通过访问 URL 来完成的。在 FME 中创建模板时，首先需要生成 URL，然后通过 HTTPCaller 转换器调用该 URL，最后解析返回的结果。

d. 发布将“地址”“输出格式类型”“用户密钥”“城市名”创建为模板的参数。

e. 按照 URL 的格式，创建调用的 URL，并通过 HTTPCaller 转换器进行访问。

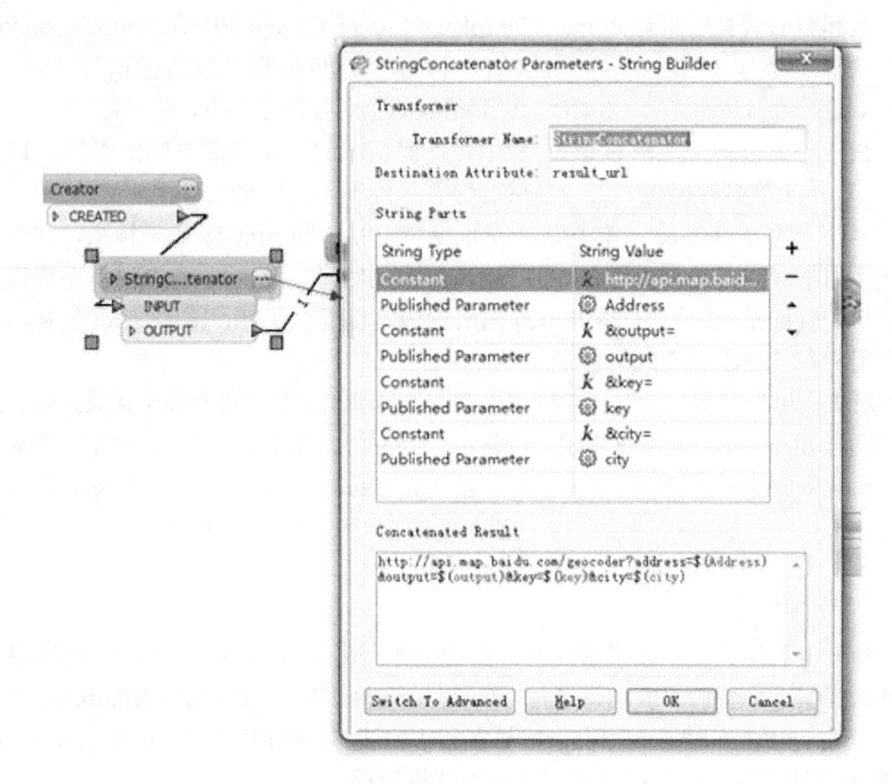

图 3-26　发布参数

f. 采用 JSON 格式返回结果。在 HTTPFetcher 之后需要使用与 JSON 格式相关的转换器进行结果解析，通过运行模板，把结果输出到 viewer 中查看，分析 JSON 解析的步骤。

g. 添加 JSONExtractor 转换器，提取返回的坐标。通过两个 JSONExtractor 转换器分别获取经纬度（图 3-27）。

h. 通过百度地图 API 得到了经纬度坐标。可以把坐标存储到目标数据的属性中，也可以通过 2DPointReplacer 生成对应的点数据。

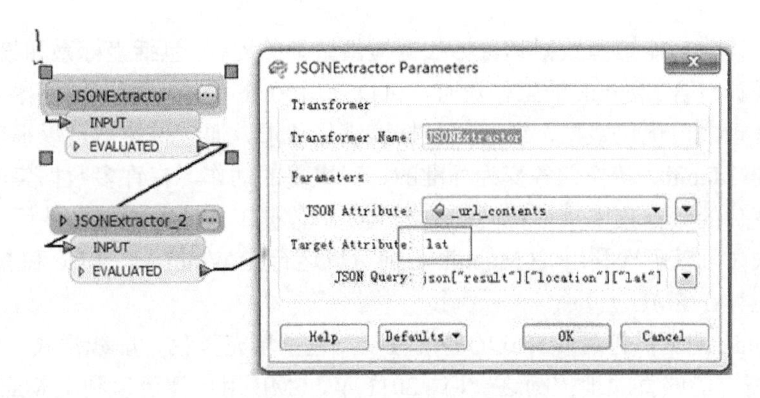

图 3-27　提取 JSON 中的经纬度

3. 数据渲染

1）Mapnik

Mapnik（图 3-28）是一个免费的、开源的工具包，它采用了矢量（vector）和栅格（raster）空间数据，并可以将矢量和栅格空间数据转换为一幅美丽的影像。在 FME2014 版本后，FME 和 Mapnik 已经集成在一起用于创建 MapnikRasterizer。

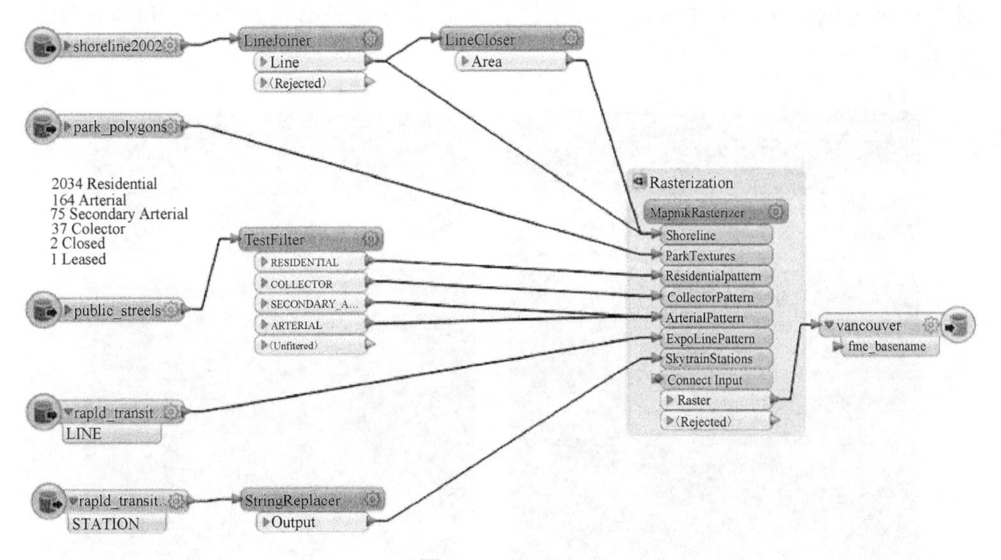

图 3-28　Mapnik

Mapnik 可以读取 Esri 的 SHP 格式，以及 PostGIS、TIFFraster、OSM、XML、Kismet 和 OGR/GDAL 格式。FME 拓展了这些格式使之达到了 325 种，包括 vector、raster、3D、tabular（表格）、Database（数据库）、Web、XML、cloud（云）等格式。这意味着 FME 比以往更容易从各种系统和应用程序中结合 Mapnik 工作。FME

的数据一体化功能给源数据和目标数据提供精确的控制，包括坐标系和投影变换。

当设计包含 Mapnik 的工作流时，可以使用 FME 的 500 多个转换器来验证数据，在处理之前优化数据，或重组数据以满足需求。通过转换器可以很容易地把你所有的 Mapnik 转换任务变为标准的、可重复的动作，在许多数据集或者在单个不断变化的数据集中执行相同的数据转换。数据工作流不应该在使用一次后就永远消失（可以多次利用）（Mapnik 目前可以运行在 Windows、Mac 和 Linux 上，也可以运行在 FME 上）。

Mapnik 能提供符号和样式的精确控制，包括填充颜色、虚线样式、字体等。FME 使得它能够直观地控制这一切。2011 年，FME 用户便可以利用 Mapnik 使用 Python。如今，MapnikRasterizer 通过具有友好的图形用户界面（GUI）使其能够更简单地被调用转换器。MapnikRasterizer 不需要任何 CSS 或 XML 语句，它仅仅需要接受即点即选的界面的参数，就像其他的 FME 转换器一样。

2）极海云

极海云是一款可以在线制图的产品，它支持以下功能。

（1）地图可视化。支持百万级海量点、面数据快速上图，数据上图功能，包括多种底图风格，支持散点图、分段图、单值图、热点图、气泡图、流体场，同时支持时态图制作，简单易用，效果较好，支持分享于第三方平台。风格地图如图 3-29 所示。

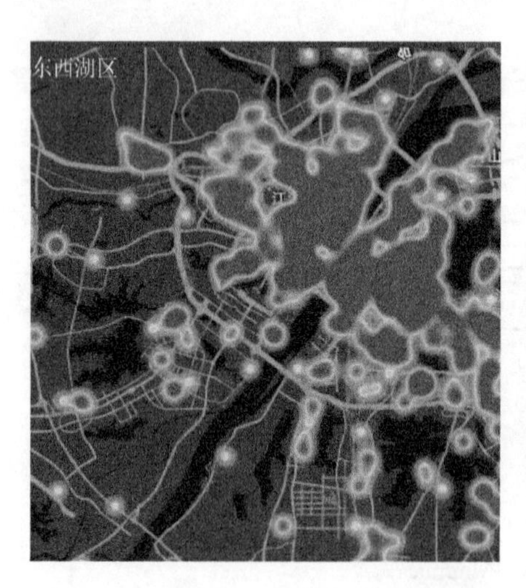

图 3-29　风格地图

（2）图表可视化。数据探索功能：在线整合数据，快速生成饼形图、柱形图、折线图、雷达图、玫瑰图等图表，可布局为仪表盘，支持二维码和链接一键分享，在互联网与社交媒体中实现最大化传播。统计图表样式如图 3-30 所示。

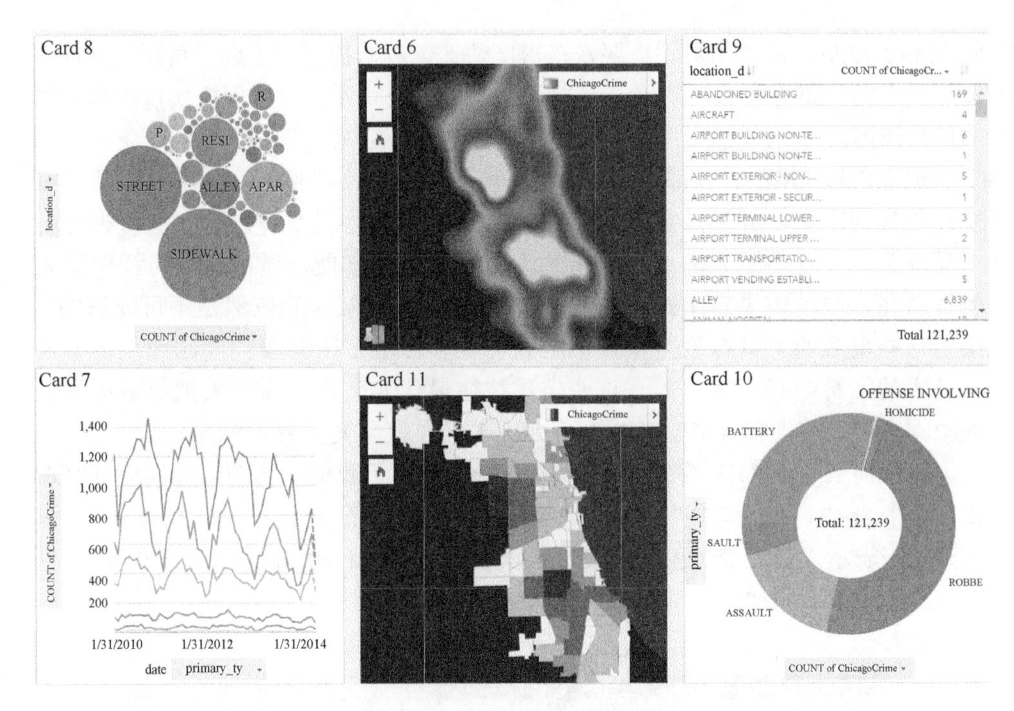

图 3-30　统计图表样式

（3）三维可视化。点、线、面数据可视化于三维球体场景之中，生动立体地呈现出更丰富、更多维的信息。三维样式图如图 3-31 所示。

图 3-31　三维样式图

（4）模型计算。24 种地信经典分析模型（如缓冲区分析、格网统计、区域统计、核密度估计、获取中心点、生成 OD 线、反距离加权插值、均值中心、等时圈/等距圈分析、莫兰指数、点要素核密度估计、数据裁剪、生成三角网、泰森多边形、方向分布等）通过简单交互即可完成复杂空间计算，零门槛实现地理数据的信息挖掘。

很多用过 FME 的人都会说 FME 并不是很擅长做可视化，而本节把数据可视化单独列出来，并不是反驳这个观点，只是想表达现在可以做数据可视化的工具很多，不管是图表的还是地图的，这些工具很方便，做出来的可视化结果也很漂亮。但是如果想用好这些现成的可视化工具，FME 依然是不可或缺的。虽然这些现成的工具都很方便，但是它们也存在很多限制条件。比如，需要哪些基本的字符编码、字段等。这些条件往往最让人头疼。而如果把数据可视化的数据准备工作交给 FME 来做的话，这项工作就会变得异常惬意。

以极海云平台 OD 图制作为例。极海云平台对于我们上传的点数据会有“OD 线”这个选项，我们选中“OD 线”以后需要有 O 点的 xy 坐标、D 点的 xy 坐标，还有用来表示人口迁徙热度的字段。所以我们需要在 FME 中构建好这些字段。

输出字段示例如图 3-32 所示。

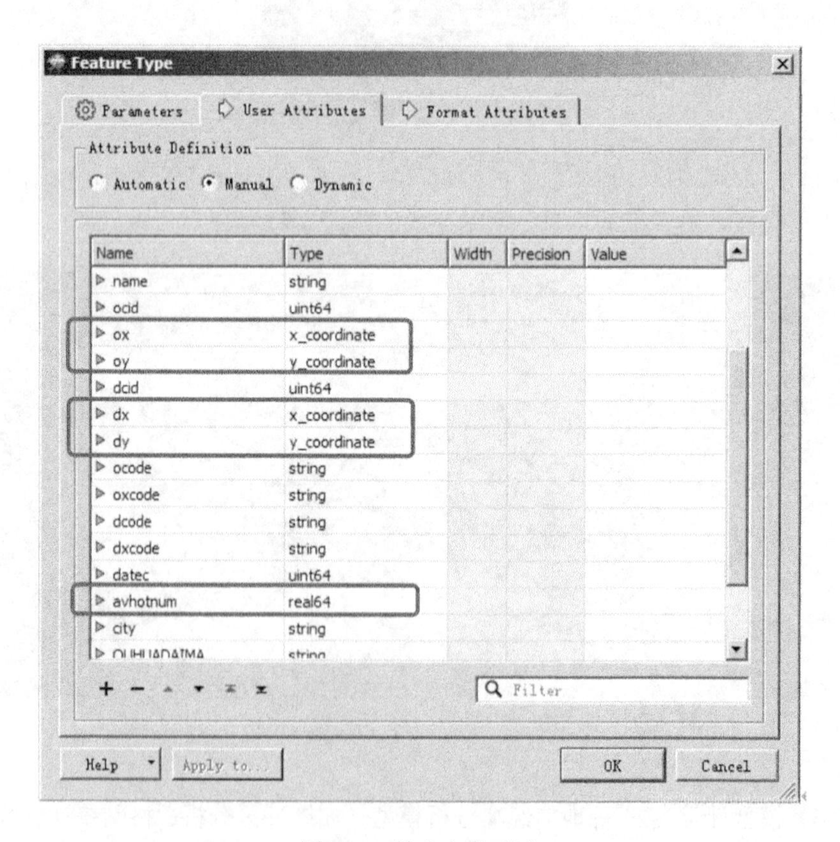

图 3-32　输出字段示例

3）PyECharts

将统计的数据作为参数传递给 PythonCaller 转换器，通过 Python 强大的可视化库 PyECharts 完成数据的可视化（PyECharts 是一个用于生成 ECharts 图表的类库。ECharts 是百度开源的一个数据可视化 JS 库。PyECharts 参考地址：https://pyecharts.org/#/zh-cn/chart_api），最终生成 HTML 页面（如需统计其他内容，只需对传入的数据来源进行修改即可），如若将模板发布至 FME Server，定时生成此页面至服务器，即可完成一个快捷且实时监控的可视化页面（图 3-33）。

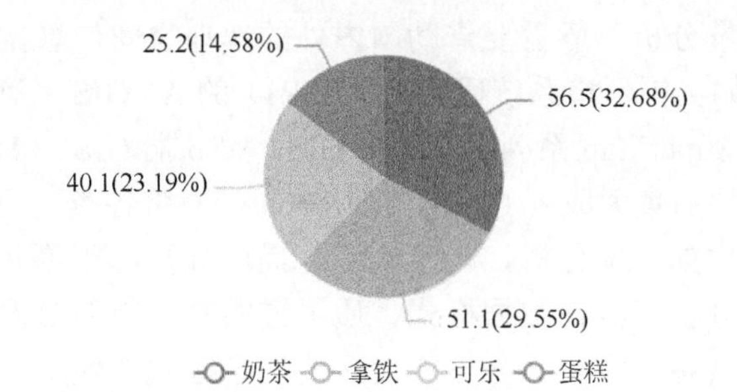

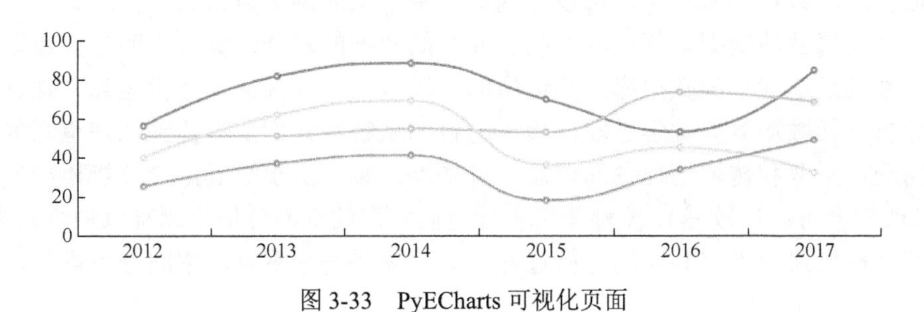

图 3-33　PyECharts 可视化页面

第4章 定量分析模型

4.1 常用定量分析工具

地理空间定量分析一般需要借助国内外的地理空间信息技术相关机构和公司开发的软件，如美国环境系统研究所（ESRI）的 ArcGIS 系列、北京超图软件股份有限公司的 SuperMap 系列（桌面端 GIS、Web 端 GIS、移动端 GIS），还有开源地理信息软件的集大成者 QGIS。上述软件一般将各类空间分析功能整合为工具箱模块，提供如密度分析、距离分析、提取分析、压盖分析、邻近分析等分析工具，这些分析工具在数据格式、质量方面有一定的要求，用户需要进行长时间的学习，具备一定空间分析能力后才能掌握软件使用，辅助定量分析。根据作用的数据性质不同，可以分为：①基于空间图形数据的分析运算；②基于非空间属性的数据运算；③空间和非空间数据的联合运算。空间分析赖以进行的基础是地理空间数据库，其运用的手段包括各种几何的逻辑运算、数理统计分析、代数运算等数学手段，最终的目的是解决人们所涉及到地理空间的实际问题，提取和传输地理空间信息，以辅助决策。由于缺乏定量分析模型的支撑（或模型可用性较差），软件使用者针对同类型的空间分析问题难以进行归类、总结分析思路并提取共同的分析过程，导致需要进行重复的空间分析操作，不仅效率低，还易出错。

4.1.1 地理空间定量分析工具

1. ArcGIS 软件

ArcGIS 是 ESRI 开发的专门面向 GIS 的软件产品，拥有一套丰富的语言，并提供了一系列地理处理的工具。其中的 ArcGIS Desktop 系列是一个集成了众多 GIS 应用的软件套件，包含一套带有用户界面组件的 Windows 桌面应用，产品主要包括 ArcCatalog、ArcMap、ArcToolbox。它们具有统一的界面，既可以独立运行，又可以相互嵌套调用，完成从简单到复杂的 GIS 任务，包括地图制图、空间分析、数据编辑、数据管理、可视化等地理空间数据分析过程（汤国安和杨昕，2012）。

空间建模是按照一定的业务流程，在 ModelBuilder（模型构建器）环境中对

ArcGIS 的空间定量分析工具进行有序的组合，构建一个完整的应用分析模型，从而完成对空间数据的处理与分析，得到满足业务需求的最终结果的过程。通过使用 ArcGIS 的地理处理工具，以建模的方法对与地理位置相关的现象和事件进行分析、模拟、预测与表达。这里主要介绍 ModelBuilder 模块。

1）ModelBuilder 模块

ModelBuilder 是一个用来创建、编辑和管理空间分析模型的应用程序，包含一组支持构建灵活且功能丰富的模型实用工具。模型构建器将一系列地理处理工具串联在一起构建工作流，它可以将其中一个工具的输出作为另一个工具的输入，也可以将模型构建器看成是用于构建工作流的可视化编程语言。

2）ModelBuilder 工作原理

（1）模型元素。模型元素主要有三种类型：工具、变量和连接符，这也是一个完整的空间分析模型主要组成成分。模型基本组成如图 4-1 所示。

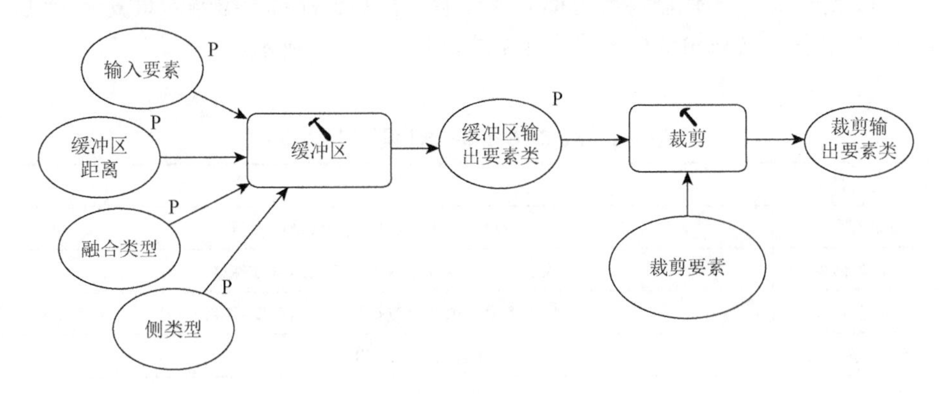

图 4-1　模型基本组成

工具：地理处理工具是模型工作流的基本组成部分。工具用于对地理数据或表格数据执行多种操作。工具被添加到模型中后，成为模型元素。

变量：变量是模型中用于保存值或对磁盘数据进行引用的元素。

连接符：连接符用于将数据和值连接到工具。连接符箭头显示了地理处理的执行方向。

（2）流程元素。模型流程是由一个工具和连接到此工具的所有变量组成；连接符用于表示处理的顺序。可将多个流程连接到一起以创建一个更复杂的流程。

中间数据：运行模型时，模型中的各个流程都会创建输出数据。其中的某些输出数据只是作为中间步骤创建，而后连接到其他流程，以协助完成最终输出的创建。由这些中间步骤生成的数据称为中间数据，通常在模型运行结束后就没有任何用处了。可以将中间数据看作是一种应在模型运行结束后就删除的临时数据。

但是，当运行一个通过模型构建器构建的模型时，中间数据并不会自动删除，是否将其删除是由用户决定的。

模型参数：是模型工具对话框中显示的参数。模型中的任何变量都可以转换为模型参数。

工作空间环境：包括四种工作空间环境以简化模型数据管理。①当前工作空间：支持“当前工作空间”环境设置的工具，将指定的工作空间用作地理处理工具输入和输出的默认位置。②临时工作空间：支持“临时工作空间”环境设置的工具，可将指定的位置用作输出数据集的默认工作空间。“临时工作空间”专门用于存放不愿保留的输出数据。③临时文件夹：是一个文件夹位置，可用来写入基于文件的数据（如 Shapefile、文本文件和图层文件）。它是一个由 ArcGIS 管理的只读环境。④临时 ArcGIS 文件地理数据库（GDB）：是可以用来写入临时数据的文件地理数据库的位置。

（3）迭代器：迭代器将启用批处理功能，有助于针对一组输入重复一个过程或一系列过程。ModelBuilder 迭代器相关信息如表 4-1 所示。

表 4-1　ModelBuilder 迭代器及其说明

迭代器	说明
For 循环	按照给定的增量从起始值迭代至终止值。
迭代数据集	迭代工作空间或要素数据集中的所有数据集。
迭代要素类	迭代工作空间或要素数据集中的所有要素类。
迭代要素选择	迭代要素类中的要素。
迭代字段值	迭代字段中的所有值。
迭代字段	迭代表中的字段。
迭代文件	迭代文件夹中的文件。
迭代多值	迭代值列表。
迭代图层	迭代地图中的图层。
迭代栅格	迭代工作空间中的所有栅格数据。
迭代行选择	迭代表中的所有行。
迭代表	迭代工作空间中的所有表文件。
迭代工作空间	迭代文件夹中的所有工作空间。
While 循环	用于迭代直至条件变为真或条件变为假。

实用工具：实用工具包括多种操作，这些操作聚焦于扩展模型的功能上。ModelBuilder 实用工具相关信息如表 4-2 所示。

表 4-2　ModelBuilder 实用工具及其说明

实用工具	说明
计算值	基于指定的 Python 表达式返回值。
采集值	用于从迭代器采集输出值或将一组值转换为单个输入。采集值的输出可用作合并、追加、镶嵌和像元统计工具的输入。
获取字段值	为指定字段返回表中首行的值。
选择数据	在父数据元素（如文件夹、地理数据库、要素数据集或 Coverage）中选择数据。

逻辑工具：逻辑工具是 ModelBuilder 实用工具的一个类别，可帮助用户控制模型中的流程，并启用 if-then-else 分支逻辑。ModelBuilder 逻辑工具相关信息如表 4-3 所示。

表 4-3　ModelBuilder 逻辑工具及其说明

逻辑工具	说明
如果坐标系为	评估指定坐标系的输入数据。
如果数据已存在	用于评估指定数据是否已存在。
如果数据类型为	用于评估输入数据是否与指定数据类型相匹配。
如果要素类型为	用于评估要素类型是否为指定要素类型。
如果字段已存在	用于评估输入数据是否具有指定字段。
如果字段值为	用于评估属性字段中的值是否与指定的值、表达式或第二个字段相匹配。
如果行计数为	评估输入数据的行计数并检查其是否与指定的值匹配。
如果选择已存在	评估输入数据是否有选择，以及是否选中了特定数量的记录。
如果空间关系为	用于评估输入数据是否有指定的空间关系。
如果值为	可使用定义的比较运算符对输入值与单一值、值列表或值范围进行估算。
合并分支	将两个或多个逻辑分支合并为一个输出。
停止	如果输入设置为 true 或 false，将使模型退出迭代循环。对于一组输入，如果所有输入为 true，则迭代会继续；如果任何一个输入为 false，则迭代会停止。该工具的功能与 While 工具非常类似，但如果模型中存在一个 While 循环迭代器且没有其他迭代器可添加时，则该工具对于停止模型非常有用。

3）ModelBuilder 优势

（1）模型构建器是一个简单易用的应用程序，用于创建和运行包含一系列工具的工作流。

（2）可以使用模型构建器创建自己的工具。使用模型构建器创建的工具可在 Python 脚本和其他模型中使用。

（3）结合使用模型构建器和脚本可将 ArcGIS 与其他应用程序进行集成。

4）ModelBuilder 不足点

（1）工作界面工具分类示意不明确。ModelBuilder 主要通过透明度、形状和颜色区分，缺乏无法执行或空缺值的提醒标志。当构建复杂度较高的模型时，需同时使用数十个模型元素，建模人员难以快速辨别工具类型和建模进程。

（2）操作方式复杂。ModelBuilder 虽采用拖拽式构建方式，在 ArcGIS 工具箱的基础上采取串联的方式将单独的地理处理工具按操作顺序连接，没有针对性的工具、连接符和变量的操作逻辑，以及对地理处理的操作步骤进行优化，难以体现建模流程化、智能化的优势。

（3）错误提示反馈一般。与传统的按步骤进行地理处理过程不同，模型需要具备更广泛的适用性和可靠性。由于无法及时触发错误发生条件，空间建模更考验建模人员的逻辑处理和流程化搭建能力，建模工具的调试反馈和操作记录就显得尤为重要。在此方面 ModelBuilder 错误提示反馈体验一般，缺乏可实时查看错误日记的工具。

（4）数据类型支持能力一般。ModelBuilder 内嵌于 ArcGIS Desktop 软件中，其能支持的数据类型、格式受限于 ArcGIS 系列产品。对于空间数据，其仅支持 ArcGIS 系列地理空间数据。对于非空间数据，如文本数据、数据库、Excel 表格几乎无法处理。

2. ENVI 遥感影像处理软件

ENVI 5.5 版本提供了全新的建模工具（ENVI Modeler）。ENVI Modeler 提供可视化界面，通过拖拽对 ENVI 现有功能灵活“组装”，可零代码实现复杂工作流和图像批处理的构建。通过该工具构建的工作流程还可以生成为 ENVI 扩展工具和发布企业级（ENVI Services Engine）遥感图像服务（邓书斌，2014）。

1）ENVI Builder 模块

ENVI Builder 模块分为菜单栏、工具栏、BasicNodes 和 Tasks 4 个功能。

（1）菜单栏：包含文件操作、编辑处理、代码生成、服务器、帮助等功能。

（2）工具栏：主要包含新建/打开模型、运行模型、模型布局等操作。

（3）BasicNodes：包含输入节点文件、数据集、数组，以及数据管理器、视图。

（4）Tasks：图像处理功能，用于构建工作流。

2）构建工作流（建模过程）

ENVI Modeler 工作流如图 4-2 所示。

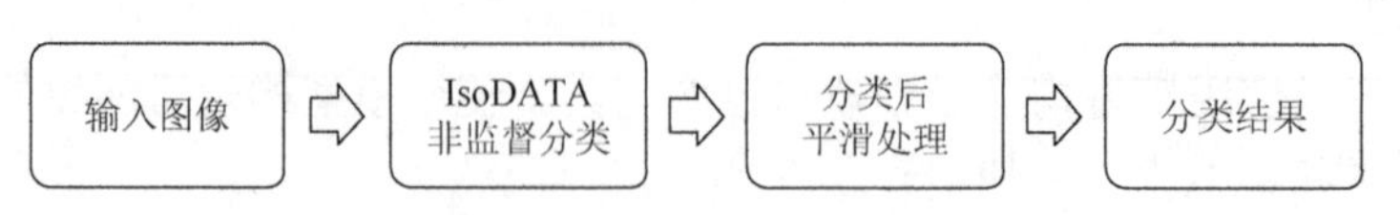

图 4-2　ENVI Modeler 工作流

3）图像批处理（运行模型）

以 ENVI Modeler（对比多个分类器结果）为例展示模型构建效果（图 4-3）。图 4-3 中直接设置了输入栅格和 ROI 文件。单击 Run 按钮可直接处理得到 4 个分类器的分类结果。

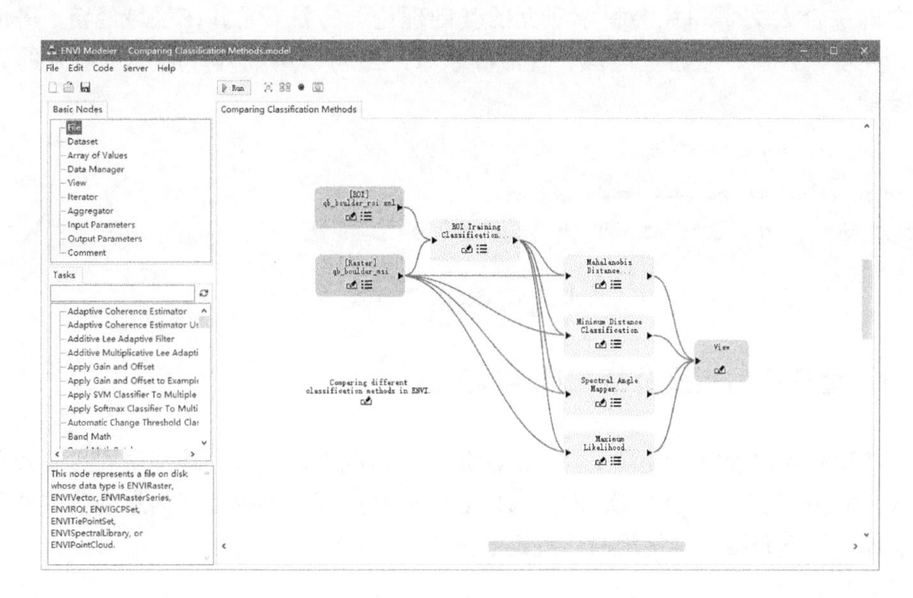

图 4-3　ENVI Modeler

4）ENVI Modeler 不足点

（1）操作方式一般。ENVI Modeler 虽采用拖拽式构建方式，在 ENVI 工具箱的基础上采取串联的方式将单独的图像处理工具按操作顺序连接，没有针对性的工具、连接符和变量的操作逻辑，以及对图像处理的操作步骤进行优化，难以体现建模流程化、智能化的优势。

（2）错误提示反馈一般。与传统的按步骤进行图像处理过程不同，模型需要具备更广泛的适用性和可靠性。ENVI Modeler 一般只用于图像批处理以提升效率，调试反馈缺乏可实时查看错误日记的工具。

（3）数据支持一般。ENVI Modeler 支持的格式受限于 ENVI 系列产品，由于 ENVI 是专业的图像处理工具，其无法支持除一般影像数据格式以外的数据。

（4）功能覆盖一般。ENVI Modeler 开发的目的仅仅用于图像批处理，其对于自身的工具支持尚不完善，更无法支持外部工具的嵌入使用。

3. GeoDa 地理统计分析软件

GeoDa 工具箱是一个实现栅格数据探索空间数据分析（ESDA）的软件工

具集合体的最新成果（图 4-4）。它向用户提供了一个友好的、图示的界面用以描述空间数据分析，比如，自相关性统计和异常值指示等。空间计量经济学创造性地处理了经典计量方法在面对空间数据时的缺陷，考察了数据与地理观测值之间的关联。近年来在人文社会科学空间转向的大背景下，空间计量已成为空间综合人文学和社会科学研究的基础理论与方法，尤其在区域经济、房地产、环境、人口、旅游、地理、政治等领域，空间计量成为开展定量研究的必备技能。

地图 - US Homicides
文件 编辑 工具 表格 地图 探索分析 聚类 空间分析 时间编辑 回归 选项 帮助

图 4-4　GeoDa 工具箱

4.1.2　地理空间定量分析工具定制开发

在现有的地理空间处理工具无法满足需求情况下，一般会选择采用定制开发模式，如 ArcGIS Engine 二次开发工具、GIS 开源库或者其他地理信息商业软件及底层库。以下介绍两种常用的传统定量分析工具定制开发途径。

1. ArcGIS Engine

ArcGIS Engine 是用于构建定制应用的一个完整的嵌入式的 GIS 组件库。利用 ArcGIS Engine，开发者能将 ArcGIS 功能集成到一些应用软件上。ArcGIS Engine 开发工具包是一个基于组件的软件开发产品，可用于构建自定义 GIS 和制图应用软件（牟乃夏，2015）。它并不是一个终端用户产品，而是软件开发人员的工具包，支持 4 种开发环境（C ++、COM、.NET，以及 Java），适用于为 Windows、UNIX 或 Linux 用户构建基础制图和综合动态 GIS 应用软件。ArcGIS Engine Runtime 是一个使终端用户软件能够运行的核心 ArcObjects 组件产品，并且将被安装在每一台运行 ArcGIS Engine 应用程序的计算机上。ArcGIS Engine 是基于 COM 技术可嵌入的组件库和工具包，ArcGIS Engine 可以帮助开发人员很轻松地构建自定义应用程序。使用 ArcGIS Engine，开发人员可以将 GIS 功能嵌入到已有的应用软件中。

ArcGIS Engine 体系功能丰富、层次清晰，逻辑结构包括 BaseServices、DataAccess、MapPresentation、DeveloperComponents 和 Extensions。最上层的 Extensions 包含了许多高级开发功能，如 GeoDatabaseUpdate、空间分析、三维分析、网络分析、Schematics 逻辑示意图，以及数据互操作等。

2. GIS 开源库

1）GDAL

GDAL（geospatial data abstraction library）库是使用 C/C++ 语言编写的用于读写空间数据的一套跨平台开源库。现有的大部分 GIS 或者遥感平台，不论是商业软件 ArcGIS、ENVI，还是开源软件 GRASS、QGIS，都使用了 GDAL 库作为底层构建库。

GDAL 库由 OGR 和 GDAL 项目合并而来，OGR 主要用于空间要素矢量数据的解析，GDAL 主要用于空间栅格数据的读写。此外，空间参考及其投影转换使用开源库 PROJ.4 进行。目前，GDAL 主要提供了三大类数据的支持：栅格数据、矢量数据及空间网络数据。GDAL 的矢量数据模型是建立在 OGCSimpleFeatures 规范的基础之上的，OGCSimpleFeatures 规范规定了常用的点、线、面几何体类型及其作用在这些空间要素上的操作。

另外，GDAL 提供了 C/C++ 接口，并且通过 SWIG 提供了 Python、Java、C# 等的调用接口。当我们在 Python 中调用 GDAL 的 API 函数时，其底层执行的是 C/C++编译的二进制文件。GDAL 不但提供了 API，接口方便开发人员自定义自己的功能，而且还提供了一系列实用工具（CommandLineTools）可以实现方便快速地空间数据处理。我们可以使用这些实用工具，结合 LinuxShell 脚本或者 Windows 批处理脚本进行大批量空间数据的处理。

2）Python

开源库具有众多特点，并且拥护者众多。ESRI 自 ArcGIS9.0 版本就引入 Python，它在地理处理方面展现出了强大的优势，如今 ArcGIS10.7 和 ArcGISpro 也引入 Python，满足用户在开源方面的需求。

ArcPy 也称为 ArcPy 站点包，是在 arcgisscripting 模块基础上继承了 arcgisscripting 功能进而构建而成的，目的是通过 Python 执行地理数据分析、数据转换、数据管理和地图自动化，从而提高效率。ArcPy 对每个函数、类，以及模块都备有详细丰富的可参考文档；函数列表中，游标、数据存储、地理数据库管理、设置参数、历史日志，以及消息和错误处理等都有具体的函数完善用户的需求；常用的类有关于几何、制图，以及异常识别等，在相关文档中也有详细阐述；ArcPy 数据访问模块（arcpy.da）常用于要素类中，该模块可以检索要素类中的要素、通过 where 子句筛选记录、使用几何令牌改进游标性能，以及增删查改要素类中的信息等。此外 ArcPy 还提供了制图模块（arcpy.mp）、NetworkAnalyst 模块（arcpy.na）、SpatialAnalyst 模块（arcpy.sa）和 Time 模块。ArcPy 功能强大、现代化且易用，是地理信息系统开发及应用的高效工具。

NumPy 是高性能科学计算和数据分析的基础包，可用于集成多种语言编写的代码，如 C、C++、Fortran 等。从生态系统的角度来看，由于 NumPy 提供了 C 语言的 API，因此可以将数据传递给由低级语言编写的外部库，外部库也能以 NumPy 数组的形式将数据返回给 Python，这个功能使 Python 成为一种包装 C/C++/Fortran 历史代码库的选择，并使被包装库拥有一个动态的、易用的接口。

Matplotlib 作为 Python 第三方扩展库，在互联网开源共享的背景下发展规模逐渐壮大且广泛应用于各个行业。Matplotlib 不仅可以跨平台生成高质量的图形，还可以结合 GUI 工具包与平台交互，导出丰富的图片类型，如 PDF、SVG、JPG、PNG、BMP、GIF 等格式。

4.1.3 不足之处

无论是地理处理工具软件还是开发工具软件，越来越难以满足业务发展需求。随着时代发展，积累了大量的地理空间数据，以及经济运行、国土规划等业务数据。数据具有多源异构特性，专题数据分散、数据格式不一、空间参考各异。提取数据需要多种工具配合，操作烦琐、周期长。导致大量数据形成“信息孤岛”，没有实现高效互通。在新的需求环境下，数据产品更新迭代明显加速，传统数据加工模式难以满足快速生产符合各专业需求的数据产品的要求。在这种情况下，前文介绍的传统定量分析方法，对技术人员技能掌握要求高，需要同时运用多种工具软件和对大量地理空间数据进行重复计算分析，操作步骤复杂且耗时长。在需要支持本地坐标系或较为复杂的空间操作时，需运用 ArcGIS Engine 或其他 GIS 开源库（如 GDAL）等自行开发工具软件。这种方法存在开发周期长、难以复用、效率低，后期维护成本高等问题。

4.2 定量分析模型原子与分类

定量分析模型是指分析一个研究对象所包含成分的数量关系或所具备性质间的数量关系，通过构建模型，从对象的某些性质、特征、相互关系进行数量上的分析比较，使研究结果能够从数量上进行描述。在城市研究领域，定量分析模型一般伴随着大量时空信息数据的分析过程，通过提炼时空信息数据分析的原理、步骤，并形成一系列标准化的数据转换、融合、分析的模型，构成城市定量分析模型。计算某区域的容积率（plot ratio/floor area ratio）、建筑密度、土地开发强度、人口密度等就是最常见的城市定量分析模型。

如城市研究指标计算模型，政府部门或科研单位会通过制定城市研究评价指标衡量城市发展情况，这类指标有固定的含义和计算方式，且需要多次重复对不同数据进行验证，适合用定量分析模型计算。例如，广州市住房和城乡建设局关于城市体检的评价指标“公园绿地服务半径覆盖率”，公园绿地服务半径覆盖率的定义是“市辖区建成区公园绿地服务半径覆盖的居住用地面积，占市辖区建成区内总居住用地面积的百分比（5000m^{2}及以上的公园绿地按照500m服务半径测算，2000～5000m^{2}的公园绿地按照300m服务半径测算）。”求算该指标的定量分析模型只需要将步骤细化为：①计算区域内公园绿地面积；②分类生成公园绿地服务半径范围的缓冲区；③生成的缓冲区面积与区域内居住用地面积进行叠加分析；④根据公式计算覆盖率。

4.2.1 模型原子

定量分析模型的构建基础是模型原子，模型原子按照操作对象可分为属性类、计算类、分析类、坐标类、点云类、栅格类、绘制类。下面介绍各类模型原子的工具、转换器及说明。

1. 属性类

属性类工具、FME转换器及其说明列于表4-4中。

表4-4　属性类列表

工具	FME 转换器	说明
属性创建	AttributeCreate	给要素添加若干属性，并通过常量、属性值、表达式为属性赋值。属性值可以参考相邻的要素。
属性复制	AttributeCopy	把现有的属性复制到指定名称的新属性中。现有的属性仍然保留并创建新的属性，新创建的属性使用的属性名称不同，但属性值保持一致。
属性移除	AttributeRemove	从要素中删除选定的属性和列表属性。
属性聚合器	Aggregator	把要素的图形对象合并成异构或同构的集合，或者组合没有任何几何对象的要素的属性。
属性编码	AttributeEncoder	将指定属性的值按照要求进行编码（二进制、utf-8等）。
属性管理	AttributeManager	同时对多个属性进行更改，能够创建属性或对旧属性进行重命名、复制、删除或重排序。既能对新属性也能对旧属性进行值的设置，包括常量、属性值、条件值和表达式的任意组合。属性值可以参考相邻要素。
属性过滤	AttributeFilter	根据属性值把要素传输到不同的输出端口。
属性范围过滤	AttributeRangeFilter	对基于范围的要素查找表执行搜索，并将该要素分配到合适的输出端口。
属性范围匹配	AttributeRangeMapper	对基于范围的要素查找表执行搜索，并将结果值存储或写入新的输出属性。
属性重投影	AttributeReprojector	对属性从一个坐标系重投影到另一个坐标系。

续表

工具	FME 转换器	说明
属性分离	AttributeSplitter	把选择的属性分离成一个属性列表。列表中的每一项都包含一个从列表中分离出的单个组件。例如，可以用这个转换器，把一个含有分隔逗号列表的属性分离成其组件。
列表构建	ListBuilder	将输入要素的属性合并为一个单独的列表结构。
属性匹配	AttributeValidator	根据设定的测试条件对要素任意数量的属性进行验证，并根据验证结果分别输出要素。对未通过一个或多个测试的要素添加属性和列表属性，说明失败原因并输出。

2. 计算类

计算类工具、FME 转换器及其说明列于表 4-5 中。

表 4-5　计算类列表

工具	FME 转换器	说明
角度转换器	AngleConverter	将要素、几何对象和（或）属性的角度从一种表示形式转换到另一种表示形式。
弯曲度计算器	AngularityCalculator	计算线或面要素的倾斜度。倾斜度指要素的弯曲度。值越高，说明几何形状越弯曲。
长度计算器	LengthCalculator	计算线要素的长度并作为一个属性添加到线要素上。
面积计算器	AreaCalculator	计算多边形的面积，并把计算结果保存在一个属性里。无论单位是什么，面积用制图单位（要素坐标单位）的平方来计算。
点线距离计算器	LengthToPointCalculator	从要素的起点计算到与给定点最近的要素的位置的长度，并把长度添加为要素的新属性。此给定点的坐标来源于原始要素的属性。
中心点提取器	CenterPointExtractor	提取并输出要素中心点的 x、y、z 值到特定属性，该点或者位于要素范围的中心，或者位于要素的质心。
高程提取器	ElevationExtractor	提取第一个坐标的高程值并输出到指定的属性中。
密度计算器	DensityCalculator	根据对应面（area）要素的面积计算候选（candidate）要素的密度。
圆度计算器	CircularityCalculator	计算面要素的圆度，即表示要素被拉伸的程度。
网络拓扑计算器	NetworkTopologyCalculator	找出属于同一网络图的相连的线。
网络成本计算器	NetworkCostCalculator	计算和分配从一个源对象到每个可连接对象的最短路径的成本，作为输入要素的 z 值或者测量值。
日期计算器	DateTimeCalculator	对日期、时间等进行间隔计算。
计数器	Counter	为要素添加一个数值属性并为其赋值（作为计数器使用）。
直方图统计	ListHistogrammer	计算列表中的值的直方图，并用一个新的列表属性返回给要素（生成新的列表，返回直方图统计的数值及数目）。
统计计算器	StatisticsCalculator	根据输入要素的指定属性或者属性组进行统计计算（最大值、最小值、平均值、中值）。

3. 分析类

分析类工具、FME 转换器及其说明列于表 4-6 中。

表 4-6 分析类列表

工具	FME 转换器	说明
仿射器	AffineWarper	对要素的空间坐标进行翘曲操作。它根据一组由控制矢量定义的空间变换来调整一组被观测要素。
邻近多边形合并	AreaAmalgamator	通过连接邻近的几何图形，概化输入的多边形要素。转换器接收多边形（包括环）要素作为输入要素，并产生多个三角形，用来把输入的要素连接成片或组合体。
多边形构建	AreaBuilder	获取一系列拓扑上连接的线，当线形成首尾闭合时创建拓扑正确的多边形要素。
多边形叠加	AreaOnAreaOverlayer	进行面与面叠加操作，将所有输入面彼此相交，创建和输出经过计算的结果面要素。这些面将具有所有被包含的原始面的所有属性。
边界框累加器	BoundingBoxAccumulator	取一组点、线、多边形、聚合体等要素，创建一个二维外接矩形，用来包含所有的要素。
缓冲区生成	Bufferer	对输入的几何要素的边界线扩展或者收缩指定的距离，必要时，用弧段连接它们。聚合的几何体或者组在缓冲区操作后被分离。
中心线替代	CenterLineReplacer	用面要素的中轴、直骨架线来替代面要素。这个转换器对于狭长面效果更佳。
中心点替代	CenterPointReplacer	用几何要素的中心点替代几何要素，该点或者位于要素范围的中心，或者位于要素的质心。
几何裁剪	Clipper	执行几何对象的裁剪操作。
要素聚合	Dissolver	通过删除公共边界来融合面要素，从而创建更大的区域的过程。输入的属性会聚合。
相交点提取	Intersector	对所有的输入要素计算空间相交，并在线、多边形的相交处打断。
邻近要素查找	NeighborFinder	在指定的最大距离内，为每个基础（base）要素寻找距离最近的候选要素。
邻近要素聚合	NeighborhoodAggregator	根据要素彼此之间的邻近度来创建聚合要素。
偏移量设置	Offsetter	给要素的坐标点设置一个偏移量，使要素产生指定数量的位移。
点面叠加	PointOnAreaOverlayer	执行点面叠加操作。
点线叠加	PointOnLineOverlayer	执行一个点线叠加操作，每个输入的线都会被它附近（容差范围内）的点打断。
点点叠加	PointOnPointOverlayer	执行一个点点叠加操作。
点与栅格叠加值提取	PointOnRasterValueExtractor	提取每个输入点与栅格叠加位置的波段值和调色板值，并将其设置为要素属性。

续表

工具	FME 转换器	说明
顶点捕捉	Snapper	如果要素在彼此之间的一定距离内，并且如果它们具有一个或多个共同的属性，则将线、线段，以及要素的节点或顶点捕捉在一起。
空间过滤	SpatialFilter	根据空间关系过滤点、线、面或文字等要素。每个输入候选要素与所有过滤（filter）要素进行比较，基于给定的空间测试条件来判断是否满足。
表面叠加	SurfaceOnSurfaceOverlayer	进行表面叠加操作，所有输入表面彼此相交，相交结果将被创建为表面要素并输出。输出表面要素将保留输入要素包含的所有属性。
矢量栅格叠加	VectorOnRasterOverlayer	通过把矢量要素绘制到栅格上输出为结果，将矢量要素叠加到一个栅格要素上。输出栅格的属性与输入栅格一致。
面面叠加	AreaOnAreaOverlayer	进行面与面叠加操作，将所有输入面彼此相交，创建和输出经过计算的结果面要素。这些面将具有所有被包含的原始面的所有属性。

4. 坐标类

坐标类工具、FME 转换器及其说明列于表 4-7 中。

表 4-7　坐标类列表

工具	FME 转换器	说明
2D 转换	2DForcer	移除在原始要素中（存在或不存在）的任何高程坐标（z 值）。
3D 转换	3DForcer	通过给每个坐标添加 z 值，把二维数据转换为三维数据。
仿射	Affiner	对要素坐标进行仿射变换。
3D 仿射	3DAffiner	对要素坐标执行三维仿射变换。仿射变换保持几何要素的线和平面之间的相互平行。仿射变换包含平移、旋转、缩放和反射。
坐标连接符	CoordinateConcatenator	将要素的所有坐标存储到一个属性字段中，并以指定的符号分隔。
坐标提取	CoordinateExtractor	按指定的索引检索坐标点 x、y、z 值存储到属性字段中。
坐标冗余剔除	CoordinateRounder	对要素的坐标点进行指定位数的四舍五入操作。处理后将自动删除冗余的、重复的坐标点。
坐标系提取	CoordinateSystemExtractor	获取要素的坐标系并保存到一个属性中。
移除坐标系	CoordinateSystemRemover	移除所有输入要素的坐标系。这个转换器不对要素进行重投影，也不改变几何图形。
坐标系设置	CoordinateSystemSetter	对所有的要素标记指定的坐标系。不会对要素重投影或改变其几何图形。
维度提取	DimensionExtractor	返回要素的维数并输出为新的属性。

续表

工具	FME 转换器	说明
栅格坐标系及控制点提取	RasterGCPExtractor	从栅格要素中提取坐标系和地面控制点（GCP），并把它们作为属性暴露出来。
栅格控制点设置	RasterGCPSetter	在栅格上，使用指定的列（像素）、行（行）、x 坐标、y 坐标和 z 坐标，设置 GCP。
栅格空间配准	RasterGeoreferencer	使用指定的参数对栅格进行空间配准。
重投影	Reprojector	把要素从一个坐标系重投影到另一个坐标系。
缩放	Scaler	放大或者缩小要素。
重投影角度计算	ReprojectAngleCalculator	把给出的角度从一个坐标系转换到另一个坐标系。转换器对线要素重投影角度的计算从要素的第一个坐标开始，并使用给定的长度和角度。
重投影长度计算	ReprojectLengthCalculator	把给定的长度从一个坐标系转换到另一个坐标系。转换器对线要素重投影长度的计算从要素的第一个坐标开始，并使用给出的长度和角度。
端点计数	VertexCounter	将要素的端点数量存储到属性中。
端点移除	VertexRemover	从要素的几何体中移除一个或多个端点。

5. 点云类

点云类工具、FME 转换器及其说明列于表 4-8 中。

表 4-8　点云类列表

工具	FME 转换器	说明
点云分解	PointCloudCoercer	把所有的点云分解为点或多点。这个转换器可以用于把点云数据写入不支持点云的格式时。
点云组合	PointCloudCombiner	将多个点云要素组合成一个单一点云。
新增常量组件	PointCloudComponentAdder	增加一个新的常量值组件到点云中。
组件复制	PointCloudComponentCopier	将一个已有的组件复制到一个指定名称的新的组件。已有组件不变，并且创建一个名称不同、值相同的新的组件。
组件保留	PointCloudComponentKeeper	在点云中保留指定的组件。
组件移除	PointCloudComponentRemover	从点云中移除指定组件。
组件重命名	PointCloudComponentRenamer	重命名已有组件。
组件类型转换	PointCloudComponentTypeCoercer	转换点云组件的类型。
点云提取点	PointCloudConsumer	从点云要素上请求点，但并不对点执行实际的操作。

续表

工具	FME 转换器	说明
点云创建	PointCloudCreator	使用指定的（范围）大小和组件创建一个新点云要素，并把它发送到工作空间中进行处理。
组件值计算	PointCloudExpressionEvaluator	计算表达式，如代数运算或条件语句，来设置点云的组件值。
点云过滤	PointCloudFilter	根据计算表达式，将一个点云过滤出一个或多个部分。
点云合并	PointCloudMerger	把一个点云的组件值合并到另一个点云上。
点云栅格叠加	PointCloudOnRasterComponentSetter	通过点云和栅格叠加，设置点云的组件值。
点云属性	PointCloudPropertyExtractor	提取点云要素的属性并作为数据流的属性暴露它们。
点云抽稀（形状不变）	PointCloudSimplifier	在保持原始形状不变的情况下，输出的点云的点数少于原始输入的点云的点数。
点云排序	PointCloudSorter	通过组件值对点云进行排序。
点云分割	PointCloudSplitter	将一个点云要素分割成多个点云要素，对于点云的组件，每个部分都有一个同质的值用来控制分割。
点云组件值统计	PointCloudStatisticsCalculator	计算点云的统计值并作为属性暴露它们。
点云网格表面重建	PointCloudSurfaceBuilder	获取输入点云并将其重建为输出网格（mesh）表面。
点云抽稀	PointCloudThinner	抽稀点云，输出的点云要素比原始输入的点云要素包含更少的点数。
点云矩阵变换	PointCloudTransformationApplier	在一个点云上应用变换（矩阵）。

6. 栅格类

栅格类工具、FME 转换器及其说明列于表 4-9 中。

表 4-9　栅格类列表

工具	FME 转换器	说明
图片拾取	ImageFetcher	通过执行 HTTPGET 操作在指定的 URL 上获取图片，并将得到的数据作为栅格要素的对象返回。
栅格化图片	ImageRasterizer	把输入的点、线或多边形要素绘制到一个填充了背景色的彩色栅格上。
Mapnik 栅格化	MapnikRasterizer	使用 Mapnik 在栅格上绘制输入点、线、多边形和栅格要素。
矢量栅格化	NumericRasterizer	把输入的点、线或多边形要素绘制到一个填充了背景值的数字化栅格上。输入矢量要素的 z 坐标用于产生像素值。
计算栅格方向	RasterAspectCalculator	计算栅格每个像元的方向（倾斜的方向）。方向以角度度量，从 0 到 360°，从正北方向顺时针进行度量。

续表

工具	FME 转换器	说明
添加栅格波段	RasterBandAdder	添加一个新的波段到栅格上。被添加的波段的所有单元格会有相同的值，并且与栅格中其他波段的栅格级别属性相同（这里指列和行的数量、像元的大小、像元原点等）。
组合栅格波段	RasterBandCombiner	把多个重叠的栅格要素合并为一个栅格要素。
保留栅格波段	RasterBandKeeper	保留栅格要素中所选波段，其他被删除。
提取栅格最小最大波段	RasterBandMinMaxExtractor	提取栅格要素中波段的最大值和最小值、调色板的最大键和最小键，以及调色板的最大值和最小值，然后把它们作为属性暴露出来。
设置栅格波段名字	RasterBandNameSetter	为栅格要素上选中的波段设置名字。
移除波段无值部分	RasterBandNodataRemover	移除栅格要素选中波段中存在的 nodata 标识符。也就是说，任何之前等于 nodata 的值现在都被认为是有效数据。
设置栅格无值内容	RasterBandNodataSetter	在波段级别上指定一个值作为栅格要素的 nodata 标识符。也就是说，等于被指定值的值现在被认为是无效的，并且不受许多操作的影响（例如，偏移或者缩放）。
排序栅格波段	RasterBandOrderer	指定栅格要素中波段的次序。根据输入波段的索引对波段排序。
提取栅格波段属性	RasterBandPropertyExtractor	提取栅格要素的波段和调色板属性，并暴露它们。
移除栅格波段	RasterBandRemover	移除栅格要素中所有选中的波段。
分离栅格波段	RasterBandSeparator	根据输入的波段和调色板的数目，把每个输入的栅格要素的波段和调色板分离为一个或多个栅格要素输出。
栅格单元格矢量化	RasterCellCoercer	分解所有输入的数字化栅格要素为独立的点或多边形。对栅格中的每个单元格输出一个矢量要素。
设置栅格单元格原点	RasterCellOriginSetter	设置栅格单元格的原点。
计算栅格单元格值	RasterCellValueCalculator	对成对的栅格执行四则运算。选中的栅格 A 的第一个波段与选中的栅格 B 的第一个波段组合；选中的栅格 A 的第二个波段和选中的栅格 B 的第二个波段组合；以此类推。
替换栅格单元格值	RasterCellValueReplacer	栅格单元格的值替换。
取整栅格单元格值	RasterCellValueRounder	四舍五入栅格单元格的值。
栅格卷积滤波	RasterConvolver	使用由邻域值的权重矩阵指定的内核来应用卷积滤波器，可用于平滑、锐化、增强边缘和其他栅格图像处理操作。
生成栅格 DEM	RasterDEMGenerator	基于输入的点和断裂线构建一个 Delaunay 三角网。通过对这个三角网进行均匀采样来产生一个栅格数字高程模型（栅格 DEM）。
栅格计算表达式	RasterExpressionEvaluator	对栅格中每个单元格进行表达式计算，如代数运算或条件语句。

续表

工具	FME 转换器	说明
外接矢量要素替换	RasterExtentsCoercer	使用一个覆盖栅格范围的多边形替代输入栅格要素的几何图形。
栅格空间配准	RasterGeoreferencer	使用指定的参数对栅格进行空间配准。
更改波段基本解译	RasterInterpretationCoercer	使用指定的转换选项，更改输入要素中栅格的波段的基本解译。
嵌套栅格	RasterMosaicker	把多个栅格要素镶嵌为一个栅格要素。
创建数字化栅格	RasterNumericCreator	使用数值创建具有指定大小的栅格要素，并将其发送到工作空间处理。该转换器用于创建具有用户指定的宽度和高度的非常大的图像。
添加调色板	RasterPaletteAdder	利用一个属性创建调色板，并把这个调色板添加到栅格上所有选中的波段上。
提取调色板	RasterPaletteExtractor	创建一个字符串表达已有的调色板，并将其保存到属性中。
生成调色板	RasterPaletteGenerator	从栅格选中的波段中产生一个调色板。
更改调色板基本解译	RasterPaletteInterpretationCoercer	使用指定的转换选项，更改输入栅格要素的调色板的基本解译。
设置调色板无值数据	RasterPaletteNodataSetter	在栅格要素的调色板级别上确定 nodata 标识符。
移除栅格调色板	RasterPaletteRemover	移除栅格中选中的调色板。
提取栅格属性	RasterPropertyExtractor	提取栅格要素的几何属性，并把它们暴露出来。
创建栅格金字塔	RasterPyramider	根据指定的最小金字塔层级的大小或要产生金字塔等级的数量，对每个输入的栅格要素创建一系列的金字塔层级。
栅格重采样	RasterResampler	使用所需的维数重采样一个输入的栅格，期望的单元格大小是地面单位或是单元格大小的百分比。
执行算数操作	RasterSingularCellValueCalculator	在两个操作数上执行算数操作：栅格单元格值和数值。
计算栅格坡度	RasterSlopeCalculator	计算栅格每个像元的斜率（z 值的最大改变率）。
计算栅格统计信息	RasterStatisticsCalculator	计算栅格选中的波段的统计信息并将其公开为属性。带调色板的波段是有效的。
缩减栅格大小	RasterSubsetter	把一个栅格缩减为它原始大小的一个子集。实际上是使用像素范围替代地面坐标的一个裁剪操作。
栅格瓦片化	RasterTiler	通过指定瓦片的大小或瓦片的数目，把每个输入的栅格分割为瓦片。
栅格转化几何	RasterToPolygonCoercer	根据输入的栅格要素创建多边形。输入的栅格要素中具有相同值的、连续的像素会输出一个多边形。

7. 绘制类

绘制类工具、FME 转换器及其说明列于表 4-10 中。

表 4-10　绘制类列表

工具	FME 转换器	说明
图表生成	ChartGenerator	根据所选属性的值创建栅格的线图、带图、柱形图或饼形图。
冲突置换	Displacer	使用不同的 Nickerson 位移算法解决要素之间的邻近冲突。
Excel 样式编辑	ExcelStyler	为目标为 ExcelWriter 的一组要素设置常用的 Excel 样式属性。
DGN 样式编辑	DGNStyler	通过提供方便的接口来设置各种指定格式的属性，为输出到 Bentley 准备数据。
DWG 样式编辑	DWGStyler	通过提供操作方便的界面来设置多种指定格式的属性，为输出为 AutoCAD®DWGTM/DXFTM 数据做准备。
要素颜色填充	FeatureColorSetter	为输入要素配置颜色。
几何颜色填充	GeometryColorSetter	对一个支持外观（如表面）的几何对象进行外观颜色设置，并与 GeometryXQuery 匹配。
注记	Labeller	沿着一条直线或多边形要素插入注记。
注记点替换	LabelPointReplacer	用注记点来替换几何要素。注记点在要素内部（多边形）或者是在要素上（点或者线）。由于注记的文本本身可能会大于输入的面要素，所以文本的外接多边形可能会超出面。
设置 Mapbox 样式	MapboxStyler	为进入 GeoJSON 写模块的要素创建通用的样式。
PDF 页面格式化	PDFPageFormatter	通过提供使用方便的接口在页面上设置要素大小和位置，为输出 PDF 提供要素。
设置 PDF 样式	PDFStyler	为一组输出到 GeoSpatialPDF 写模块的要素设置常见 PDF 样式属性。
设置 PPT 样式	PowerPointStyler	通过提供操作便捷的界面来设置各种 MicrosoftPowerPoint 格式特定的属性，为输出到 PowerPoint 写模块的要素做准备。
文本替换几何	TextAdder	把要素的几何图形设置成文本，用几何对象的位置作为文本的位置。
设置文本样式	TextPropertySetter	将文本的几何对象的属性设置为指定的属性。

4.2.2　模型分类

按照一定的目的，将模型原子进行组合、排序、搭配运用，并形成可复用、具备特定意义的空间分析、归并、计算等功能的地理过程，称为定量分析模型。定量分析模型按照地理空间数据用途可分为数据采集、数据规整、数据挖掘和栅格分析四类，下面将依次进行介绍。

1. 数据采集类

数据采集模型主要分为非空间信息采集模型和空间信息采集模型。数据采集模型是指通过测量设备、无人机、卫星、监控视频等技术将存放在不同载体的数据收集并有序整理形成可用的地理信息。地理信息有多种来源和不同特点，可从野外调查、地图、遥感、环境监测和社会经济统计，以及业务系统多种途径获取地理信息，由信息的采集机构或器件采集并转换成计算机系统组织的数据。

空间信息采集模型常用于地理空间数据，各种地理空间数据通常又以矢量方式和栅格方式进行组织。点、线、面及多边形作为区域的基本单元可以是某一级行政、经济区划单位，或某一地理要素的类型轮廓，它是由地理要素的专题信息和几何信息构成。栅格数据，对某一区域按地理坐标或平面坐标建立规则的网格，并对每个网格单元按行、列顺序赋予不同地理要素代码，构成矩阵数据格式。

非空间信息采集模型用于缺乏空间位置信息的收集和整理，通过建立数据采集模型将非空间信息按照年份、大小等一定的序列入库存放，如城市经济、统计年鉴、工业资源消耗量等数据。同时也可根据需要配合的地址匹配模型进行空间落图，赋予空间信息，将非空间信息转化为空间信息，比如，企业营收数据、利用企业名称或注册所在地进行地址匹配、生成带有空间信息的企业营收数据等。

2. 数据规整类

数据规整模型主要分为非空间数据规整模型和空间数据规整模型。空间数据规整模型是指将不同数据来源、不同格式、不同空间参考坐标系统一在一个标准框架内，侧重于数据标准化处理和质量检查，实现数据自动 ETL 功能。例如，通过模型可以将非空间的地址、地名数据进行地理编码落图并处理成为地理空间信息；将多源异构数据进行标准化处理，规整后统一入库。

非空间数据规整模型用于字符检查和格式检查，按照统一的编码格式要求进行检查和修正，形成标准化格式。例如，通过模型可以实现不动产数据预处理、宗地统一编码、图属挂接、拓扑计算、图形比对等一系列的标准化入库处理。

目前各政府主管部门、科研单位掌握着自然资源、人文、经济、社会、海洋等不同领域的数据，数据类型、格式、空间属性各不相同，难以统一利用。通过空间或非空间数据规整模型，能有效地将各主管部门数据统一利用，提升数据价值。

3. 数据挖掘类

数据挖掘是指从庞大的数据库中探索事先不清楚、但潜在有用的新的结构形态或者关系特征，而地理空间数据挖掘是其中一个分支研究领域，其实质是从地理空间数据库中挖掘时空系统中潜在的、有价值的信息和规律的过程，包括空间发展规律、空间分布特征、空间与非空间的数理关系等。由于空间数据具有海量、多维和自相关性等特征，使得地理空间数据挖掘复杂性更高。数据挖掘模型，即通过数据空间叠置、压盖、抽稀、聚合等一系列的地理空间分析操作，提取地理空间事物或现象的时空特征，并根据特征制定具备序列化的分析过程，从而得到具备一定价值的地理空间现象的描述和量化表达。如职住平衡分析；对手机信令数据进行分类、汇总归并；形成早高峰、晚高峰出行人流量，通过抽取特定时间段的人流去向跟人流量，即可识别工作、居住地点和出行距离，以及耗费时间。

4. 栅格分析类

栅格数据就是将空间分割成有规律的网格，每一个网格称为一个单元(像素)，并在各单元上赋予相应的属性值来表示实体的一种数据形式。每一个单元的位置由它的行列号定义，所表示的实体位置隐含在栅格行列位置中，数据组织中的每个数据表示地物或现象的非几何属性或指向其属性的指针。在地理信息行业中一般包括各类遥感卫星影像（Landsat、WorldView、GeoEye、SPOT、高分系列）、无人机正射、倾斜摄影影像等。栅格数据与矢量数据（点、线、面）的表达形式不同，通过波段信息和像素像元值传达信息。卫星影像具有获取数据范围大和周期短的特点，可以获取包括土地利用、植被信息、土壤墒情、水质参数、地表温度、海水温度等丰富的信息，这些地球资源信息能在农业、林业、水利、海洋、生态环境等领域发挥重要作用。

4.3　定量分析模型分析

随着 GIS 数据要求越来越高，GIS 数据量越来越大，采集的方法越来越先进，如卫星和航空摄影测量、LiDAR 测量等，获取的地理信息数据量相比以前有了成倍的提高。但是，随着 GIS 数据采集量骤然剧增的同时，数据处理出现了很多问题，如数据生产的自动化程度不高、海量数据处理耗时，以及数据错误识别、智能化程度低等。另外，针对现在的各种新技术应用，地理空间数据涉及数据库、表格、文本、空间数据等形式，以及不同存储格式、不同坐标系的空间数据，意味着开展技术服务，势必遇到数据格式相互转换、空间分析、数据整合、质量检查、数值计算等多种多样的数据处理操作，需要一个便捷、高效、快速的解决方案来完成。很多 GIS 方面的科学家和技术人员采用各种方法提高 GIS 数据的生产效率。有别于传统定量分析方法，新型定量分析将各类地理信息空间分析工具转换为模块函数，通过图形化界面进行自由拖拽搭配使用，将可重复步骤化解为自动化、流程化处理，并且通过空间数据转换处理，实现几百种数据格式（模型）

的相互转换，将丰富的 GIS 数据处理功能结合在一起，实现空间数据的多种类型的处理、整合、分析。

4.3.1 基础定量分析模型

FME 提供了 500 多个转换器，能够在 300 多种数据格式间自由转换、组合。按照需求，把转换器进行有机组合，在重构数据过程中提炼地理空间数据分析的原理、步骤，并形成一系列标准化的数据转换、融合、分析的模型，称为标准模型。标准模型适用于数据处理的全周期环节中，包括数据汇集、坐标转换、格式转换、空间分析、结果输出等。新型定量分析模式采用算子组装、可拖拽、可调整、参数化的高度自定形式，自动化程度高，适用性强。为适应指标长时间、周期性统计的需要，在新型定量分析建模过程中，关键因素多采用选择项方式提供，并加入定时运行功能，结果数据自动入库保存，保证模型能够最大化地提高处理效率。另外，模型可同步执行，便于多段数据采集时间的对比。

1. 数据读写

FME 通过读模块和写模块实现数据读写，是数据操作的必备步骤。以读写 Shapefile 文件为例介绍数据读写功能。

1）读模块（Reader）

利用 Add Reader 读取各类数据到 FME 工作台中（图 4-5）。

（1）Format：选择读取数据的格式，支持 100 多种文件格式类型。地理空间数据常用数据类型如图 4-5 中所示。

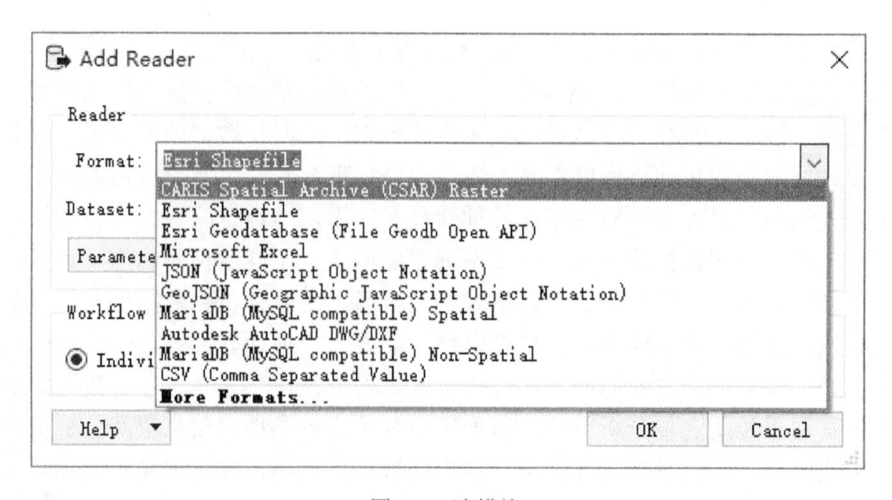

图 4-5　读模块

Esri Shapefile 用于读取 Esri 的 Shapefile 数据格式；Esri Geodatabase 用于读取 Esri 的 Geodatabases 数据格式；GeoJSON 用于读取 GeoJSON 数据格式或 GeoJSONURL 链接；MariaDB（MySQL）用于读取 MySQL 数据库存储的数据；CSV 用于读取 CSV 数据格式。Microsoft Excel 用于读取 Excel 数据类型。

（2）Dataset：选择待读取数据的存放位置。

（3）Parameters：详细信息，可以设置读取数据的条件（图 4-6）。

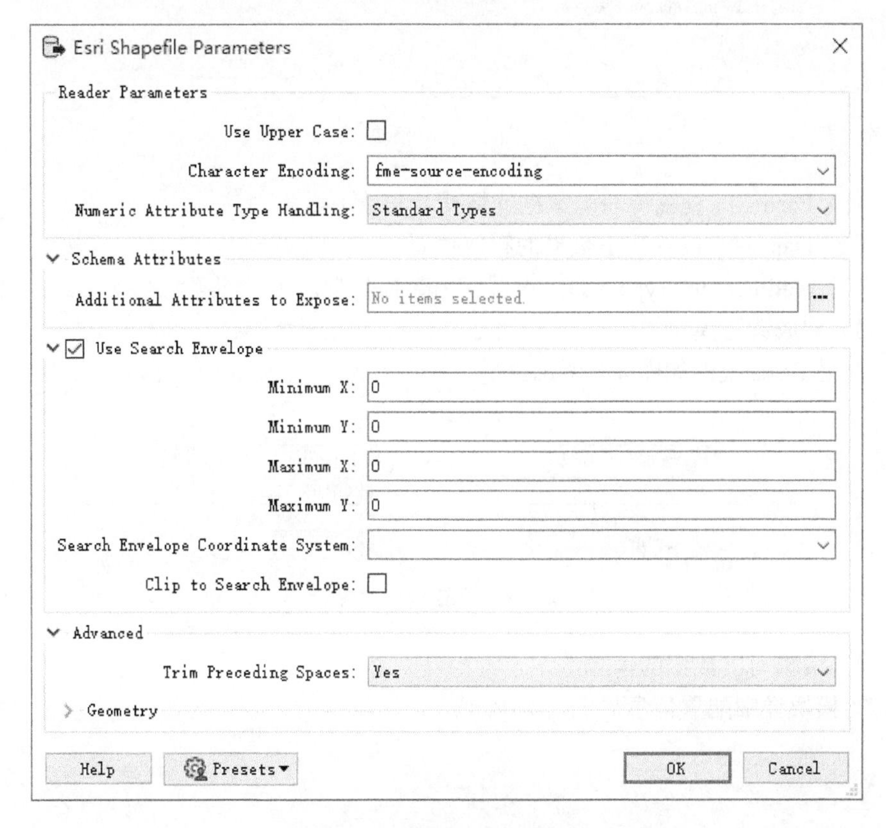

图 4-6　读模块详细配置信息

Use Search Envelope 可用于读取数据的指定范围；Geometry 可设置几何检测、邻孔连接等几何要素检测属性。

（4）WorkflowOptions 工作流选项。

IndivadualFeatureType 按图层要素分开读取；SingleMergedFeatureType 将所有要素合并读取。

2）写模块（Writer）

模型处理结果通过写模块生成所需数据（图 4-7）。

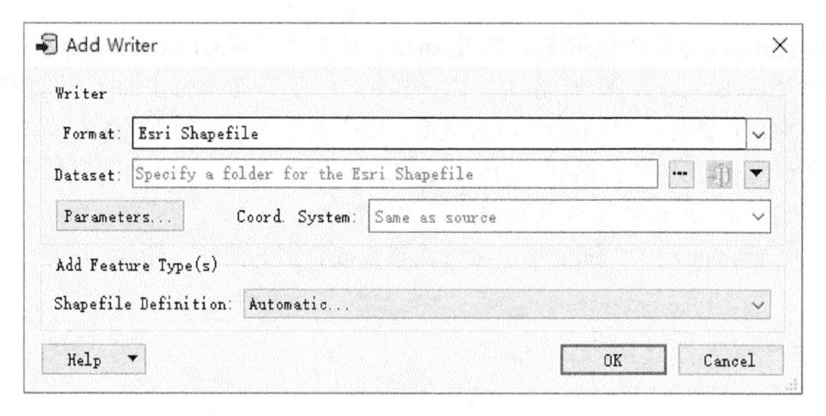

图 4-7　写模块

（1）Format：设置待写出数据的格式，与读取数据对应。

（2）Dataset：设置写出数据的存放位置。

（3）Add Feature Type（s）：设置写出数据类型。

3）构成读写模块

简易 FME 模板如图 4-8 所示。

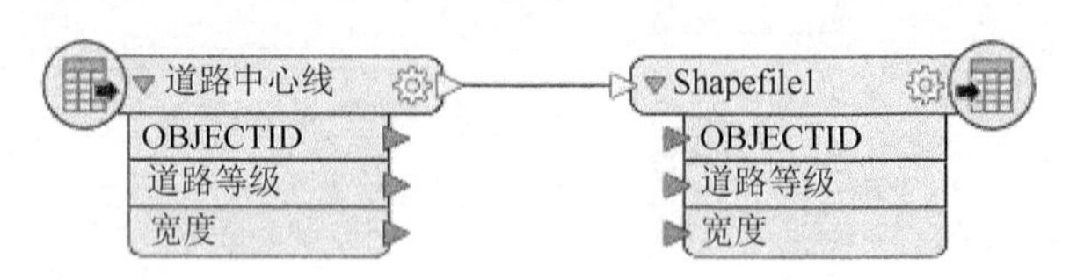

图 4-8　简易 FME 模板

4）编辑写出数据的信息

写模块详细配置信息如图 4-9 所示。

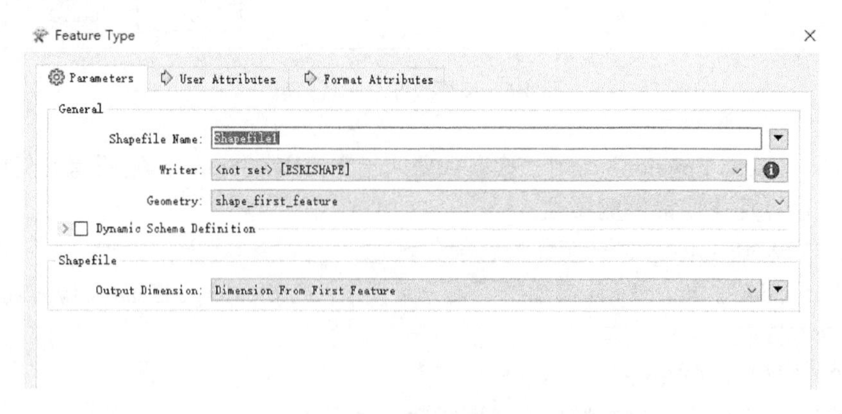

图 4-9　写模块详细配置信息

（1）Shapefile Name：设置写出数据的名称。

（2）Geometry：设置写出数据几何类型（如 SHP 数据格式有 point、line、polygon、mutipoint、polyline 等类型）。

（3）Output Dimension：设置写出数据的维度。

写模块属性信息如图 4-10 所示。

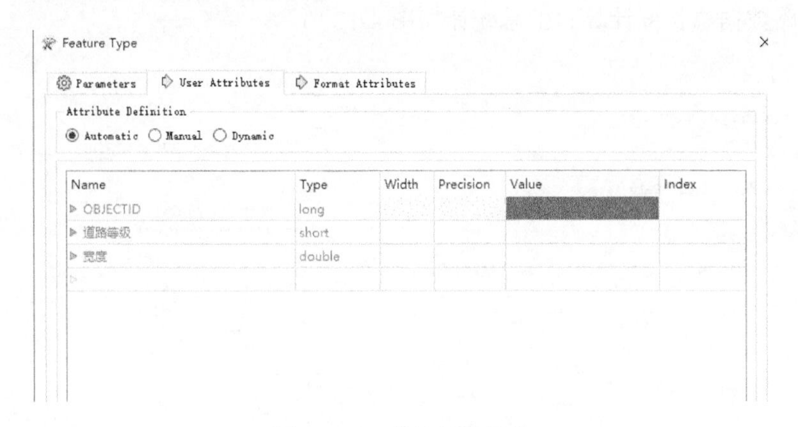

图 4-10　写模块属性信息

（4）编辑属性名称、类型和值。

2. 坐标转换

坐标转换常用于不同坐标需要进行叠加的数据。是数据预处理的重要步骤之一。坐标类常用的转换器有 Affiner（仿射）、CoordinateExtractor（坐标提取）、CoordinateSystemExtractor（坐标系提取）、CoordinateSystemSetter（坐标系设置）和 Reprojector（重投影）。

CGCS2000 转换为 WGS84 的示例如下所示。

（1）读模块分别读取数据。

（2）增加 CoordinateSystemExtractor 提取数据原坐标系。

（3）增加 Reprojector 设置需要转换的投影坐标系。

（4）输出结果。

坐标转换示例模型如图 4-11 所示。

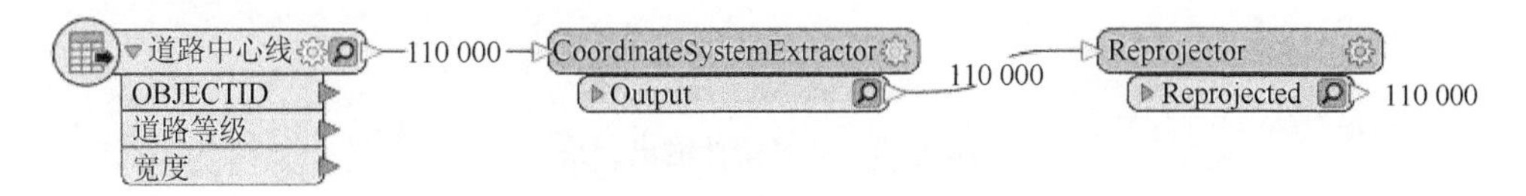

图 4-11　坐标转换示例模型

3. 计算统计

地理信息处理过程一般会涉及地理空间属性数据的计算和统计。需要用到长度计算器（LengthCalculator）、面积计算器（AreaCalculator）、统计计算器（StatisticsCalculator）、列表构建（ListBuilder）等转换器。

道路数据总长度计算、汇总统计如图 4-12 所示。

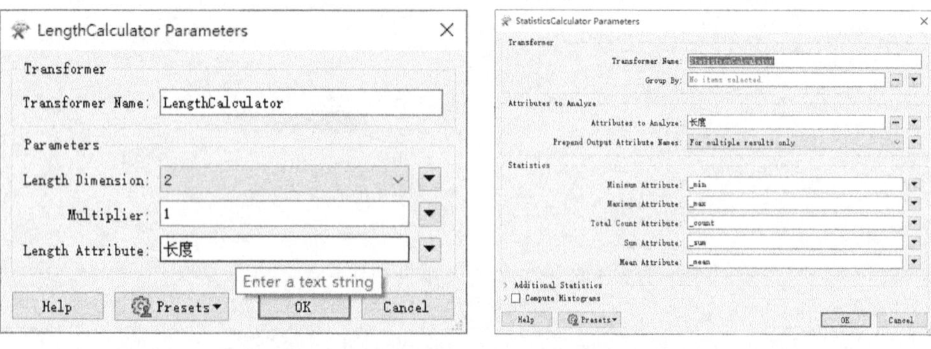

(a) 长度计算　　(b) 汇总统计

图 4-12　要素长度计算、汇总统计

（1）读模块分别读取数据。

（2）利用 LengthCalculator 计算每条道路的长度，保存到新字段长度。

（3）利用 StatisticsCalculator 统计总长度。

（4）输出结果（图 4-13）。

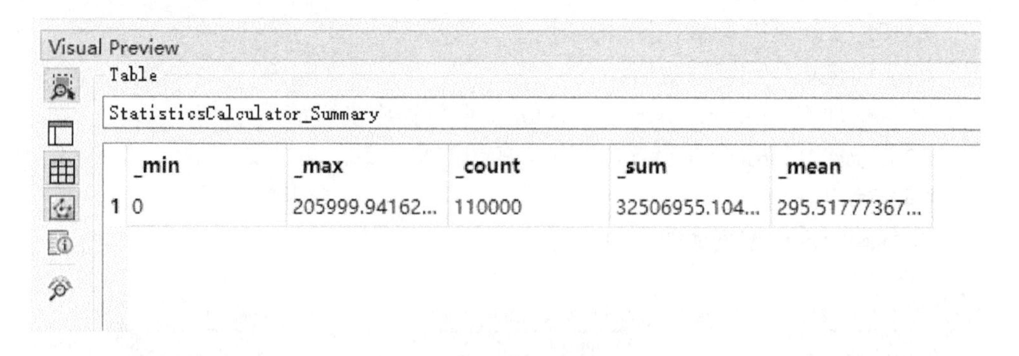

	_min	_max	_count	_sum	_mean
1	0	205999.94162...	110000	32506955.104...	295.51777367...

图 4-13　计算统计输出结果

4. 空间叠加

空间叠加是地理信息处理最常见的分析方法。FME 定量分析模型常用的分析类的转换器主要有点面叠加（PointOnAreaOverlayer）、点线叠加（PointOnLineOverlayer）、点点叠加（PointOnPointOverlayer）、面面叠加（AreaOnAreaOverlayer）和矢量栅格叠加（VectorOnRasterOverlayer）。

以统计广州各行政区的地铁站点数为例，空间叠加示例模型如图 4-14 所示（数据仅供参考）。

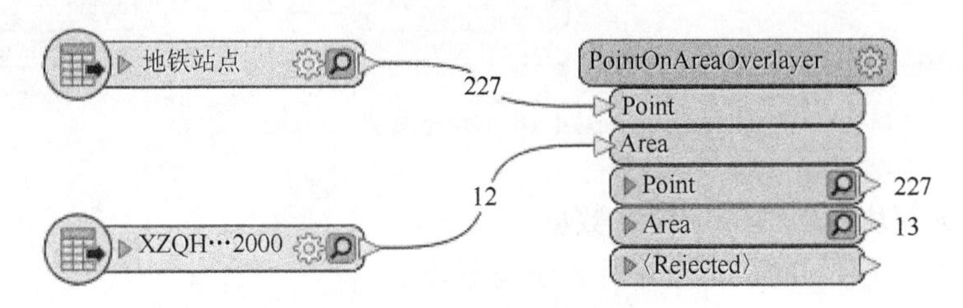

图 4-14　空间叠加示例模型

（1）读模块分别读取点（地铁站点）、面（行政区）数据。
（2）统一坐标系（如需要）。
（3）利用 PointOnAreaOverlayer 进行压盖分析。
（4）设置详细信息。
（5）输出结果（图 4-15）。

要素代码	行政区名	压盖数量/个
1	南沙	10
2	荔湾	14
3	海珠	24
4	越秀	19
5	天河	39
6	番禺	25
7	黄埔	10
8	增城	13
9	从化	5
10	花都	12
11	白云	28

图 4-15　空间叠加输出结果

5. 筛选过滤

在处理地理空间信息时，时常需要用到筛选过滤的功能。根据处理对象不同，筛选过滤分为几何对象过滤和属性过滤。几何对象过滤一般需要用到 SpatialFilter、GeometryFilter 转换器，字段属性过滤则需要用 Tester、TestFilter、AttributeFilter 或者 AttributeRangeFilter 转换器。

以提取道路长度 200m 以上的属性过滤为例，示例模型如图 4-16 所示。

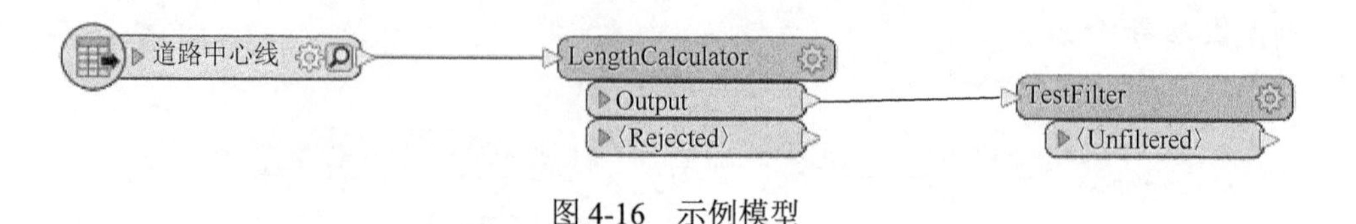

图 4-16　示例模型

（1）读模块读取线（道路）数据。

（2）利用 LengthCalculator 计算道路长度。

（3）利用 TestFilter 提取“长度＞200”的道路要素。

FME 转换器配置信息如图 4-17 所示。

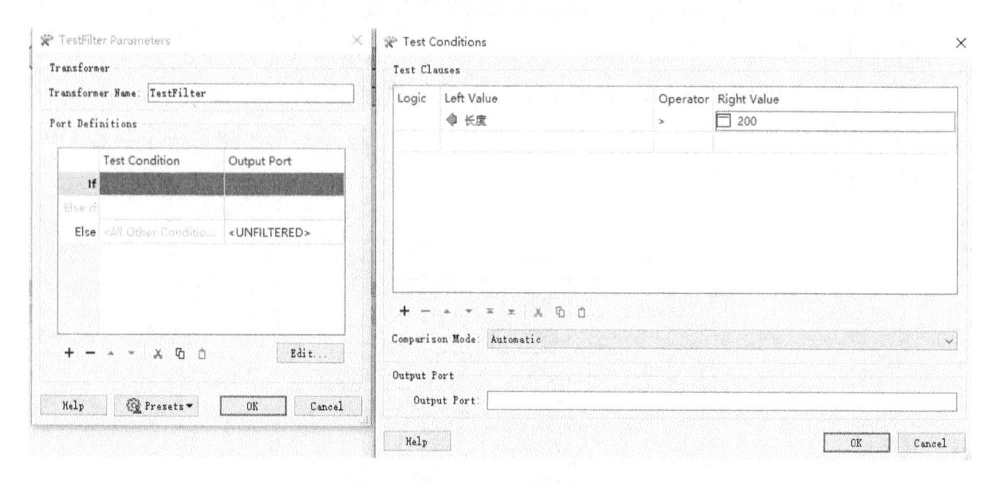

图 4-17　FME 转换器配置信息

以提取线要素的几何对象过滤为例（图 4-18）。

（1）读模块读取点、线（道路）、面（行政区）数据。

（2）利用 GeometryFilter 选择需要过滤的要素。

（3）输出结果。

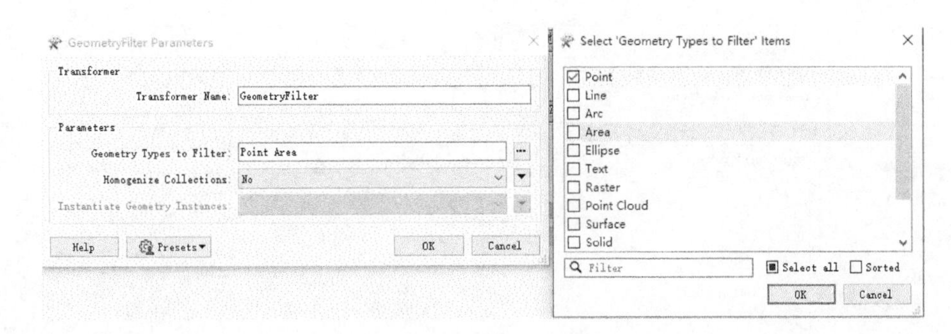

图 4-18　几何对象过滤

6. 几何裁剪

在学习地理空间数据处理时，时常需要用到几何裁剪。无论是矢量数据还是栅格数据，我们需要处理的对象一般为村、镇、街道、行政区或一定的缓冲区范围，当待处理的地理对象空间范围不一致时，为减少工作量，我们就会用到几何裁剪。几何裁剪一般需要用到 Clipper 转换器。

几何裁剪示例模型如图 4-19 所示。

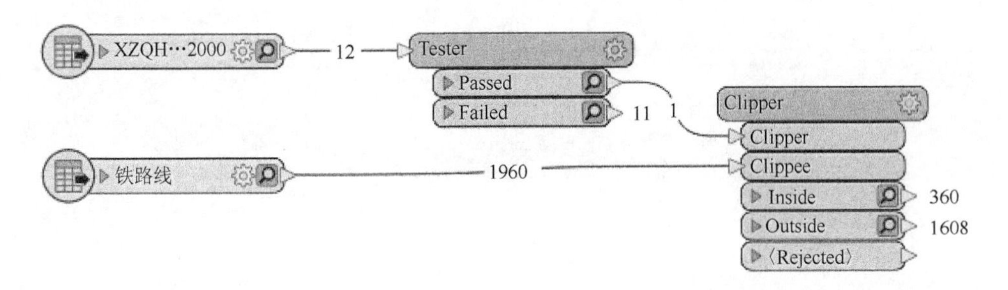

图 4-19　几何裁剪示例模型

（1）读模块读取线（铁路）、面（行政区）数据。

（2）利用 Tester 筛选出天河区范围。

（3）利用 Clipper 输入裁剪要素和被裁剪要素。

（4）Clipper 连接裁剪要素，Clippee 连接被裁剪要素。

（5）输出结果（图 4-20）。

7. 缓冲区分析

缓冲区分析是地理空间信息分析研究中的一种常用手段，是空间实体的一种影响范围或服务范围，缓冲区分析的基本思想是给定一个空间实体或集合，确定它们的领域，领域的大小由领域半径来确定。无论是点缓冲、线缓冲、面缓冲都

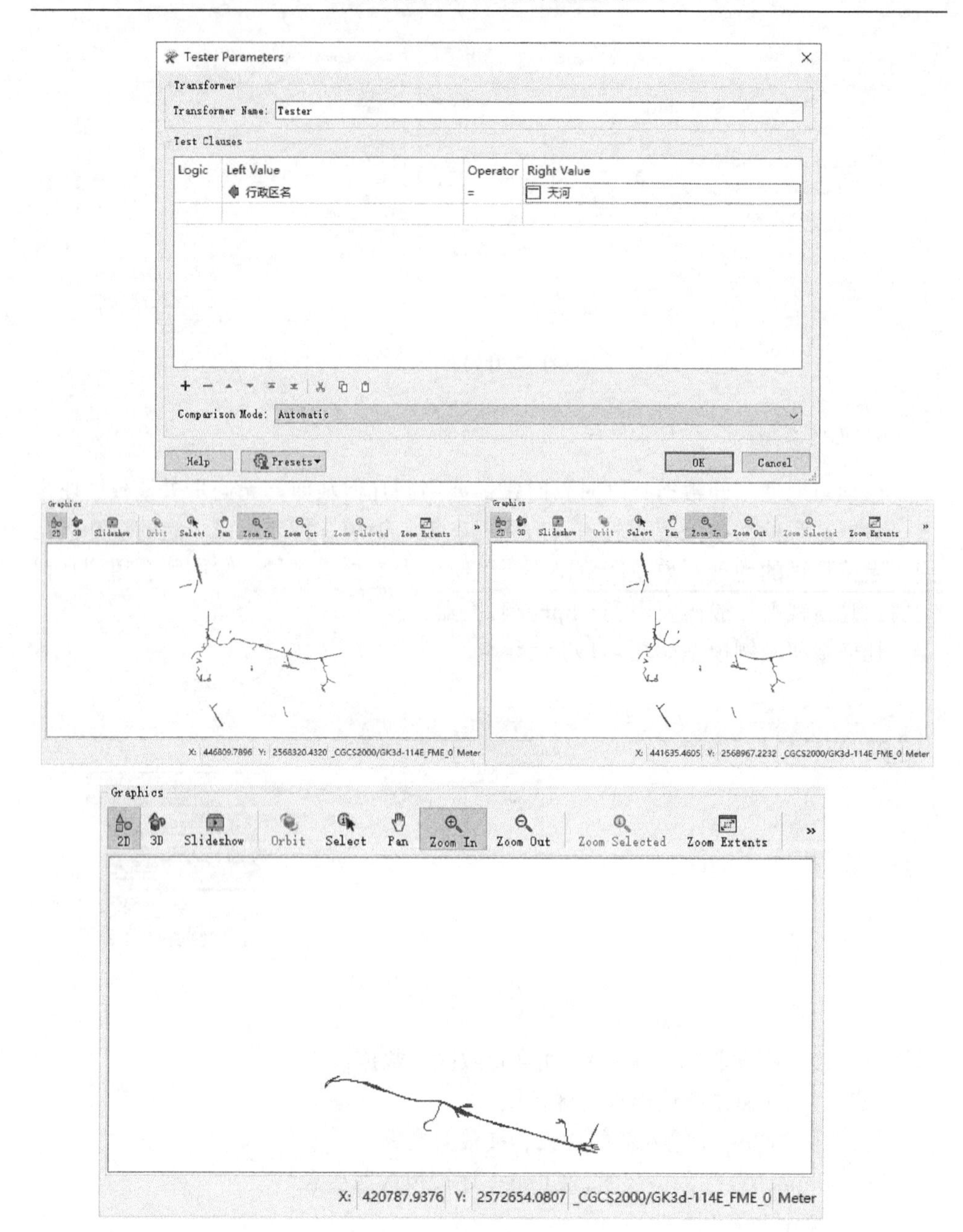

图 4-20　几何裁剪输出结果

要形成一个缓冲条件，包括指定地理对象和缓冲距离，缓冲区分析一般需要用到 Bufferer 转换器。

缓冲区分析示例模型如图 4-21 所示。

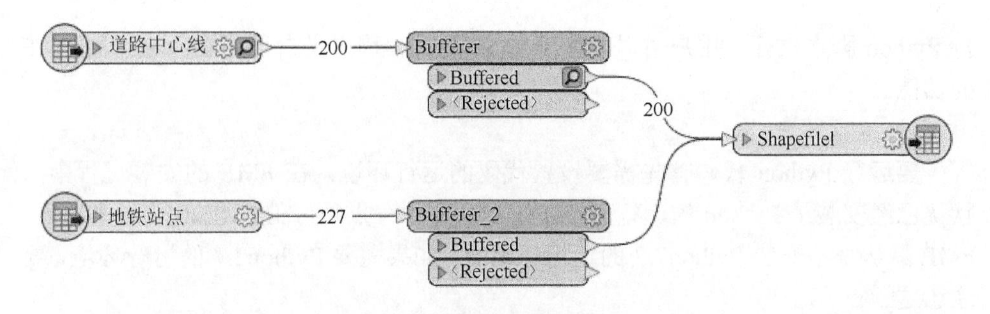

图 4-21　缓冲区分析示例模型

（1）读模块读取点、线数据。

（2）利用 Bufferer 输入缓冲对象和指定缓冲距离。

（3）输出结果（图 4-22）。

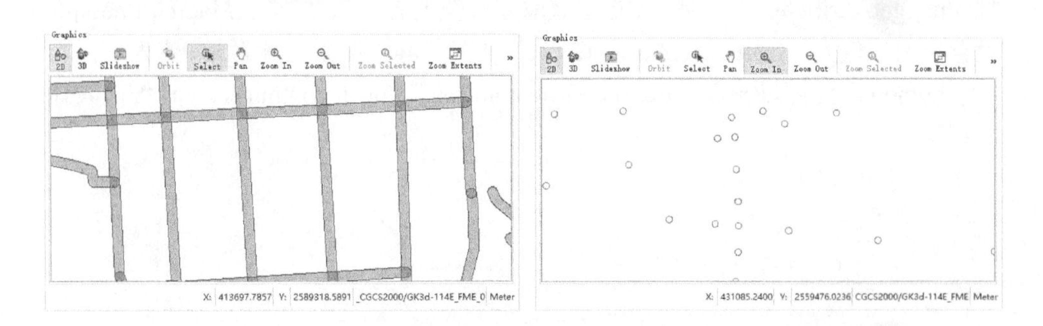

图 4-22　缓冲区分析输出结果

8. 邻域分析

邻域分析（邻近查找）是地理空间信息分析研究中的一种常用手段，用于确定一个/多个要素类中或两个要素类间的要素邻近性的工具，可识别彼此间最接近的要素；或计算各要素之间的距离。比如，判断距离某条道路 500m 内是否有房屋或农田、计算某处水源最邻近的垃圾填埋厂的距离。邻域分析一般需要用到 NeighborFinder 转换器。

（1）读模块读取点、线数据。

（2）利用 NeighborFinder 找到输入对象距离目标对象最近的要素。

（3）输出结果。

9. Python 执行

FME 内嵌了 Python 模块，通过 PythonCaller 和 PythonCreator 两个转换器支

持 Python 脚本执行。用户可以使用 Python 语言编程定义自己的功能来扩展 FME 的功能。

1）运行环境

要运行 Python 代码首先需要设置代码的运行环境，在 FME 的安装过程中，默认已经安装了 Python 的运行环境。值得注意的一点是，在 FME2019 版本以后，FME 默认是不安装 Python2.7 的运行环境的，如果需要 Python2.7 的运行环境，要注意这一点。

2）从 FME 中获取值、设置值及输出值的方法

在用 PythonCaller（图 4-23）对 FME 进行数据处理时，要对 PythonCaller 前一个转换器输入的值进行处理，然后将需要的结果传递给下一个转换器，PythonCaller 可以看作是封装的处理数据的自定义转换器。它并不是一个独立的代码区，需要从 FME 中获取值、设置值及输出值。从 FME 中获取属性值的方法为“feature.getAttribute（）”；从 FME 中获取参数值的方法为“FME_MacroValues[]”；设置要素的值为“feature.setAttribute（‘a’，b）”，其中要素名称为 a，值为 b。

Python 语法可以查看 http://docs.safe.com/fme/html/fmepython/，有详细的具体介绍。

图 4-23　PythonCaller

利用 PythonCaller 获得变量的值，需要在 Output Attributes 的 Attributes to Expose 中进行逐一暴露，以便将结果传达下一个转换器入口。

4.3.2 FME 定量分析模型

简单地说，FME 就是地理信息行业数据转换、分析、应用的平台，它能够实现 300 多种数据格式（模型）的相互转换。从技术层面上说，FME 不再将数据转换问题看作是从一种格式到另一种格式的变换，而是完全将 GIS 要素同构并向用户提供组件以使用户能够将数据处理为所需的表达方式。事实上，许多 GIS 用户为了在同一系统中获得不同的数据表达方式，也使用 FME 来操纵数据。

在系统建设过程需要进行数据转换时，我们通常会考虑以下几套方案。

（1）数据服务共享与服务融合（聚合）。经过了一些项目的论证，结果发现，其理念是很好的，可是实际的技术、框架和机制都不够完善，异构（不同源数据）系统提供的服务接口，数据之间还不能简单、完美地实现对接和应用，尤其是不同的地图图片，以及不同协议和标准的服务接口。

（2）第三方数据转换。比较容易理解的方案（针对少量数据文件）是将这些待转换的数据文件首先转换为 SHP、e00 等，再转换为目标系统的数据。需要注意的是，目前各类平台软件，除了与 FME 合作的 ArcGIS、Intergraph 外，其他的平台软件如 SuperMap、Mapinfo 等，在数据转换方面都不够专业，甚至对于很多数据转换支持得很不理想，导致数据的丢失等问题。

（3）数据库迁移或共享。异构空间数据库之间也能共享数据吗？当然可以，比如，SuperMap 支持 ArcSDE 数据库的读写。更为理想的是借助 FDO，或者国内提出的 OGDC 接口标准，来直接读取各种类型的空间数据库，从而实现数据库共享。不论是 FDO、OGDC 还是其他公开标准接口，都需要针对不同的数据库开发相对应的实现类。

FME 能够支持 ArcSDE 数据库的读取，能够支持在 DGN 格式的图形数据与属性数据分开存储的情况下，数据的完整转换；能够支持 Oracle、DB2、MySQL、PostSQL 数据库的操作。FME 提供了 ObjectAPI，因此可以制作自己的批量转换工具，当然也可以使用 FME Workbench 工具，实现可视化的数据定义和数据转换。

FME 所做的数据转换，包括结构转换和内容转换两个方面。

所谓结构转换，就是将源数据格式进行拆分、合并、重构，转化为 FME 的内部标准数据结构，然后再发送到目标数据格式。

内容转换则是改变一个数据集内容的功能，包括要素的几何特征或属性值。

这些转换工作在 FME Workbench 中都能有所体现，例如，通过可视化建模的方式，增加 Reader（一个格式的源数据）、Writer（另一种格式的源数据），然后为两种不同类型的数据建立对应关系，或者说是映射关系；也可以在其中增加函数处理关系，从而形成源数据到目标数据的处理流程。

FME 支持绝大部分的投影坐标。可以利用 Data Inspector 来检查数据是否正确和完整；也能够对属性数据进行结构重构。

1）易用

FME 的 500 多个转换器提供全流程无代码的地理处理工具，供用户自由搭配使用，基本实现了所有地理处理功能，提供为数据转换进行自定义的图形化界面，能够可视化定义从原始数据到目标数据的图形与属性的对应关系。

2）灵活

以 FME 为中心实现超过 300 种不同数据格式，如 DWG、DXF、DGN、ArcInfoCoverage、Shapefile、ArcSDE、Oracle、SDO 等的相互转换；数据格式和处理过程分离，独立地直接浏览各种格式的空间数据，同时浏览图形、属性和坐标数据，极大地方便了调试人员，避免了一个生产单位要装多个 GIS 软件的现象，实现良好的生产成本控制；提供了 FMEPlug-inBuilderAPI、FMEObjectAPI 接口，用户可以为 FME 扩展新的数据格式，通过这些接口将 FME 嵌入到自己的应用系统中，实现方便的应用集成。

3）高效

将数据转换与丰富的 GIS 数据处理功能结合在一起，如坐标系转换、叠加分析、相互运算、构造闭合多边形、属性合并等；支持海量数据处理，大型的数据转换通过编写脚本及批处理模式高效运行，即使输入数据多达数千个甚至上万个文件；自动化和流程化的数据处理，极大地提高了劳动生产率、降低了劳动强度和减少劳动成本。

4.4　时空信息支撑下的定量分析模型

结合遥感、传感器、视频监控等城市研究新型技术的定量分析模型优势，可以大范围、定时、定量对城市问题进行监测。如今遥感、无人机、传感器等技术迅速发展，时空信息数据量和复杂度同时膨胀式增加，传统定量分析模型难以应对，时空信息支撑下的定量分析模型的优势得以显现，通过大数据处理技术，流程化、定制化的处理过程，可最大程度简化城市定量研究的数据处理的难点、重点，让技术人员将关注点放在研究问题本身。

4.4.1　专题分析类定量分析模型

1. 数据采集类

随着信息技术的发展，大数据的概念越来越引发人们的关注，各种有关于城市的新数据类型也不断涌现，为客观认识城市系统并总结其发展规律提供了重要机遇。结合互联网人口迁徙数据爬取与分析案例，不仅展示了如何利用FME进行支撑城市规划决策的数据分析，也展示了以FME为核心的数据获取、数据清洗、数据分析、数据可视化等全生命周期的数据组织和管理流程。

各城市之间的人口迁入迁出热度数据分析是了解城市的发展布局、中心城市和城市群带动区域的发展情况，以及各个区域之间的互动情况的常用分析，也经常被应用于区域规划、城市战略规划，以及总体规划中。而此类分析如果用FME进行，基本上可以做到零代码，利用FME内置的转换器，利用拖拽转换器就可以实现数据获取。

2. 数据规整类

原各不动产相关测绘部门均制定了各自的数据库标准，且不动产单元测绘数据零散分布在不同测绘主管部门，缺乏统一管理，导致各测绘队伍在进行不动产单元测绘数据入库时存在不规范行为，直接影响了日常不动产登记工作。因此，为了保证测绘队伍提交的不动产单元测绘数据的标准化和可靠性，有必要对其提交的数据开展技术审查，规范空间数据管理，确保达到国家及省厅标准规范要求，满足日常不动产登记业务需求。

1）数据质量检查

对测绘队伍提交的不动产单元测绘数据进行质量检查，主要包括空间数据质量检查和非空间数据质量检查，如数据空间基准、空间拓扑关系、数据规范性、数据完整性、数据间逻辑一致性等。通过不同转换器的组合，可以实现超过300种数据格式间的转换，并可实现数据的质量检查，实现不动产单元测绘数据拓扑关系、重复性和面积一致性检查等。

2）拓扑关系检查

在不动产登记中，明确要求宗地图形间、自然幢图形间不允许存在互相压盖的情况。本节主要针对国有建设用地间、集体所有权宗地间、国有建设用地与集体所有权宗地间、自然幢图形间等是否存在压盖进行分析，并且检查图形是否为多面体。

宗地间的压盖检查和自然幢图形间压盖的检查，主要是图形之间压盖的检查，可以采用FME中的AreaOnAreaOverlayer转换器，同时利用TestFilter转换器、AttributeCreator转换器，将有压盖的图形标记输出，如图4-24所示。

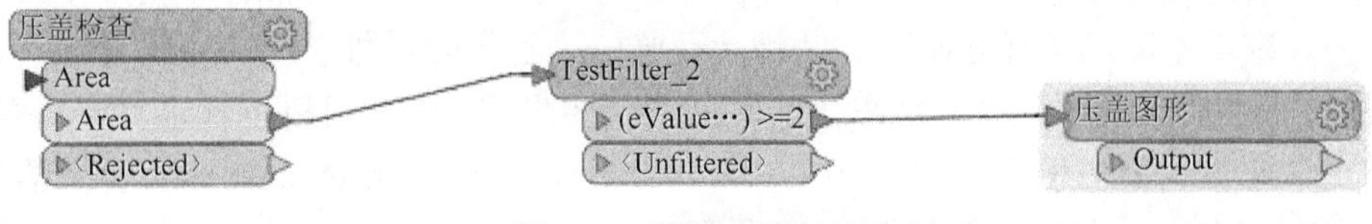

图4-24　图形压盖检查

如图 4-25 所示，AreaOnAreaOverlayer 转换器主要执行面面叠加操作，将所有输入面进行彼此相交检查，创建并输出结果面。TestFilter 转换器判断重叠度是否大约等于 2，即判断图形间是否存在压盖，并将存在压盖的图形筛选输出。AttributeCreator 转换器则定义新的属性字段 CZWT（“存在问题”字段缩写），并描述为“图形间存在压盖”。通过输入不同的宗地图形或自然幢图形，并对 CZWT 字段进行不同的描述，如输入自然幢图形，将 CZWT 描述为“自然幢图形存在压盖”，便可实现对自然幢图形间的压盖重叠检查。

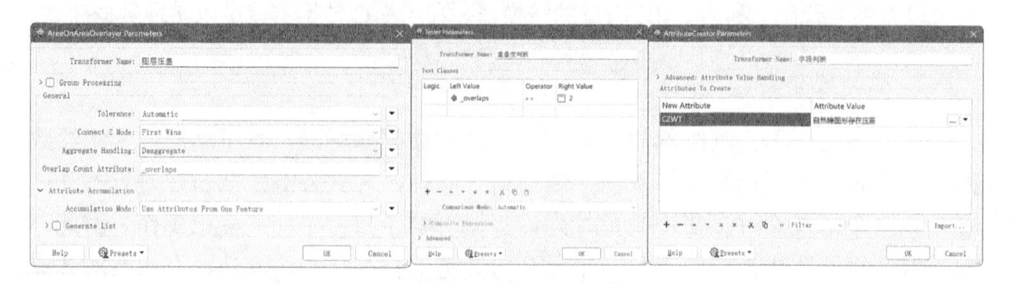

图 4-25　自然幢压盖参数

检查图形是否为多面体，我们主要采用 FME 中的 Deaggregator、Counter、DuplicateFilter 和 AttributeCreator 转换器，可以将多面体图形标记输出。

Deaggregator 转换器将图形聚合要素分解成各组成部分；Counter 转换器计算图形组成数量；DuplicateFilter 转换器基于前面的组成部分关键属性值来检测出重复要素；AttributeCreator 转换器定义 CZWT 字段，并描述为“多面体图形”。通过上述过程，便可检测出多面体图形。如图 4-26 的参数设置便可检查出多面体宗地的图形压盖问题，同理，通过设置输入要素和属性描述，也可检查出其他多面体自然幢和多面体宗地的图形压盖问题。

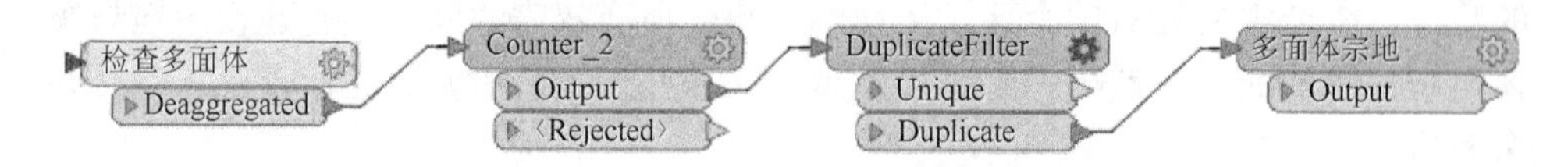

图 4-26　检查多面体参数设置

3）重复性检查

不动产登记标准规范，明确要求户不动产单元号唯一、自然幢不动产单元号唯一、宗地不动产单元号唯一、宗地代码唯一、逻辑幢属性表中的逻辑号唯一、层属性表中的层号唯一，不允许存在重复。因此借助于 FME 可以进行重复性检查。重复性检查主要借助于 FME 中的 DuplicateFilter 和 AttributeCreator 转换器，DuplicateFilter 重复性检查如图 4-27 所示。

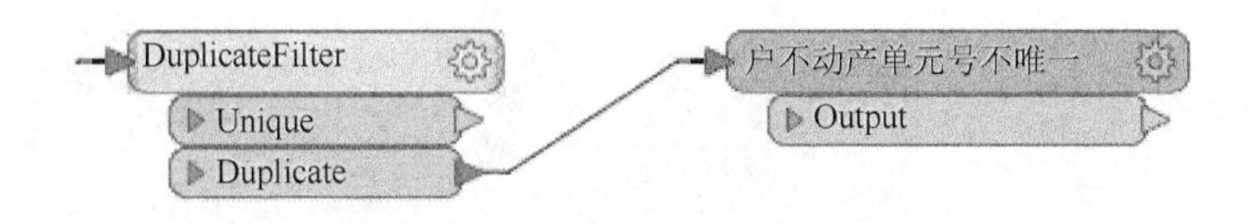

图 4-27　DuplicateFilter 重复性检查

如图 4-27 所示，DuplicateFilter 转换器将“户不动产单元号不唯一”的元素输出，AttributeCreator 转换器则定义新的属性字段 CZWT，并描述为“户不动产单元号不唯一”，这样便可进行户不动产单元号重复性检查并将错误数据输出。同理可进行其他属性字段的重复性检查。

4）规范性检查

规范性检查主要包括逻辑关联一致性检查、不动产单元号编码规范性检查、必填属性字段不为空检查和面积一致性检查。

（1）逻辑关联一致性检查主要检查户是否可以找到对应的自然幢、逻辑幢和层，层可以找到对应的逻辑幢、自然幢，逻辑幢可以找到对应的自然幢，自然幢是可以找到对应的宗地，可以使用 FeatureMerger 和 AttributeCreator 转换器进行检查。以户与自然幢关联为例，通过输入对比自然幢中自然幢号和户中自然幢号的属性值，输出户未落自然幢的数据，如图 4-28 所示。

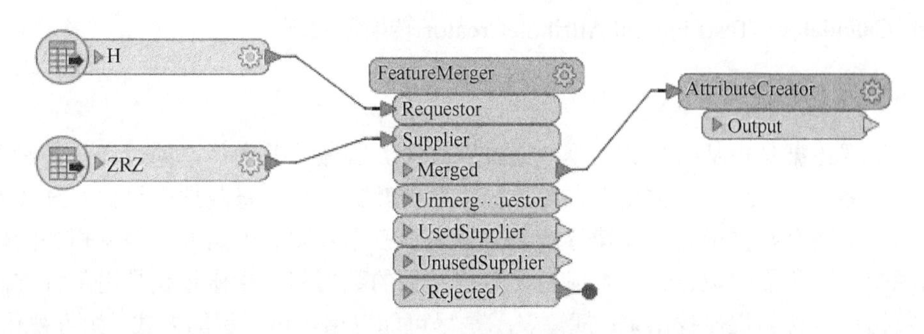

图 4-28　户与自然幢关联性检查

（2）不动产单元号编码规范性检查主要包括自然幢编码与宗地代码一致性检查（检查自然幢不动产单元号前 19 位与宗地代码是否一致）、户编码与自然幢号一致性检查（检查户不动产单元号前 24 位是否与自然幢号一致）等，可以通过使用 TestFilter 和 AttributeCreator 转换器实现。以自然幢编码与宗地代码一致性检查为例，通过输入自然幢属性数据，对比自然幢属性表中不动产单元号前 19 位与宗地代码是否相同，来判断输出不一致数据，如图 4-29 所示。

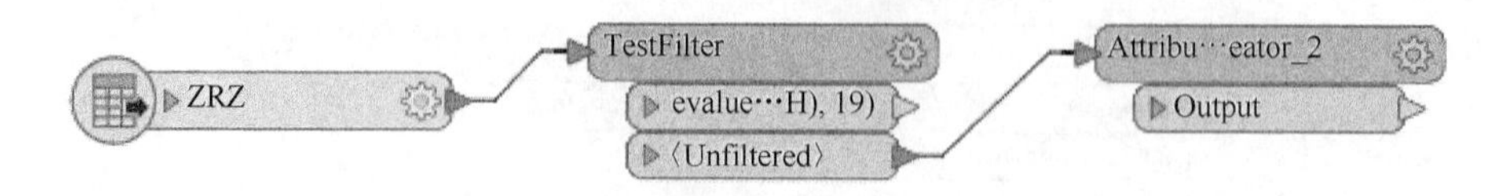

图 4-29　自然幢编码与宗地代码一致性检查

（3）必填属性字段不为空检查主要是根据不动产登记数据库标准判断各属性表必填字段是否存在空值，主要使用 FME 中的 TestFilter 和 AttributeCreator 转换器实现。以宗地中的权利类型字段是否为空值为例，图 4-30 的流程便可输出字段值为空的数据。

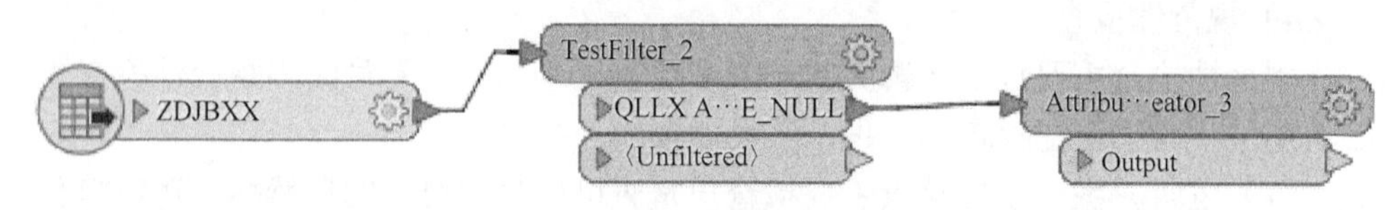

图 4-30　必填属性字段不为空检查

（4）面积一致性检查主要是检查权籍调查面积与图斑面积是否一致，如宗地图形属性表中的实测面积字段值与宗地图形面积是否一致、自然幢图形属性表中的幢占地面积字段值与自然幢图形面积是否一致。我们可以通过 FME 中的 AreaCalculator、TestFilter 和 AttributeCreator 转换器实现。

3. 数据挖掘类

数据挖掘是指从大量的数据中通过算法搜索隐藏于其中信息的过程，是赋予数据实际价值的过程。数据挖掘通过分析每个数据，从大量数据中寻找其规律的技术，主要有数据准备、规律寻找和规律表示三个步骤。数据准备是从相关的数据源中选取所需的数据并整合成用于数据挖掘的数据集；规律寻找是用某种方法将数据集所含的规律找出来；规律表示是尽可能以用户可理解的方式（如可视化）将找出的规律表示出来。数据挖掘的任务有关联分析、聚类分析、分类分析、异常分析、特异群组分析和演变分析等。

同样的数据挖掘也是地理空间分析的重要途径。目前，地理时空大数据呈现出多源、海量、更新快速的综合特点，地理分析过程难度性大大增加，必须通过数据挖掘手段，提炼出精准且能反映本质的数据结果，例如，遥感数据就是典型的具备时空大数据特征的一种。夜光遥感数据是夜间城市灯光值大小的反映，夜光遥感数据产品不仅具有重要的科学价值，而且对于建立全球夜光遥感数据库、拓展夜光遥感数据应用范围具有重要的意义。夜间灯光是人类活动的产物，基本上不受季节变化影响，不存在物候的波动，因此其数值在时间上大概率是平滑波动的。相关研究表明，夜光遥感技术与城市经济活动具备一定的相关性，我们可以通过提取粤港澳大湾区的夜间灯光总值与生产总值/三大产业产值作相关性分析，探索研究结果。

根据上述方法，利用粤港澳大湾区 2012～2017 年的 NPP/VIIRS 夜间灯光变化检测图进行信息提取；并根据变化的夜光图斑及整个粤港澳大湾区夜间灯光值的变化趋势分析广州。分析示例模型如图 4-31 所示。

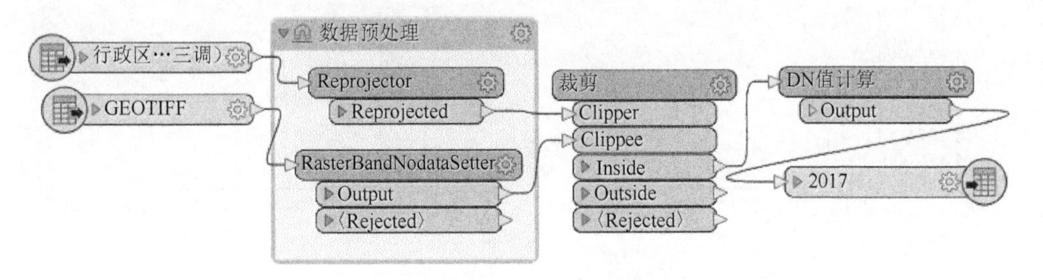

图 4-31　分析示例模型

模型思路如下。

（1）加载粤港澳大湾区各行政区区划界线数据和夜光遥感数据。

（2）利用重投影将数据统一到同一个坐标系（Reprojector）。

（3）设置无效波段信息，避免参与 DN 值运算（RasterBandNodataSetter）。

（4）按行政区区划界线裁剪夜光遥感影像。

（5）通过波段四则运算求 DN 值（RasterCellValueCalculator）（图 4-32）。

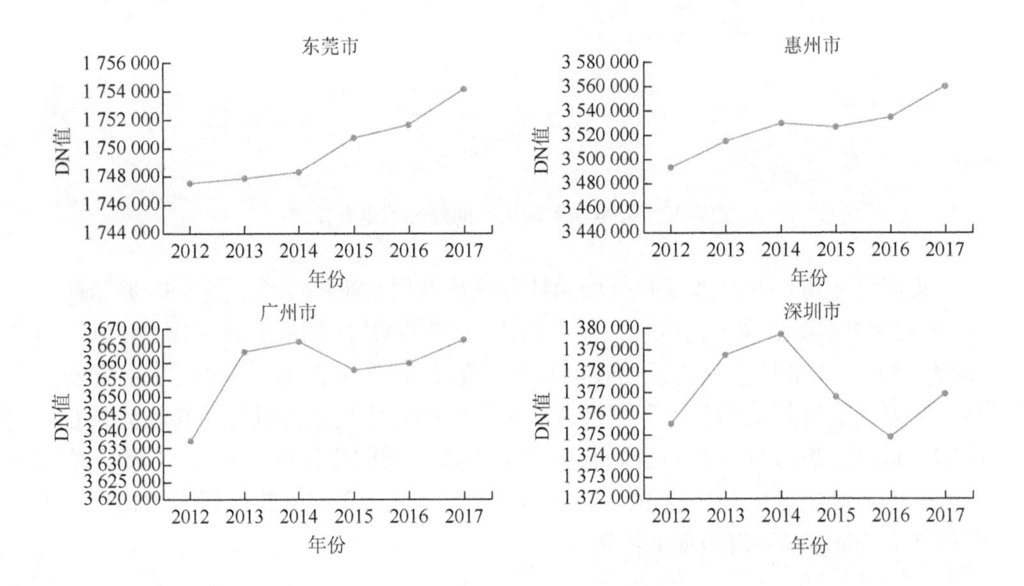

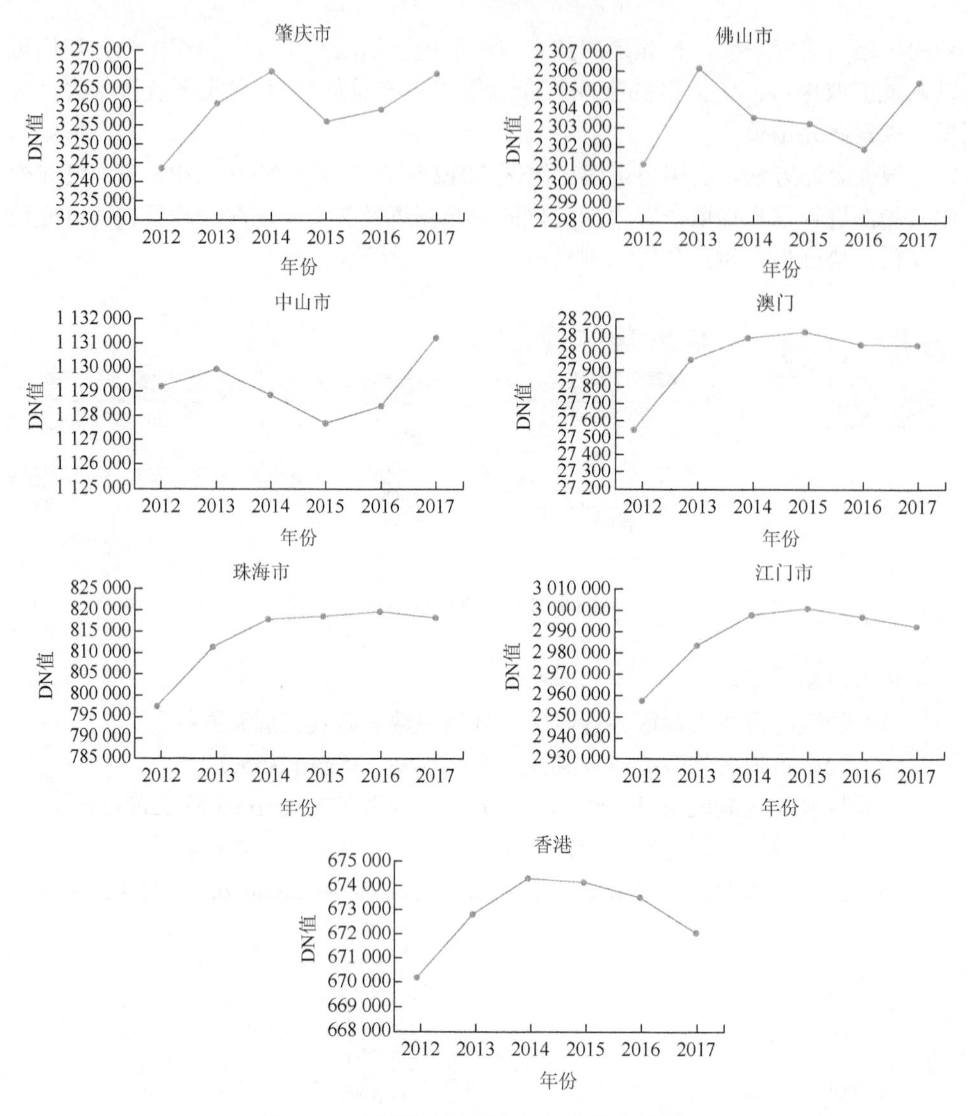

图 4-32　粤港澳大湾区夜间灯光值求算结果

夜间灯光可以真实地反映区域的社会经济发展水平的变化。图 4-33 展示的是 2012～2017 年粤港澳大湾区夜间灯光总值与生产总值之间的变化对比。可以看出 2012～2017 年粤港澳大湾区的夜间灯光总值和生产总值呈现一个同步上升的趋势。而通过夜间灯光增长率和生产总值增长率的对比图也可以发现其趋势具有高度的一致性：2013 年生产总值增长率为 10.04%、夜间灯光增长率为 0.55%，都为六年间的最高增量；2015 年生产总值增长率减小至 6.37%，夜间灯光增长率减小至−0.1%，都为六年内的最低增量。

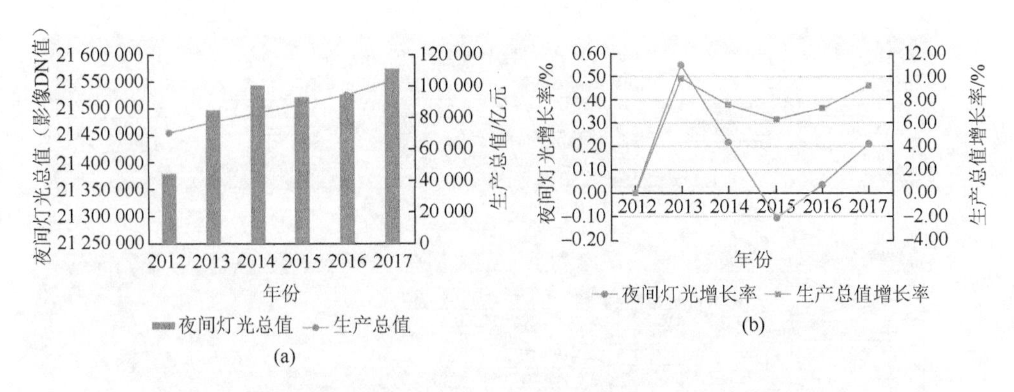

图 4-33　夜间灯光总值、生产总值与生产总值增长率

图 4-34 显示的是 2012～2017 年粤港澳大湾区夜间灯光总值与生产总值的回归分析结果，图中可以看出，夜间灯光总值与生产总值呈显著正相关关系，回归系数约为 0.7，说明在粤港澳大湾区夜间灯光总值与生产总值参量之间具有较强关联。

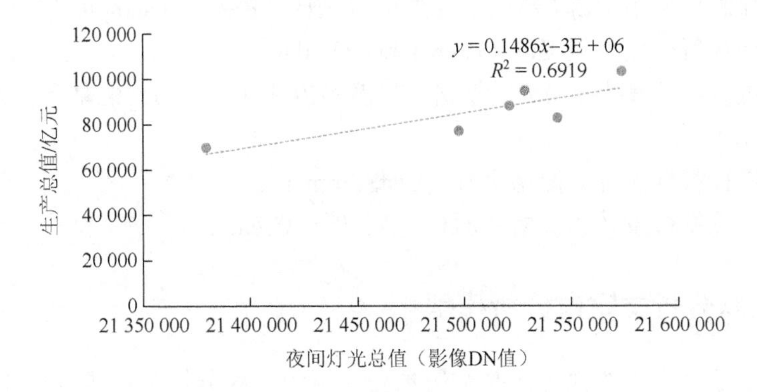

图 4-34　夜间灯光总值与生产总值

4. 栅格分析类

栅格数据是地理信息的重要表达方式，栅格分析被广泛应用于农业、土地监测等大范围场景。数字高程模型（DEM）是通过有限的地面高程数据实现对地面地形的数字化模拟，它是用一组有序数值阵列形式表示地面高程的一种实体地面模型。DEM 属于单项数字地貌模型，坡度、坡向及坡度变化率等地貌特性可在 DEM 数据基础上进行计算。

根据上述方法，我们可对 DEM 数据进行加工，提取每个栅格的高程信息，并根据相邻栅格的高度差计算坡度和坡度变化率，结合实际地理环境特性，设定海拔高度和坡度阈值，过滤得到属于山地类型的栅格，形成山地分布图，根据栅格分辨率求算总体面积。栅格分析示例模型如图 4-35 所示。

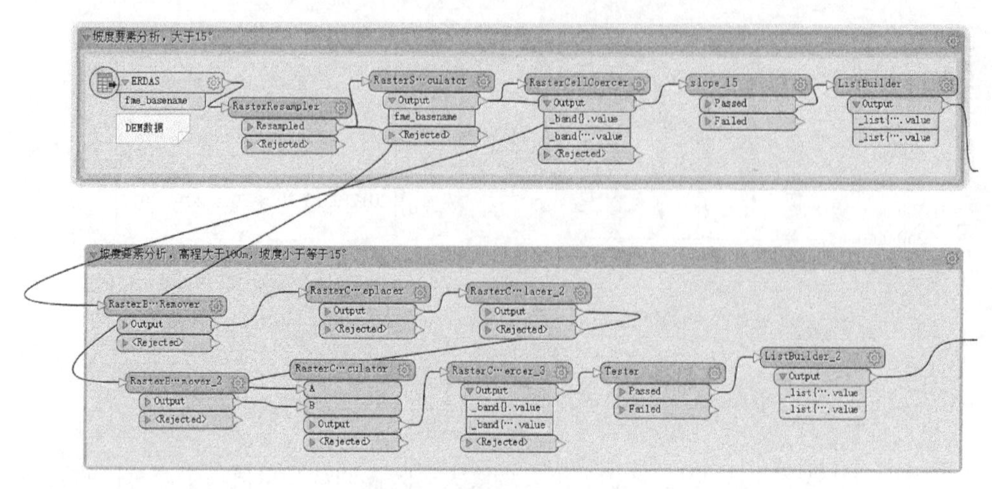

图 4-35　栅格分析示例模型

模型思路如下。

（1）加载广州市 DEM 数据，并进行重采样（RasterResampler）。

（2）计算每个栅格坡度（RasterSlopeCalculator）。

（3）过滤出坡度大于 15°的栅格，以及坡度小于等于 15°但是高程大于 100m 的栅格（Tester）。

（4）统计符合条件的栅格个数（ListSummer）。

（5）计算符合条件的栅格总面积（AttributeCreator）。

4.4.2　主题分析类定量分析模型

以城市研究为主要视角，时空信息支撑下的主题分析类定量分析模型可分为城市开发、城市形态、城市功能、城市活动、城市活力和城市品质六大板块内容，能够比较全面地覆盖到城市研究各个领域。

1. 城市开发

在城市化快速发展的今天，土地开发强度与城市经济、城市社会、城市生态、城市人口等重要城市发展问题息息相关，影响着每一个城市环境品质和人们生活水平。根据实际情况，结合城市土地开发强度的规定，分析土地开发强度的影响因素，通过定量和定性的分析，对土地开发强度进行合理地控制和引导，合理高效地使用城市土地。城市开发，是指城市用地由其他用地（如农田、农村建设用地）转变为城市建设用地，应用于测度城市开发维度的数据包括土地利用情况、土地利用现状、房屋等。

城市开发强度是指建设用地面积占行政区域总面积的比例。包括容积率、建筑密度、建筑高度、绿地率等几项主要指标。在一般情况下，开发强度越高，土地利用经济效益就越高，地价也相应提高；反之，如果开发强度不足，即土地利用不充分，或因土地用途确定不当而导致开发强度不足，都会减弱土地的使用价值，降低地价水平。

1）容积率计算

（1）数据清洗：将房屋面数据、用地现状数据、规划管理单元数据统一转换到 CGCS2000（基础信息平台坐标转换工具）；清洗缺失字段、非标准格式内容（AttributeCreator、Tester）。

（2）全市/规划管理单元容积率计算：将房屋面数据与用地现状数据做叠加（AreaOnAreaOverlayer）；将上述结果与规划管理单元数据做叠加（AreaOnAreaOverlayer）；统计每个单元/各区内每种用地类型的房屋面总面积及房屋面数量，并计算每个单元/各区内每种用地类型的容积率（StatisticsCalculator）。各类管控单位容积率计算模型如图 4-36 所示，控规与现状容积率差异计算模型如图 4-37 所示。

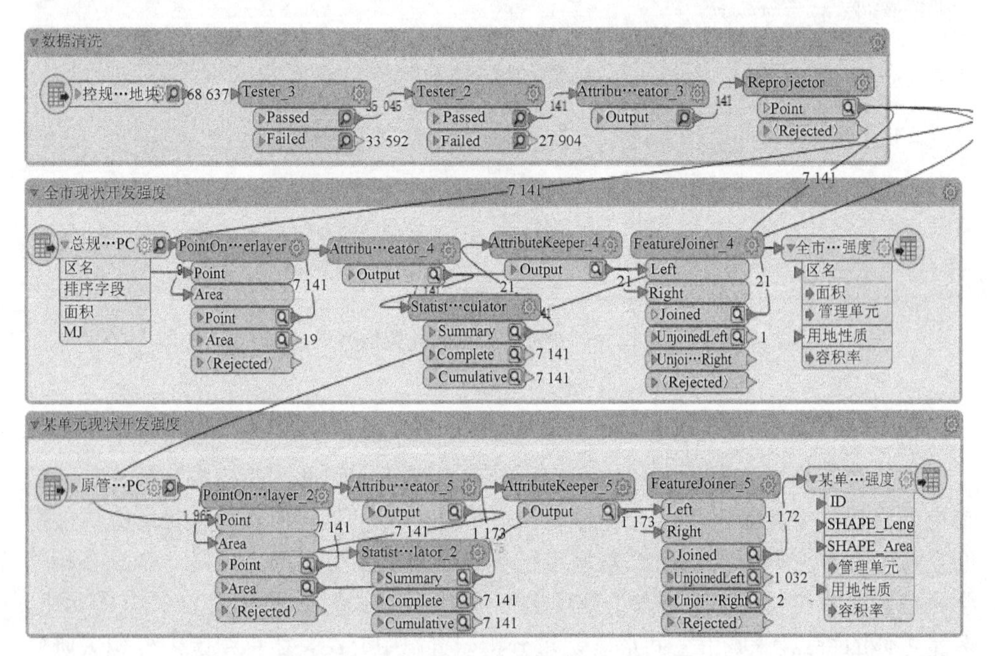

图 4-36 各类管控单位容积率计算模型

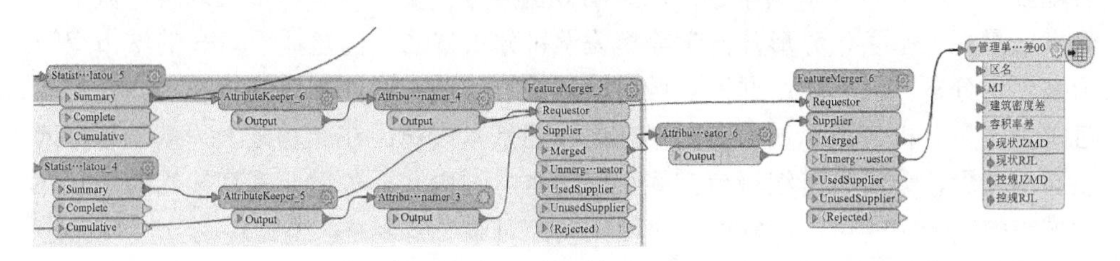

图 4-37 控规与现状容积率差异计算模型

2）建筑高度计算

（1）将房屋面数据、用地现状数据、规划管理单元数据统一转换到 CGCS2000（基础信息平台坐标转换工具）；清洗缺失字段、非标准格式内容（AttributeCreator、Tester）。

（2）将房屋面分别与规划管理单元、规划大区、行政区做叠加（AreaOnAreaOverlayer）；统计每个区域内的每种用地类型的房屋面总层数及房屋面数量，并计算每个单元/各区平均层数（StatisticsCalculator）。建筑平均高度计算模型如图 4-38 所示。

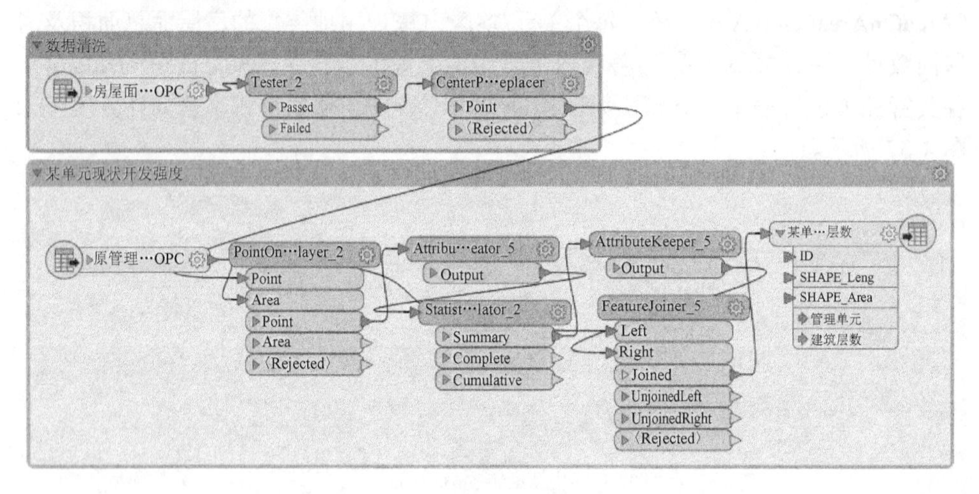

图 4-38　建筑平均高度计算模型

2. 城市形态

城市形态指城市发展变化过程中所表现出来的空间形式的构成特征，包括城市空间结构各个要素的空间分布模型、城市外部形状及其相互关系等所组成的空间系统。城市空间形态的研究是城市科学的一个重要组成部分，是一个众多相关学科共同积极参与的研究领域，体现出很强的开放性特征。研究方法具有多元化、多量主体的特点。《城市空间形态定量分析研究》中介绍，在总结国内外相关研究的基础上，基于 GIS 数据平台，以空间分析为主要手段，集城市规划学、城市地理学、景观生态学、分形几何学等相关学科分析方法，构建基于 GIS 的城市空间形态定量分析方法框架；通过对城市空间扩展、城市空间梯度演化、功能空间演替等的定量分析，揭示城市空间形态演变的基本规律；在此基础上，基于可持续发展的理念，分析可持续城市空间形态的概念与内涵、关键要素和架构准则，并对城市空间形态的可持续发展提出优化调控对策（储金龙，2007）。城市空间形态的主要内容有城市均质性分析、城市街道景观分析、城市天际线量化提取分析。

以城市街道景观分析为例制定定量分析模型。

城市街道是影响人们出行最重要的因素，街道的质量能够反映城市环境质量、人们生活质量甚至是城市竞争力，是展现城市面貌和精神的窗口，也是如今城市微改造的重要关注点。城市街道需要从重视机动车通行的功能向全面关注人的交流与生活方式的转变，从工程性设计向整体空间环境设计的转变，从单纯关注道路交通向城市街区发展的转变。街道评价相关特征指标有：建筑密度、建筑强度、平均层数、建筑宽度、贴线率、街道宽度（两侧建筑界面距离）和街道宽高比等。

我们可以从互联网地图开放的 API 数据接口得到建筑轮廓信息，包括楼宇高度、基底投影面积，进而可以估算建筑强度、平均层数和建筑密度等指标；另外，我们还得掌握最关键的道路网数据。

街道空间形态评价难点在于数据源多样、处理环节多、分析指标多、难度大，尤其是街道贴线率指标的计算。下面以贴线率为例，根据城市不同街道功能及街道类型对城市街道进行评价。近年来，街道界面的贴线率指标在我国规划领域频繁出现，是我国街道界面形态规划控制定量化与法规化的重要转变。经考察发现，人们对其理解存在较大差异，表述不甚统一，亟须对其概念内涵及计算方式进行厘清，以使其发挥积极作用（周钰，2016）。

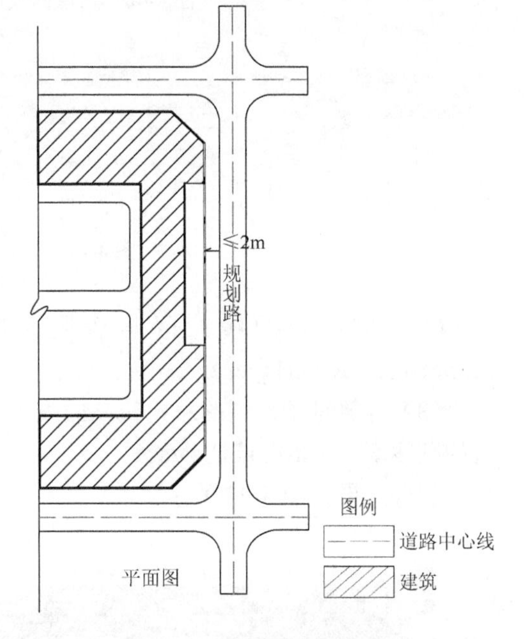

图 4-39　贴线率计算示意图

1）贴线率

贴线率计算公式如下，街面线长度可由街道缓冲区与房屋面交线总长度计算得出，计算示意图如图 4-39 所示。

$$贴线率P=\frac{街面线长度B}{建筑控制线长度L}\times100\%=\frac{街道缓冲区与房屋面交线总长度}{街道总长度}\times100\%$$

2）数据源

房屋面数据、道路网数据如图 4-40 所示。

3）部分重点模型

重点模型示例如图 4-41 所示。

（1）道路中心线做缓冲区分析，得到 5m、10m、15m、20m 不同宽度缓冲区（Bufferer）。

图 4-40　房屋面数据、道路网数据

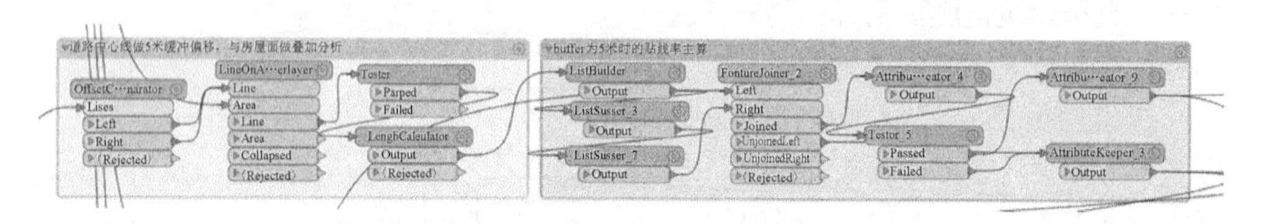

图 4-41　重点模型示例

（2）将得到的缓冲区与房屋面做线面叠加得到建筑立面线长度（LineOnAreaOverlayer）。

（3）计算每条街道的总建筑立面线长度，并利用贴线率计算公式计算每条街道的贴线率（AtttributeCreator）。

部分结果如图 4-42 所示。

(a)

(b)

图 4-42　部分结果展示

3. 城市功能

公共服务设施是中国和谐宜居城市建设与人们美好生活愿望的重要构成。国内外对城市公共服务设施配置的研究主题有所差异，国外研究主要关注公共服务设施配置的区位选择、可达性、空间公平和社会经济效应等方面；国内研究更加重视公共服务设施配置的优化布局、可达性、空间格局、社会分工、居民需求和满意度，以及配置影响因素等内容。公共服务设施是指能够为居民日常生活提供各类公共产品和服务的空间载体，也是人文地理和城市规划学科的重要研究对象，包括教育、医疗卫生、文化体育、商业服务、金融邮电、社区服务、市政公用和行政管理等不同类型设施。作为中国和谐宜居城市建设的重要内容，公共服务设施配置水平的高低对一个城市的宜居水平与居民生活质量具有重要影响。加强中国城市公共服务设施配置研究的理论总结，不仅是实践中国城市公共服务设施均等化的需要，也是促进中国城市人居环境建设、提升国家新型城镇化质量和改善城市居民生活质量的内在要求。

公共服务设施可达性。随着地理信息技术的快速发展，公共服务设施可达性研究引起很多学者的长期关注。其中，医疗设施、教育设施和公园绿地等研究对象最引人注目，同时积累了丰富多样的可达性测度方法，比较常见的可达性测度方法包括容器法、最短距离法、最小旅行成本法、累计机会法、核密度法。但上述测度方法主要是基于地点的可达性评估，受到时间地理学派的影响。更加符合社会现实的个体时空可达性研究受到越来越多学者的重视，重点关注公共服务设施开放时间、个体交通方式选择，以及出发时间的实时交通等因素对公共服务设施可达性和公平性的影响。

与广大市民群众切身相关、普遍关注、服务覆盖需求强的公共服务设施主要为教育、医疗卫生、民政、文化体育、政法等方面，所以充分利用广州市发展和改革委员会摸查的公共服务设施数据，结合广州市各公共服务设施主管部门提供的资料，对广州市公共服务设施建设现状分析和服务水平进行评价，综合归纳广州市基本公共服务设施建设存在的问题，并给出客观合理的建议，为政府决策提供依据。

按照《城市公共服务设施规划标准》《体育发展“十三五”规划》公共服务设施（如高等学校、综合医院等）建设标准等，对广州市公共服务设施服务半径进行规定。部分设施的服务半径如表 4-11 所示。

表 4-11　设施服务半径

基本公共服务设施	分类	服务半径/km
教育	小学	0.5
	中学	1
医疗卫生	社区卫生服务中心	1
	一级医院	2
	二级医院	6
	三级医院	12
	未定级	0.5
文化体育	图书馆	4
	博物馆	4
	美术馆	4
	文化活动中心	4
	体育馆	4
	科技馆	4
民政	养老设施	1
	福利机构	2
政法	社区警务室	0.5
	派出所	0.8
	公安局	2
	消防队	3
公共交通	公交站点	0.5
	轨道交通站点	0.7

依据指标科学性、可获得性、典型性、有代表性等原则，选择了公共服务设施保障度、公共服务设施均匀度、公共服务设施便捷度、公共交通配置水平和社会综合治理水平 5 个一级指标，教育、医疗、文化、体育、民政、政法等 22 个二

级指标，以及 53 个三级指标，对指标进行去量纲归一化处理后，采用熵权法赋权重，得到指标及权重结果，部分指标及权重如表 4-12 所示。

表 4-12　部分指标及权重

一级		二级		三级	
指标	权重	指标	权重	指标	权重
公共服务设施便捷度	0.08	教育	0.23	社区——中学平均就近距离	0.45
				社区——小学平均就近距离	0.55
		医疗	0.16	社区——社区卫生服务中心平均就近距离	0.12
				社区——一级医院平均就近距离	0.18
				社区——二级医院平均就近距离	0.25
				社区——三级医院平均就近距离	0.31
				社区——未定级医院平均就近距离	0.14
		文化	0.13	社区——图书馆、文化馆、博物馆、展览馆、美术馆平均就近距离	0.46
				社区——科技馆、纪念馆平均就近距离	0.54
		体育	0.11	社区——体育场、体育馆、常规运动场馆平均就近距离	0.61
				社区——其他体育设施平均就近距离	0.39
		民政	0.19	社区——养老机构平均就近距离	0.38
				社区——福利机构平均就近距离	0.62
		政法	0.18	社区——派出所平均就近距离	0.18
				社区——公安局平均就近距离	0.32
				社区——消防站平均就近距离	0.35
				社区——社区警务室平均就近距离	0.15
公共交通配置水平	0.31	公共交通	0.23	公交站点覆盖率	0.36
				公交线网密度	0.57
				社区——公交站点平均就近距离	0.07
		轨道交通	0.34	轨道交通站点覆盖率	0.47
				轨道交通线网密度	0.48
				社区——轨道交通站点平均就近距离	0.05
		停车场	0.43	地下车库覆盖率	1.00
社会综合治理	0.28	派出所	0.24	派出所响应覆盖率	1.00
		公安局	0.24	公安局响应覆盖率	1.00
		消防站	0.26	消防站响应覆盖率	1.00
		社区警务室	0.26	社区警务室响应覆盖率	1.00

经过梳理和分析，我们可以利用互联网地图 API 计算实际距离及覆盖面积，计算示例模型如图 4-43 所示。

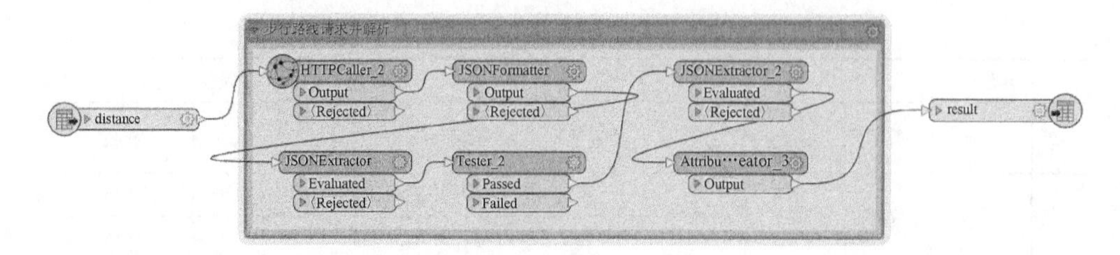

图 4-43　计算示例模型

（1）读取公共服务设施数据与社区位置数据，并统一坐标系。

（2）利用 HTTPCaller 向互联网地图 API 请求两点间实际距离与耗费时间。

（3）对返回的数据进行序列化和解析，提取关键信息（距离、时间）。

（4）按照评分标准进行均一化分值计算。

广州市各区基本公共服务设施完善度指标如图 4-44 所示。

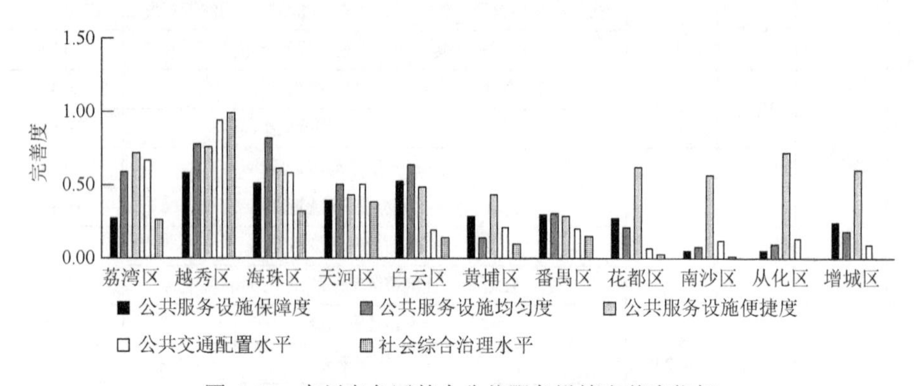

图 4-44　广州市各区基本公共服务设施完善度指标

4. 城市活动

城市活动模式规律对城市空间优化、交通规划、出行与位置服务、行业设施选址与业务流优化等都具有重要意义。从轨迹数据质量评价、活动区域、人群聚集消散、可达性、适应性等多个角度来理解城市人群时空活动，与城市人群活动数据、城市功能与空间结构、人类动态等维度进行系统地联系。

城市之间的关联包含社会、文化、经济活动等方面。在都市区中，一个城市会同时与多个城市产生联系，且联系的强度（即联系度）各不相同，由此便形成了城市联系的网络。在网络中，不同城市由于其功能和发展水平的差异，在城市对外联系的强度和广度上呈现不同的特点。城市对外联系的城市越多，强度越大，其功能辐射越强，城市的能量更大，级别越高。城市能级即城市在都市区网络中的能量和级别。从城市联系角度分析，可以清晰地看出一个城市对外联系的多元特点。人口联系是城市间联系的重要研究主题，如今已有很多研究人员把手机信令数据作为分析城市用地功能、产业分布、人群时空活动、时空分布的定量分析手段，不仅能更准确地反映中心城区人口集聚与空间形态的耦合关系，还能通过人流联系表征城市联系，计算城市在省域城市群、区域城市群、城市和邻近区（县）4 个层面的人口交互规模，甚至可用于指导城市间的交通设施规划。

1）城市时空圈

物质能量移动的时间、空间变化是 GIS 空间分析研究的核心领域，此前已有众多学者在区域分析中对时间、空间及时空关系进行了深入的研究，提出时距、等时圈（时空圈）、经济圈等重要概念。目前，时空圈的定义已经十分明确，但对于时空圈的划定手段，仍然依靠传统的 GIS 路径网络分析方法，只考虑了距离和可达性等一维要素，忽视了现实的交通情况，所得出的时空圈自然缺乏现实可行性，说服力不足。

时空圈亦称为等时交通圈，是以城市某点为中心，以同种交通方式，经过相同时间可覆盖的区域。由于缺乏可评价的手段，等时交通圈过去是一种可达性的意象表达，随着 GIS 空间分析能力的提升，现在多以基于路网、考虑限制车速、路段通行性等因素加权计算的方法所得。等时交通圈可用于研究城市中心与邻近区域的紧密联系程度；而不同时段划分的等时交通圈所覆盖的区域面积，也可用于反映城市交通设施“供给侧”的综合服务能力。

等时交通圈构建模型思路如下。

运用百度地图提供的 Web 服务 API，获取研究范围内任意一点到达研究中心所耗费的时间和距离，并可根据请求参数选择自驾、公共交通、骑行与步行 4 种出行方式。传统等时交通圈的研究方法，极度依赖于路网拓扑关系的建立和各项参数调试优化，试图使研究结果接近真实。但终究是建立在各项参数模拟之上，且路网拓扑关系的建立必然落后于实际路网建设和通行有效性，研究结果仅能反映某段时期的交通状况。利用互联网地理大数据 Web 服务的方法有效规避了常规方法大量的建模工作，无须考虑建立各种轨道基础路网和设置路段平均通行速度等参数，以真实且实时的时间和距离为依据，保证研究的精准度和时效性。具体的界定方法如图 4-45 所示。

（1）搜集研究区域内的边界范围，根据预设的精度要求进行格网化处理。

（2）提取每个格网的中心点坐标，转为点阵，形成坐标序列。

（3）选定交通方式，依次请求各个中心点坐标与研究中心的路线规划服务。

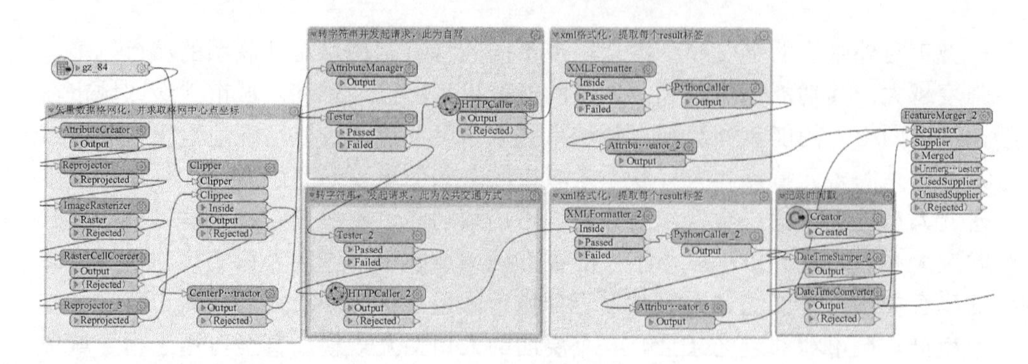

图 4-45　等时交通圈构建模型

（4）解读返回的 XML（或 JSON）格式的数据，提取时间和距离参数，并对特殊结果进行处理。

（5）解读结果写入格网中心点阵的属性值。

（6）以时间为对象，对点阵进行二次内插处理，形成等时交通圈栅格图像，并进行圈层分类。

广州市交通高峰自驾时空圈示意图如图 4-46 所示。

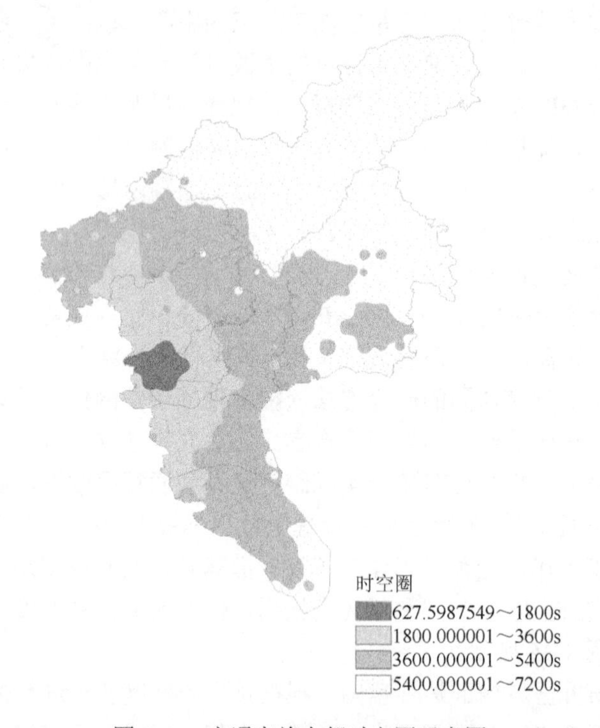

图 4-46　交通高峰自驾时空圈示意图

2）粤港澳大湾区城市联系

利用互联网数据采集模型，我们得到全国各地级市之间的不同交通方式的迁徙热度，虽然其不能代替具体迁徙人流量，但也不妨碍我们通过热度指数分析一些社会现象。我们目前具备 2015～2019 年我国城市与城市之间汽车、飞机、火车三种交通方式的迁徙热度数据。联系热度代表该条线路人群流动的热度，由迁徙人次、交通方式、迁徙距离综合计算得出。基于大数据驱动的城市间地理行为分析日渐成为主流，本节通过互联网城市人口迁徙数据，分析粤港澳大湾区城市人口流动强度和空间联系格局。

首先，我们将粤港澳大湾区城市作为整体，根据需要分为粤港澳大湾区外部联系和内部联系。首先按照日期、城市、交通方式分开统计，以 2018 年为例，统计粤港澳大湾区整体与国内其他城市的年度联系热度总量。统计示例模型如图 4-47 所示。

粤港澳对外联系OD
SQLCreator_41
Result
Rejected
ListBuilder_12
Output
Attribu…ator_19
Output
ListSummer
Output
FeatureMerger_3
Requestor
Supplier
Merged
Unmerg…uestor
UsedSupplier
UnusedSupplier
Rejected
FeatureMerger_6
Requestor
Supplier
Merged
Unmerg…uestor
UsedSupplier
UnusedSupplier
Rejected
AttributeKeeper_3
Output
对外联系OD
地区
MoveCity
heat
end_lat
end_lng
start_lng
start_lat

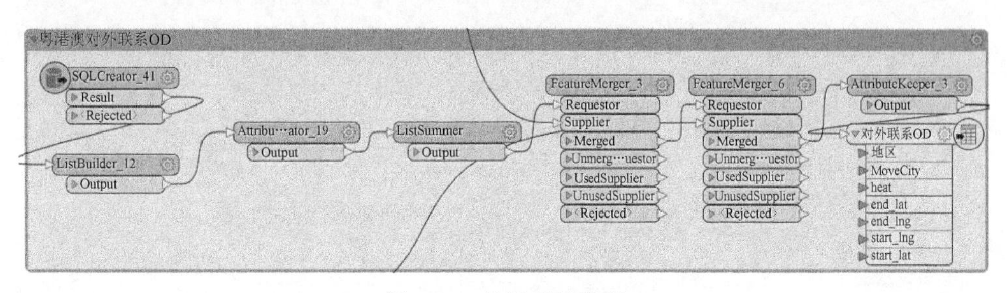

图 4-47　统计示例模型

利用 SQLCreator 转换器将 2018 年湾区外城市到湾区内各个城市的联系热度筛选出来，用 ListBuilder 按照流出城市作为分类，将联系热度形成 List；再用 ListSummer 将全年流出城市的热度进行叠加，计算出全年湾区外城市流入湾区内城市的总热度。统计示意图如图 4-48 所示。

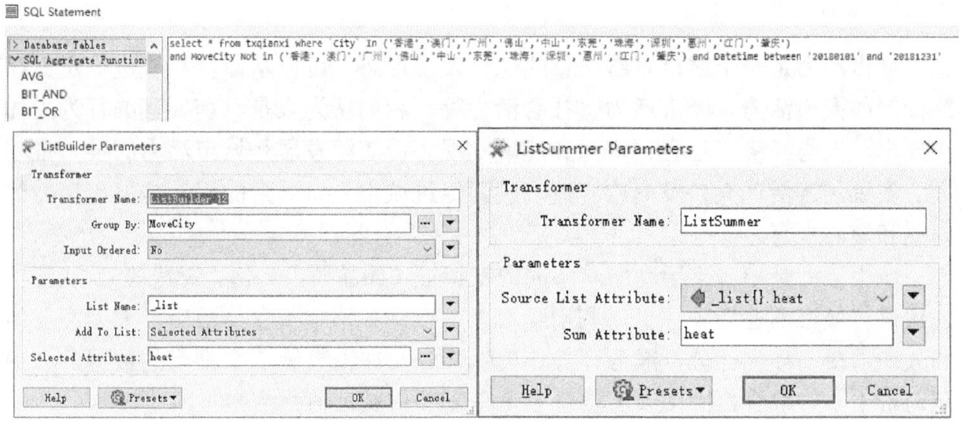

SQL Statement
Database Tables
SQL Aggregate Functions
AVG
BIT_AND
BIT_OR
select * from txqianxi where City In ('香港','澳门','广州','佛山','中山','东莞','珠海','深圳','惠州','江门','肇庆')
and MoveCity Not in ('香港','澳门','广州','佛山','中山','东莞','珠海','深圳','惠州','江门','肇庆') and Datetime between '20180101' and '20181231'
ListBuilder Parameters
Transformer
Transformer Name: ListBuilder_12
Group By: MoveCity
Input Ordered: No
Parameters
List Name: _list
Add To List: Selected Attributes
Selected Attributes: heat
Help
Presets
OK
Cancel
ListSummer Parameters
Transformer
Transformer Name: ListSummer
Parameters
Source List Attribute: _list{}.heat
Sum Attribute: heat
Help
Presets
OK
Cancel

图 4-48　统计示意图

计算出总热度后，利用 FeatureMerger 赋予流出城市的时空信息，便于后续落图展示；再利用 AttributeKeeper 保留所需字段，整理结果，并输出具备流出城市的时空信息、总热度的矢量数据（图 4-49）。

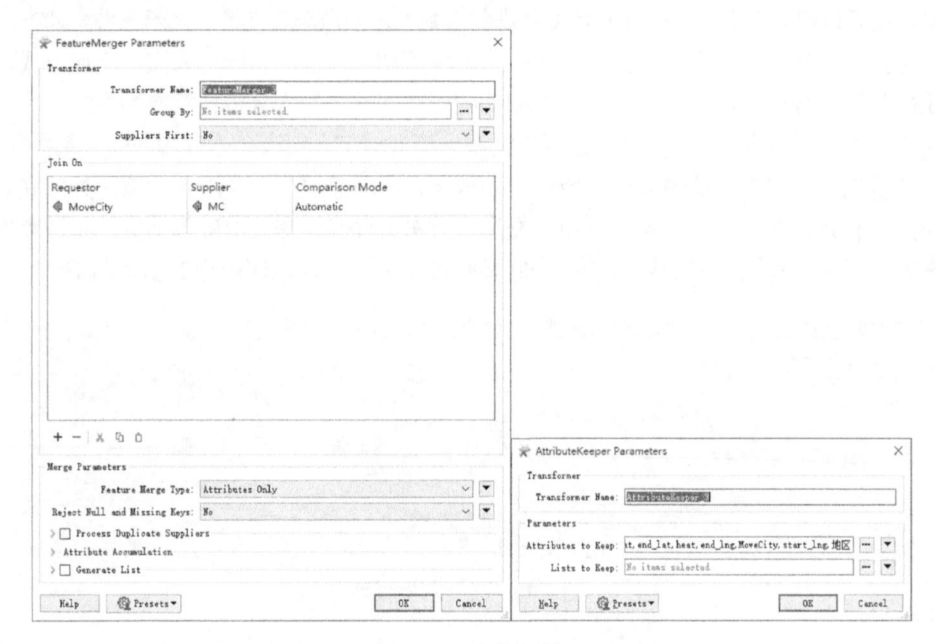

图 4-49　字段保留

同理，我们也可以计算出哪个城市接收了最多的外部流入量。通过计算，将各个城市的流入量除以湾区总流入量即可得知。

5. 城市活力

城市活力是一个城市发展质量的综合表现形态，可以从诸多角度进行定义和解读，如人口活力、经济活力、社会活力等。我们认为人是一切要素的行为主体和根本，人与经济、社会、资源和环境实现协调统筹发展是城市活力的唯一推动力。集聚经济活动人口及商旅客流，进而促进城市人口质量的提升是城市活力的内涵和核心内容。

城市活力是指城市活动所具备的内在特征（如品质、文化、消费等）。从消费视角进行城市商业活力评价，利用爬取大众点评数据中美食、酒店、大型商业体的人均消费、环境评分、服务评分、口味评分及评论数量 5 个维度的数据，力图从消费水平、综合口碑和人流热度三个角度分析城市消费活力。

1）大众点评数据收集及清洗

大众点评数据收集模型和数据清洗结果如图 4-50 和图 4-51 所示。

（1）分析大众点评网网页结构及加密方式。

（2）爬取广州市 2 万多家美食、酒店、大型商业体的信息。

（3）数据清洗，构建地理要素并入库落图。

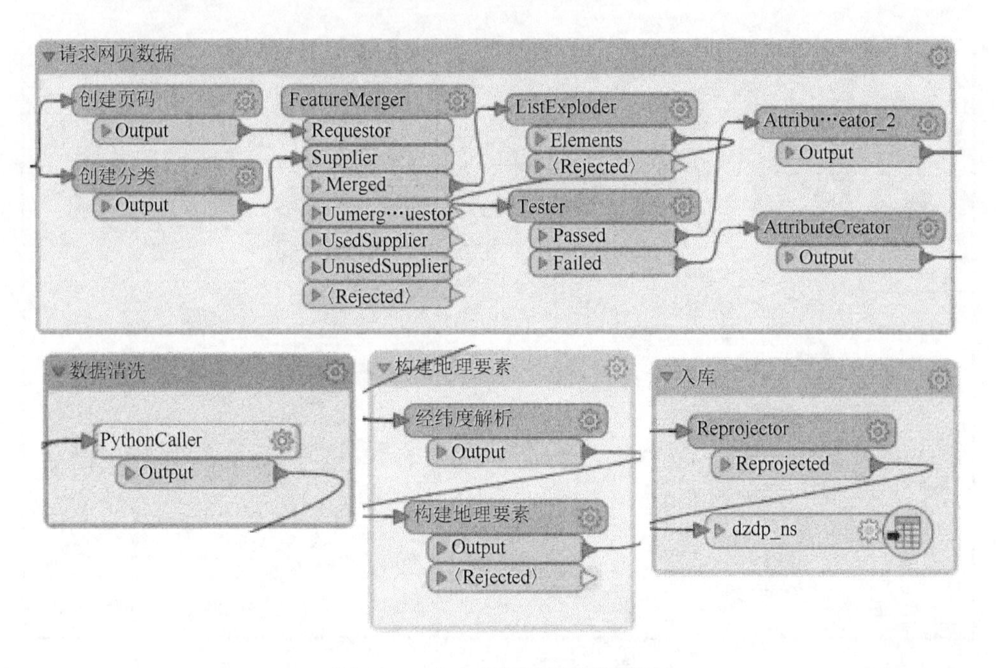

图 4-50 大众点评数据收集模型

名字	星级	平均分	地址	评论数量/条	口味评分	环境评分	服务评分	纬度	经度
商户1	准五星	60	江南西路	224	87	85	88	23.09789	113.2700
商户2	准四星	82	伟业路与民安路交叉口	1082	78	66	67	23.03636	113.2752
商户3	准四星	24	宝华路83号	1047	75	70	69	23.11533	113.2417
商户4	四星	44	西湖路	353	80	80	82	23.12258	113.2673
商户5	四星	33	寺右新马路	37	81	8	83	23.11600	113.3114
商户6	四星	24	宝华路	1934	80	69	73	23.11480	113.2416
商户7	四星	14	华贵路	2437	80	67	67	23.12251	113.2419

图 4-51 数据清洗结果

2）美食消费活力

高星级、受欢迎及高消费美食商家热力图如图 4-52 所示。

通过筛选出五星和准五星美食商家并生成热点图，结果显示，体育中心和花城广场是高星级美食商家最集中的地方；北京路商圈、江南西商圈和中华广场商圈也是高星级美食商家的集中分布地。

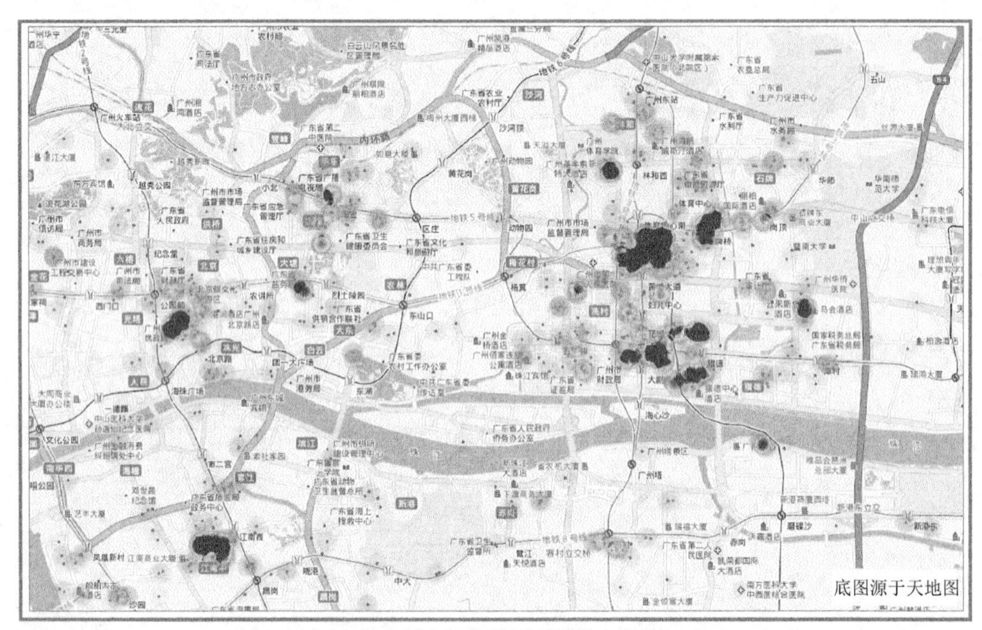

(a) 广州市高星级美食商家热力图

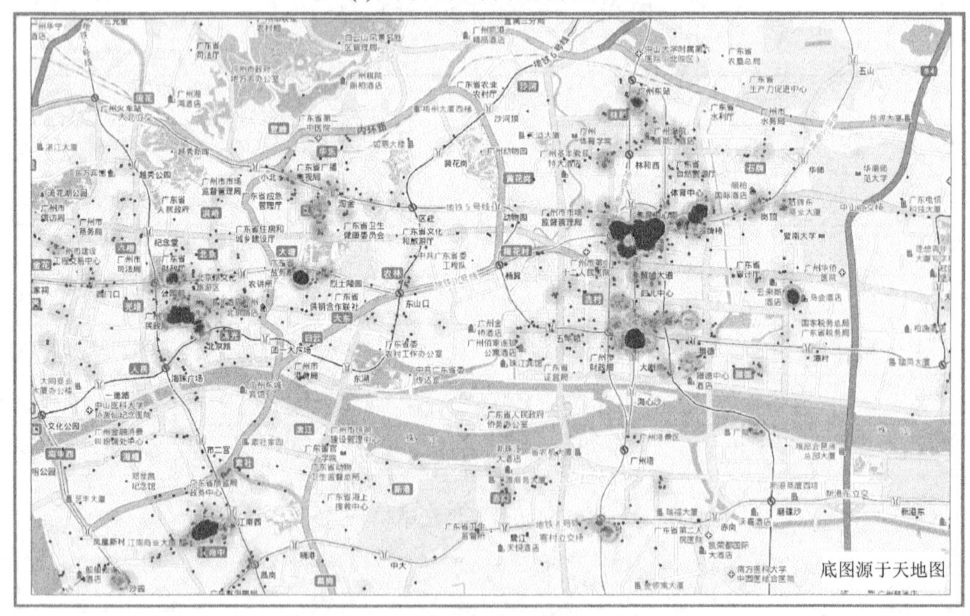

(b) 广州市受欢迎美食商家热力图

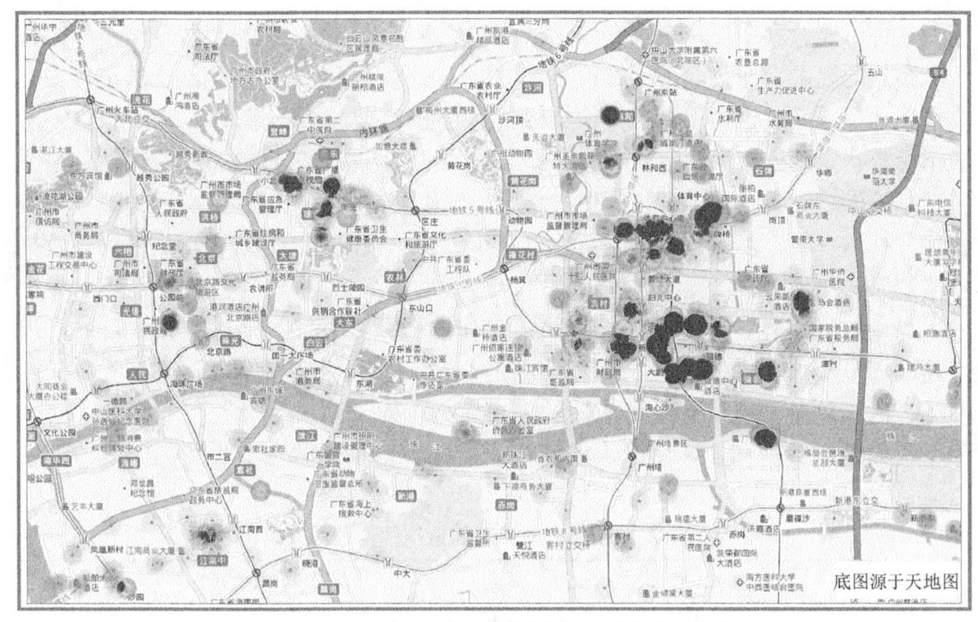

(c) 广州市高消费美食商家热力图

图 4-52　高星级、受欢迎及高消费美食商家热力图

高星级美食商家与高消费美食商家呈现一定的空间相关性，在珠江新城商圈高消费美食商家分布更加集中，地段会造成商铺一定的溢价。

受欢迎美食商家热力图与高星级美食商家评论数量基本吻合，表明人们更愿意选择去高星级美食商家消费，符合“食在广州”的特色。

6. 城市品质

城市是个复杂的巨系统，复杂而脆弱。城市基础设施与公共服务设施应满足社会公众的经济、社会、文化需求，同时城市在正常的轨道上安全、平稳、有序、高效地运行。不同的政府部门，针对城市发展各个领域，相应地制定了不同的评价体系和指标。

2020 年，住房和城乡建设部要求 36 个试点城市结合前期防疫情补短板扩内需调研工作，组织开展城市自体检，增加符合本市自身特色的指标，有针对性地查找城市发展和城市规划建设管理存在的问题，加强城市体检工作技术支撑，建立城市体检信息平台。住房和城乡建设部城市体检专家指导委员会对城市自体检和信息平台建设进行指导，并适时组织开展业务交流。结合城市自体检和第三方城市体检结果，系统梳理城市发展和城市规划建设管理方面存在的问题和短板，提出有针对性的治理措施，并纳入城市建设工作计划。

根据广州市城市体检试点工作领导小组办公室关于广州市城市体检试点工作的

相关文件，充分利用广州市现有信息平台和数据成果，按照建设“数字城市”“智慧城市”的要求，建立城市运行检测、城市病发现、城市病治理相结合的市级城市体检评估信息系统，实现城市体检指标数据的统一收集、统一管理、统一报送，形成指标数据定期采集、跟踪监测和定期发布的维护机制，完成城市体检评估信息系统专项报告。城市体检内容包括生态宜居、健康舒适、安全韧性、交通便捷、风貌特色、整洁有序、多元包容、创新活力 8 个方面。按照突出重点、群众关切、数据可得的原则，分类细化提出具体指标内容。

城中村城市体检是广州市城市体检工作的一项重点任务，据统计，目前广州市超过 500 万人居住在城中村，城中村的交通、公共服务、娱乐、政务服务、环境等社区设施是否能满足大量人口的需求尤为重要。

根据现有数据和实际情况，梳理部分指标如表 4-13 所示。

表 4-13　广州市城中村城市体检指标体系部分指标

所属类别	属性数据	单位	数据源
经济效益	地均税收	万元/km^2	企业税收数据、城中村矢量范围
	地均销售收入	万元/km^2	
	建筑密度	%	房屋面数据、城中村矢量范围
	现状容积率	%	
	人均建设用地面积	m^2/人	土地利用数据、城中村矢量范围
环境效益	绿地率	%	
	人均公园绿地面积	m^2/人	“四标四实”人口、土地利用数据
土地资源状况	公园绿地面积	km^2	土地利用数据
	建设用地面积	km^2	
	农用地面积	km^2	
	未利用地面积	m^2	
	城中村面积	m^2	城中村矢量范围
	建筑基底面积	km^2	房屋面数据
	建筑面积	km^2	
人口状况	人口密度	人/km^2	“四标四实”人口、城中村矢量范围
	流动人口	人	“四标四实”人口
	户籍人口	人	
	人口总数	人	
经济状况	税额	万元	企业税收数据
	销售收入	万元	

续表

所属类别	属性数据	单位	数据源
宜居便民	公交站点	个	公共服务设施 POI、城中村矢量范围
	地铁站点	个	
	中学	个	
	小学	个	
	幼儿园	个	
	药店	个	
	医院	个	
	公厕	个	
	超市	个	
	购物商场	个	
	公园	个	
	体育场馆	个	

根据梳理指标及相关计算公式，建立统计模型，如图 4-53 所示。

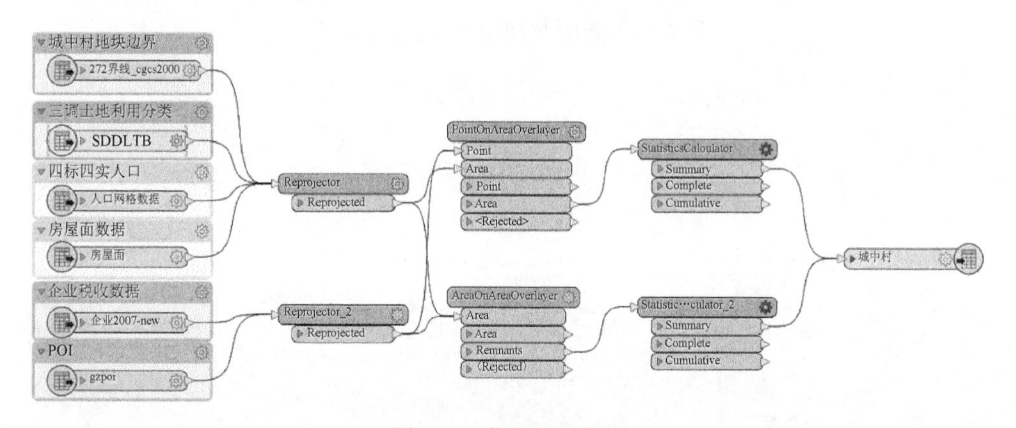

图 4-53　指标统计模型

（1）利用读模块读取城中村地块边界、土地利用分类、房屋面数据、POI 等不同格式的各类地理空间数据，将数据整理到统一的工作空间。

（2）利用 Reprojector 转换器将所有数据统一转换为 CGCS2000。

（3）运用点面叠加/线面叠加将企业、人口和各类公共服务设施 POI 与各城中村地块做叠加分析（PointOnAreaOverlayer、LineOnAreaOverlayer）。

（4）汇总统计企业、人口和各类 POI 数据，按照指标定义计算结果。

城中村城市体检指标总体概况和各项指标统计结果如图 4-54 和图 4-55 所示。

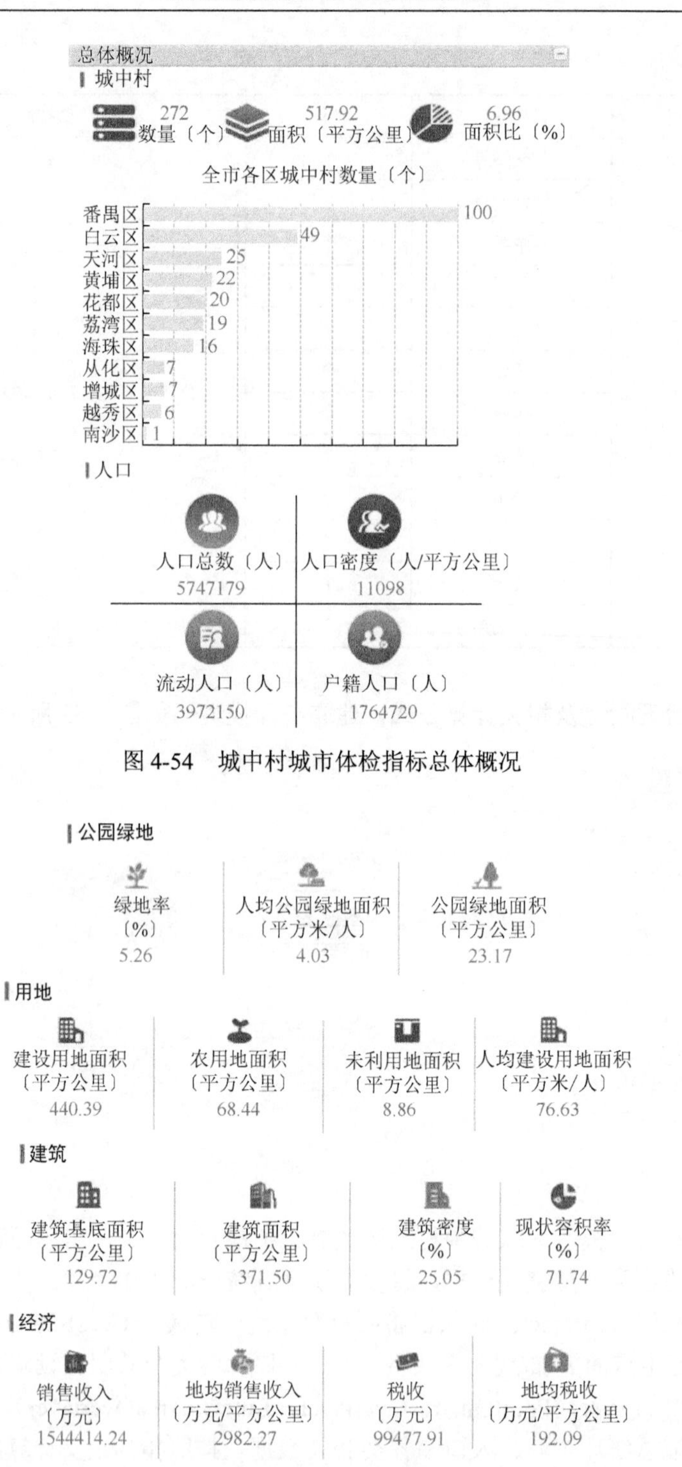

图 4-54　城中村城市体检指标总体概况

图 4-55　各项指标统计结果

第 5 章　产业分析专题：城市产业结构分析

5.1　模型建立思路

5.1.1　研究背景介绍

21 世纪以来，随着第四次工业革命的到来，全球城市发展呈现了诸多新的影响因素，城市社会经济发展进入了全球化、网络化、信息化的新阶段，城市空间的变革速度加快。城市产业作为经济发展的核心载体之一，新的产业空间格局给原有的城市空间结构带来了巨大的影响，推动着城市对新兴产业空间规划与建设实践的浪潮。在城市化进程中，城市空间与产业空间形成互动的发展趋势，产业不断发展更新和产业空间组织方式的变革直接导致城市产业空间的变化。

产业园区是指以促进产业发展为目标而创立的特殊区位环境，是区域经济发展、产业调整升级的重要空间聚焦形式，担负着聚集创新资源、培育新兴产业、推动城市化建设等一系列的重要使命。产业园区能够有效地创造聚集力，通过共享资源、克服外部负效应，带动关联产业的发展，从而有效地推动产业集群的形成。按照不同的分类角度，常见类型有经济技术开发区、工业园区、高新技术开发区、文化创意园区、物流园区、生态农业园区、科技园区、总部基地等。

近年来，广州市工业和信息化产业快速发展，但受国家宏观经济形势影响，保增长压力日益增加。按照市委、市政府工作部署，广州市工业和信息化局（工信局）积极开展工业和信息化领域的招商引资工作，先后推进思科智慧城、富士康第 10.5 代显示器全生态产业园等一批重大优质项目落户广州。在招商过程中，工信局深感缺乏相应的地理信息系统的支持，既影响了招商引资的效率，也不利于统筹优化全市的产业布局。目前，我国部分省（自治区、直辖市）已相继建成或开展工业地理信息系统建设，并取得了很好的成果。为此，工信局在前期调研广州市规划和自然资源局、广州市城市更新局等现有信息系统的基础上，结合工信局内的信息化基础，拟启动建设基于地理信息的工业和信息化决策支持系统。

本节以市场监督管理局企业税收数据为基础，通过一系列城市定量分析（时空分析）手段，对数据进行预处理和统计分析，并进行空间可视化表达，所有过程基于 FME 建模完成。最终目标是将城市产业的各项维度指标进行准确还原，为城市产业未来规划提供有效的信息支撑与决策参考。

5.1.2　数据情况介绍

本专题的核心数据为企业经营数据，该数据主要为企业月度纳税数据和企业点数据，包含销售收入、税额、企业名称、行业名称、注册类型、成立日期等。

企业月度纳税数据源自工商行政管理局对企业每个月度收集的各项纳税数据，包括税额、销售收入等；企业点数据包括了企业名称、行业名称、注册类型、成立日期等字段信息。

5.2　模型建立实践

5.2.1　信息匹配与空间落图

本节案例因企业经营数据分别存储于非空间数据库与空间数据库，须分开读取并作空间落图与信息匹配统计。统计模型如图 5-1 所示。

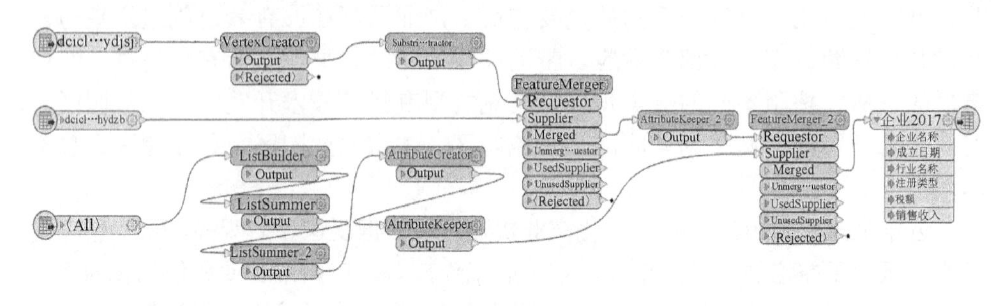

图 5-1　统计模型

1. 数据读取

首先要对目标数据所存储的数据库进行连接，以读取数据库里的相关数据。第一步是加载 MariaDB Reader 数据库读取模块，通过该模块的 Reader 选择需要读取的数据库服务器位置，在 Table Name 中选择需要读取的数据表；WHERE Clause 可根据需求设置过滤条件，与传统数据库 SQL 语句用法一致。同理，税收数据的读取也使用以上介绍的操作步骤（图 5-2）。

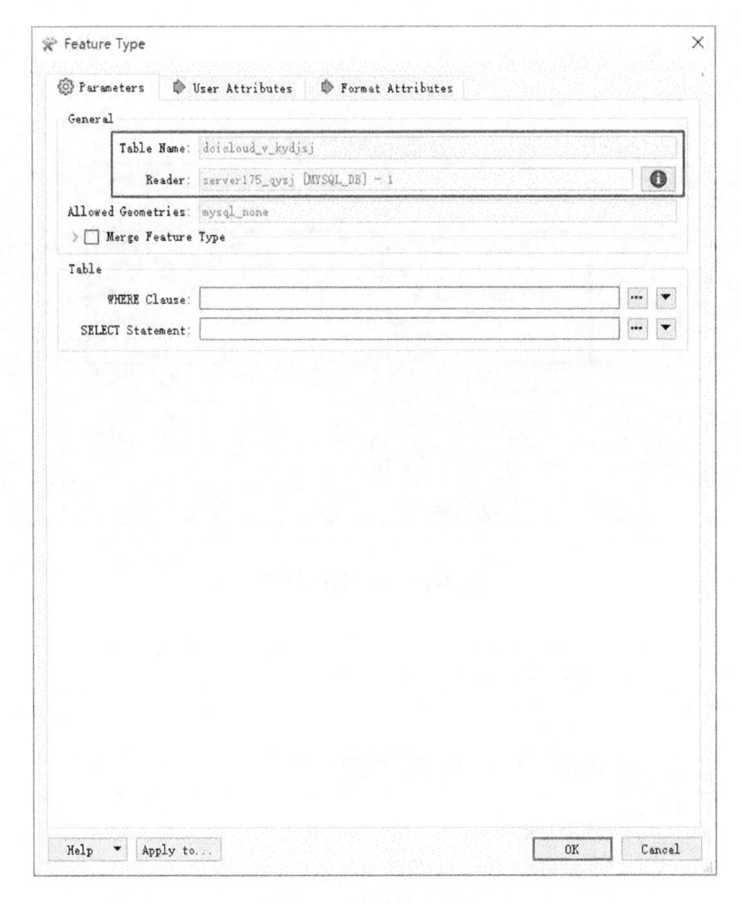

图 5-2　数据读取操作

2. 空间落图

在连接数据库后，对需要读取的各项数据建立连接，并在数据导入后，对这些数据实现空间落图，以便开展空间相关的各类分析演算。该步骤首先需要加载 VertexCreator 转换器，在转换器界面中，将 Mode 设置为 Add Point，读取数据库中带有坐标信息的字段信息，并将企业数据矢量化，生成点数据后，实现企业的空间落图（图 5-3）。

3. 数据匹配预处理

由于不同数据表中存在一部分相同的字段，在运用多个数据表开展分析时，需要将这些表中的相同字段进行匹配。在本案例中，首先需要加载 SubstringExtractor 转换器，找到两个数据表存在的相同字段 HYDM。为了避免产生重复数据信息，我们选择将第一个企业空间数据表的 HYDM 重设为 HY_DM，如图 5-4 所示。

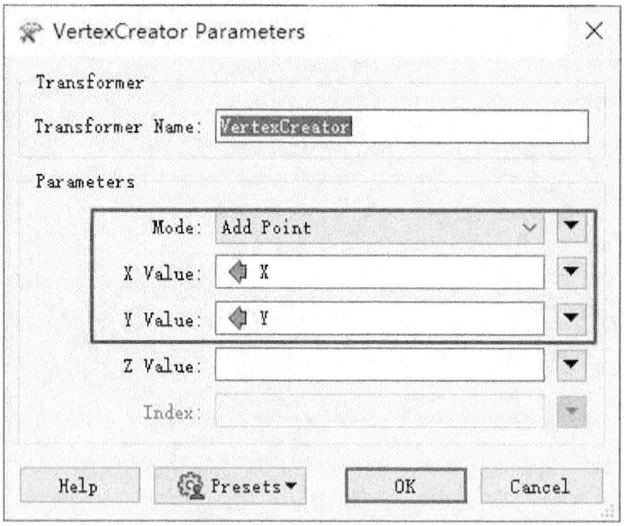

图 5-3　空间落图操作

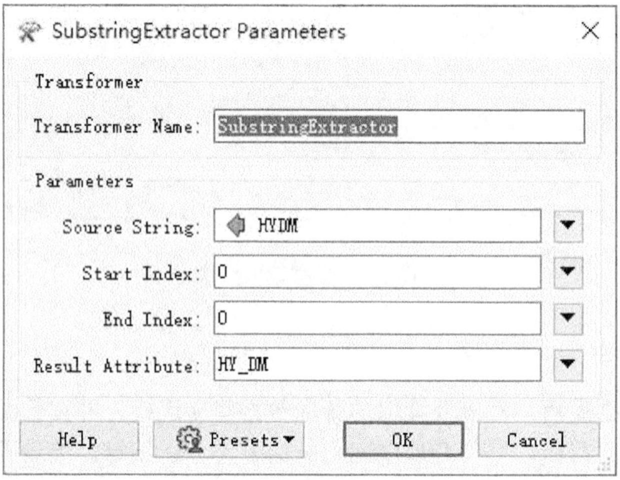

图 5-4　数据表字段重设

4. 空间数据与属性数据匹配

在完成空间落图后，我们还需要将这些空间数据与其他相关属性数据进行匹配，通过属性数据的挂接，拓展数据分析的内容，使得属性数据也具备空间计算与空间分析的能力。该步骤首先需要加载 FeatureMerger 转换器，在 Requestor 和 Supplier 中，以企业空间数据表和企业税收数据表的 HY_DM、HYDM 属性为唯一值，进行属性数据挂接，将税收数据挂接到企业点数据（图 5-5）。

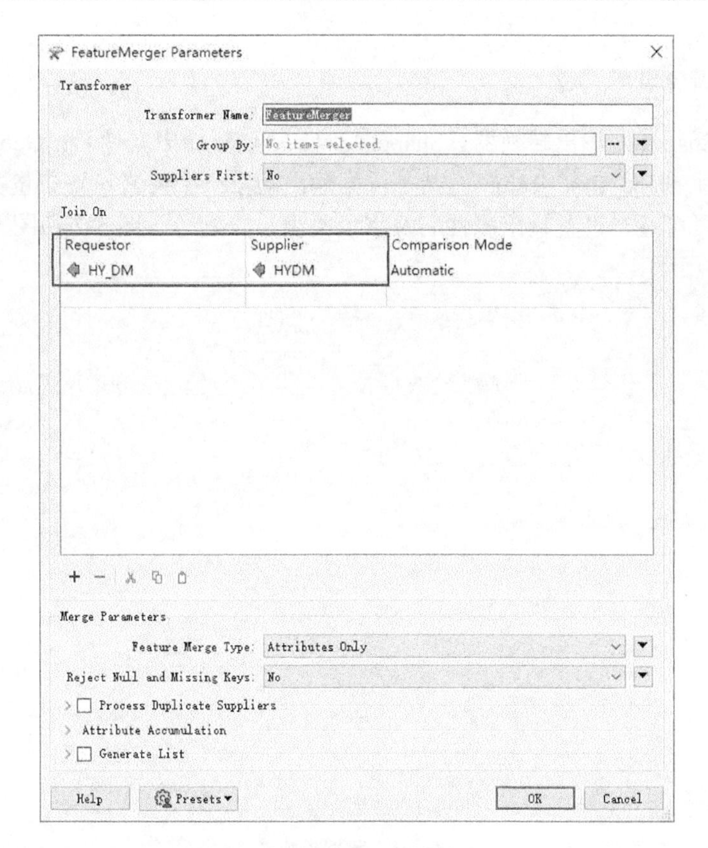

图 5-5　属性数据匹配

5. *必要属性信息保留*

加载 AttributeKeeper 转换器，在 Attributes to Keep 中勾选需要保留的属性项，实现必要属性信息的保留（图 5-6）。

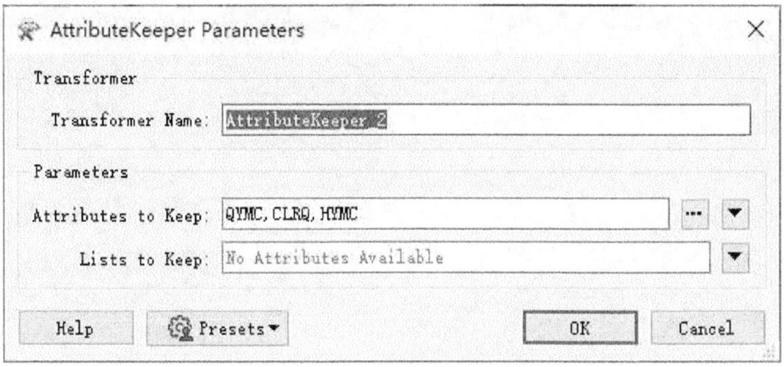

AttributeKeeper Parameters
Transformer
Transformer Name: AttributeKeeper_2
Parameters
Attributes to Keep: QYMC, CLRQ, HYMC
Lists to Keep: No Attributes Available
Help　Presets　OK　Cancel

图 5-6　保留信息选择

6. 数据输出

加载 Shapefile 输出转换器。Shapefile Name 设置输出文件名；Geometry 设置矢量类型为 shape_first_feature，其是依据输出的第一个要素设置矢量类型。User Attributes 页可逐一设置输出属性名及字段类型、长度等（图 5-7 和图 5-8）。

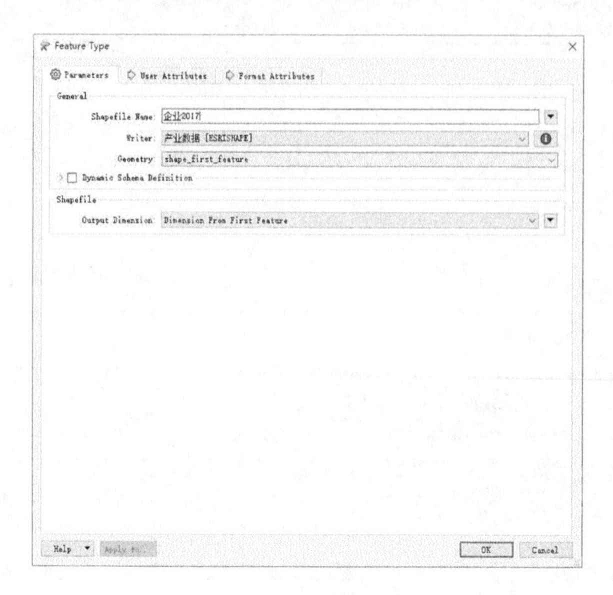

图 5-7　数据输出 1

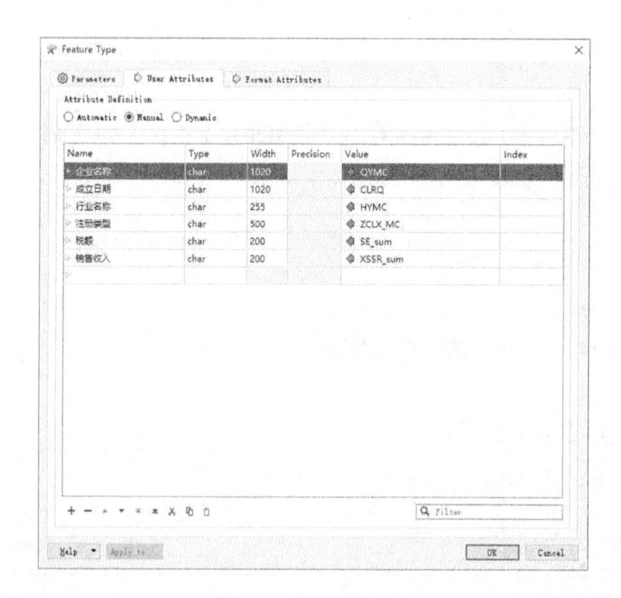

图 5-8　数据输出 2

5.2.2　聚类统计

利用 PointOnAreaOverlayer 进行点面叠加分析，新增规划管理单元属性和行政区数据，统计每个管理单元或行政区的企业组成结构和税收情况。聚类统计模型如图 5-9 所示。

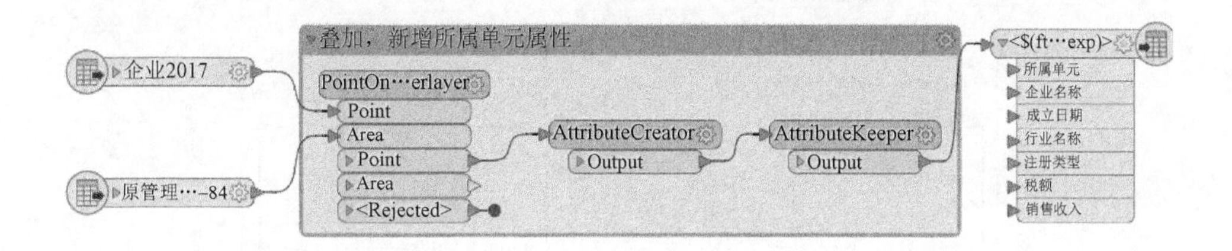

图 5-9　聚类统计模型

1. 数据读取

通过 FME 工具 Readers 中的 Esri Shapefile 读取 SHP 文件，分别读取企业信息及规划管理单元等矢量数据（图 5-10）。

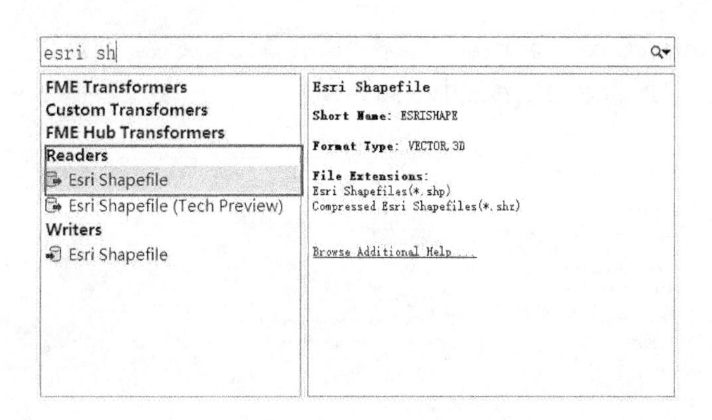

图 5-10　读取 SHP 文件

2. 点面空间叠加分析

加载 PointOnAreaOverlayer 转换器，企业点数据连接到 Point，规划管理单元连接到 Area。在属性设置页中，勾选 Generate List On Output 'Point'，'Point' List Name 可根据使用习惯命名，生成带有规划管理单元信息的列表（list_ID），并挂接到企业点数据中（图 5-11）。

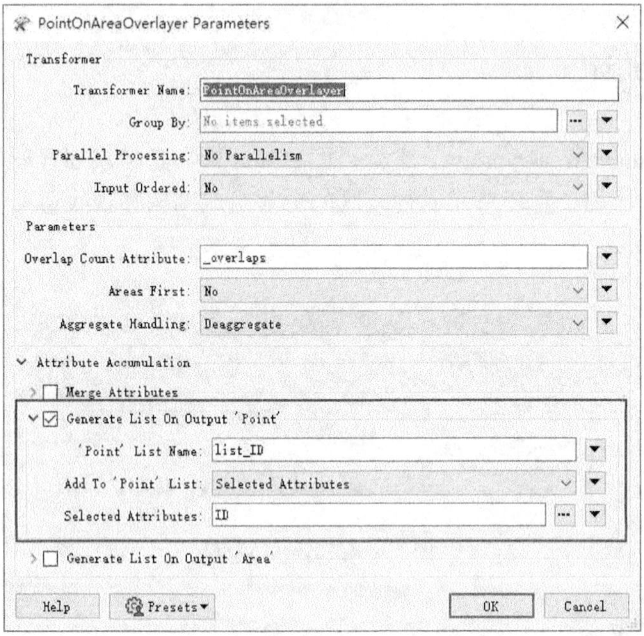

PointOnAreaOverlayer Parameters
Transformer
Transformer Name: PointOnAreaOverlayer
Group By: No items selected
Parallel Processing: No Parallelism
Input Ordered: No
Parameters
Overlap Count Attribute: _overlaps
Areas First: No
Aggregate Handling: Deaggregate
Attribute Accumulation
Merge Attributes
Generate List On Output 'Point'
'Point' List Name: list_ID
Add To 'Point' List: Selected Attributes
Selected Attributes: ID
Generate List On Output 'Area'
Help　Presets　OK　Cancel

图 5-11　点面空间叠加

3. 属性挂接

加载 AttributeCreator 转换器。新增“所属单元”属性，将前文生成的 list_ID 的信息赋值到“所属单元”属性中（图 5-12）。

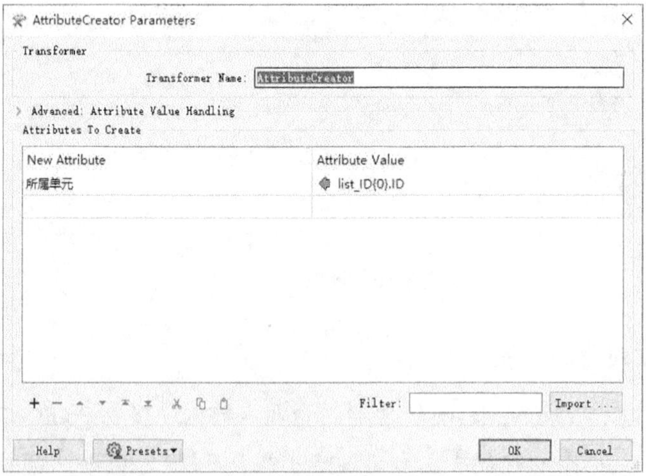

AttributeCreator Parameters
Transformer
Transformer Name: AttributeCreator
Advanced: Attribute Value Handling
Attributes To Create

New Attribute	Attribute Value
所属单元	list_ID{0}.ID

Filter:　Import ...
Help　Presets　OK　Cancel

图 5-12　属性挂接

4. 必要属性信息保留

加载 AttributeKeeper 转换器。将所需要的属性全部保留，并去掉上述过程中产生的冗余数据，例如，上述步骤生成的列表等，减少数据处理量，加快数据处理速度（图 5-13）。

图 5-13　必要属性信息保留

5. 数据输出

加载 Shapefile 转换器。Shapefile Name 设置输出文件名；Geometry 设置矢量类型为 shape_first_feature，其依据输出的第一个要素设置矢量类型。User Attributes 页可逐一设置输出属性名及字段类型、长度等（图 5-14 和图 5-15）。

图 5-14　输出数据页面 1

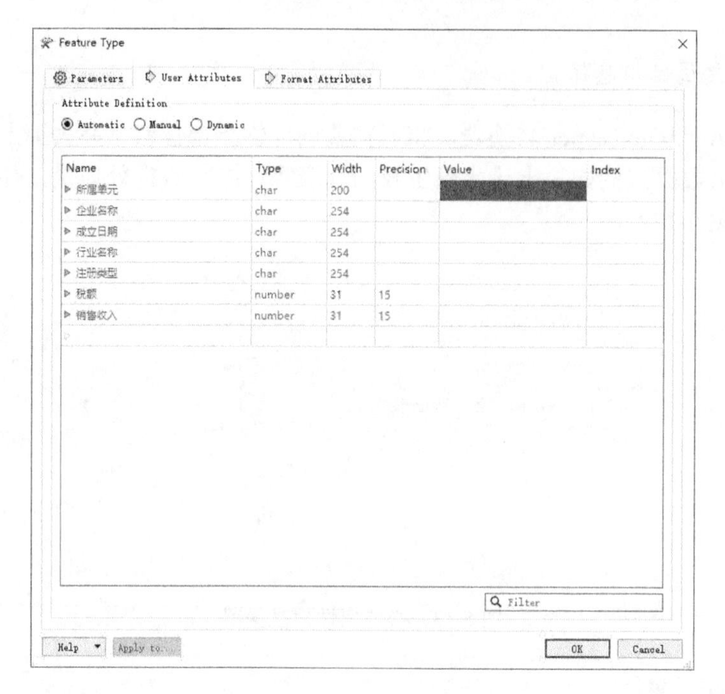

图 5-15　输出数据页面 2

5.2.3　信息过滤

通过信息过滤，得到营收 2000 万元以上的企业（规模以上企业简称规上企业），观察空间分布情况和行业分布情况。

5.3　模型建立效果与结果评价

5.3.1　全市规上企业分布

全市年营收 2000 万元以上企业行业分布如图 5-16 所示。

在公众对广州市的普遍认知中，广州市作为全国闻名的美食之都，其餐饮服务行业较为发达。然而，对规上企业分析发现餐饮服务行业的规上企业数量较少，体现了餐饮服务行业更倾向于个体经营、小规模运营的特点，因此，虽然该行业企业绝对数量大，但规上企业的数量相对较低。

金融业（红色点）、信息技术服务业（绿色点）营收 2000 万元以上企业分布图如图 5-17 所示。

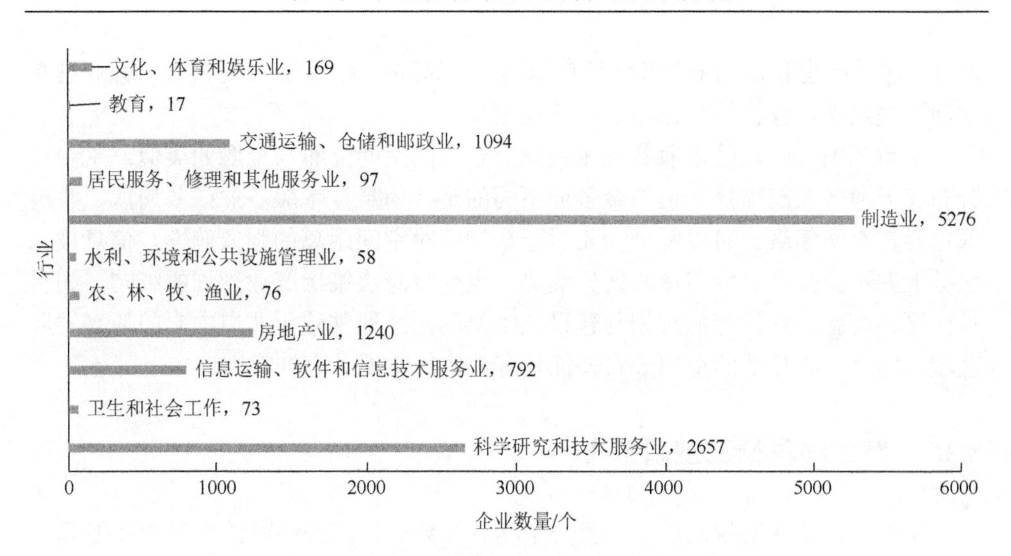

图 5-16　全市年营收 2000 万元以上企业行业分布

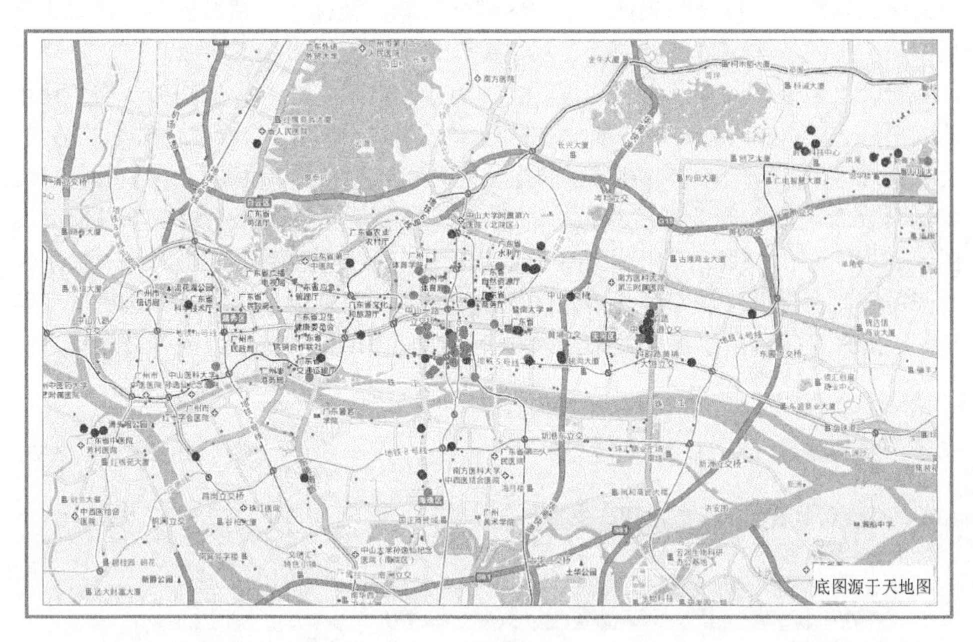

图 5-17　金融业、信息技术服务业营收 2000 万元以上企业分布（后附彩图）

（红色：金融业，绿色：信息技术服务业）

在目前较受关注的高新行业领域，如金融业与信息技术服务业，广州市相关规上企业的空间分布呈现更为聚集的特征。以金融业为例，通过分析接口可见主要金融业规上企业集中在广州市中心城区，天河区最为集中（珠江新城、天河北）；

此外，越秀区也存在局部聚集（环市东路、东风路等）。大众普遍认为金融业具有空间聚集属性，分析结果也印证了该观点。

全市范围内信息技术服务业相关规上企业的空间分布与金融业类似，主要是分布在天河区及越秀区。但与金融业不同的是，信息技术服务业在萝岗区、番禺区也存在空间集聚。可以解释为相对于金融业对空间距离的强依赖性，信息技术服务业并不完全强调城市核心区位优势，也受政府决策层产业规划的影响，如科技园区、高新产业区等的规划与建设，类似的园区通常建于非市中心的新兴发展区域，因此，该行业的空间分布特征具有其他行业不具有的特性。

5.3.2　产业纳税情况空间分布

根据全市企业纳税额进行分类与空间分布分析，得到纳税额大于 500 万元企业的全市空间分布情况，即主要分布区域为天河区、越秀区、黄埔区、海珠区、白云区、荔湾区，以及番禺区、南沙区部分区域，花都区、增城区与从化区主要集中在空港经济区、增城新塘镇、从化街口及 105 国道沿线等区域。

符合上述条件的企业呈现西部、南部多，东北部、北部少的趋势，与广州市的人口分布、建成区分布等特征大致相符，并且依旧体现了政府总体规划的影响，由于黄埔区、南沙区等非中心城区的提前规划和产业布局，呈现一定的空间集聚。

再来看全市各行业纳税总额分布情况。全市各行政区行业纳税总额情况如图 5-18 所示。若按照所有行业纳税总额进行排名，黄埔区纳税总额最高，接下来为天河区、番禺区、花都区与南沙区。值得注意的是，除了天河区，越秀区、荔湾区、海珠区等传统老城区并未进入前五。造成此现象的主要原因可以理解为大

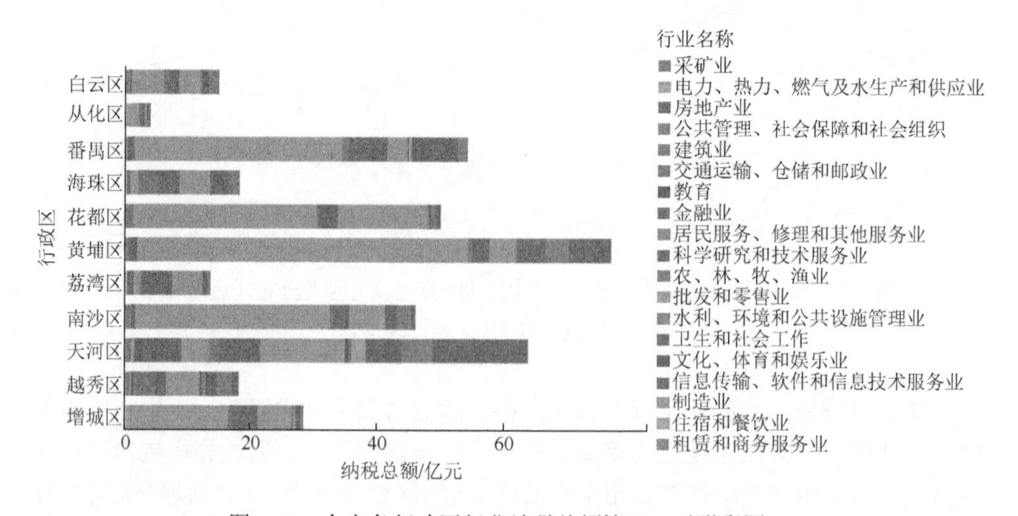

图 5-18　全市各行政区行业纳税总额情况（后附彩图）

额纳税企业主要集中在能源和制造业等第二产业，由于城市功能性的布局，该类企业主要分布在近郊区至远郊区等非居住人口密集区域。

从产业类型分布情况来看，全市创造纳税总额最高的行业是制造业；接下来是金融业，信息传输、软件和信息技术服务业，租赁和商务服务业。在纳税总额较高的几个行政区中，除了天河区各行业纳税总额分布较为平均外，其他如黄埔区、番禺区、花都区、南沙区、增城区，制造业纳税总额均超过了 60%。其中，花都区制造业纳税总额更是超过了 90%。这与制造业等第二产业的头部企业规模庞大，占据行业主导地位息息相关。

第 6 章　土地利用专题：城市开发强度分析

6.1　城市开发强度指标分析

6.1.1　模型建立思路

城市开发强度是指一个城市建设空间占该城市总面积的比例，也就是城市建设用地面积与城市行政区域总面积之比。

一般来说，城市开发强度低，说明土地利用不充分，城市缺乏前行活力，发展速度缓慢或后劲不足；城市开发强度高，则说明土地利用经济效益高，城市充满生机，经济呈快速上行发展态势。不过若是城市开发强度过高，就容易造成生态的失衡，导致人地矛盾冲突、住房紧张、交通拥堵、环境污染、公共卫生设施奇缺、贫富差距悬殊等“城市病”集中暴发。按照国际惯例，30%被认为是城市开发强度的警戒线。一些发达国家和地区的大都市，为确保城市经济繁荣与和谐发展，其开发强度一般都控制在较为合理的区间内。

本章提出从以下几个指标对城市开发强度进行综合性的评价，包括建筑量、建筑密度、建筑高度（层数）、容积率、道路网密度、占地面积等。数据方面，使用规划类数据，包括用地现状数据、控规数据、规划管理单元数据；使用基础地理数据，包括全市房屋面数据、全市行政区数据。

另外，本专题同时针对土地利用现状和规划用途进行比对，分析目前城市开发强度的进程情况，进而支撑规划者的决策。

6.1.2　模型建立实践

1. 容积率计算模型

城市开发强度模型如图 6-1 所示。

1）数据清洗

将房屋面数据、用地现状数据、规划管理单元数据统一转换到 CGCS2000（基础信息平台坐标转换工具）；清洗缺失字段、非标准格式内容（AttributeCreator、Tester）。

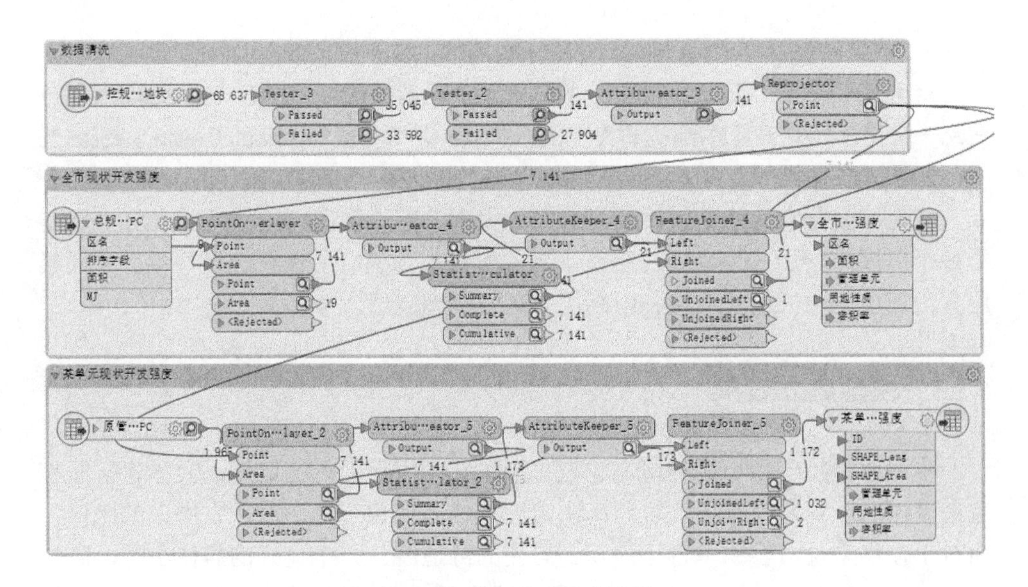

图 6-1　城市开发强度模型

2）全市/规划管理单元容积率计算

将房屋面数据与用地现状数据做叠加（AreaOnAreaOverlayer）；将上述结果与规划管理单元数据做叠加（AreaOnAreaOverlayer）；统计每个单元/各区内的每种用地类型的房屋面总面积及房屋面数量，并计算每个单元/各区内每种用地类型的容积率（StatisticsCalculator）。

2. 建筑高度（层数）统计模型

建筑高度（层数）统计模型如图 6-2 所示。

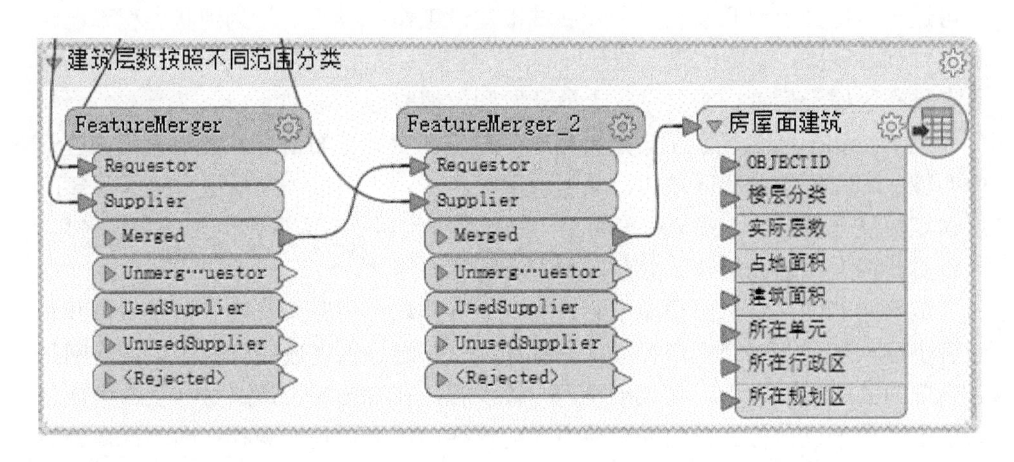

图 6-2　建筑高度（层数）统计模型

1）数据清洗

将房屋面数据、用地现状数据、规划管理单元数据统一转换到 CGCS2000（基础信息平台坐标转换工具）；清洗缺失字段、非标准格式内容（AttributeCreator、Tester）。

2）建筑层数计算

将房屋面分别与规划管理单元、规划大区、行政区做挂接（FeatureMerger），给每个房屋面增加三个属性：所在单元、所在规划区、所在行政区。将房屋面楼层分为低层、中低层、中层、中高层、高层、超高层。

6.1.3 模型建立效果

容积率是指一个小区的地上建筑总面积与净用地面积的比例，又称建筑面积毛密度。对于开发商来说，容积率决定地价成本在房屋建设总成本中占的比例；而对于住户来说，容积率直接涉及到居住的舒适度。一个良好的居住小区，高层住宅容积率应不超过 5，多层住宅容积率应不超过 3，绿地率应不低于 30%。但由于受地价成本的限制，并不是所有项目都能做得到。容积率是衡量建设用地使用强度的一项重要指标，容积率是量纲为 1 的比值。容积率越低，居民的舒适度越高；反之则舒适度越低。一般情况下容积率也指某一基地范围内，地面各类建筑的建筑总面积与基地面积的比值。可以根据规划和管理需要对地下建筑面积计算地下容积率。其实，一直以来容积率都是地方政府自行规定的，政府关于地下室、地下商业建筑（商业用房）是否计入容积率都做了很好地探索。不计入容积率是考虑到节约用地，鼓励开发地下空间；计入容积率是规范房地产市场，防止不良房地产开发商有漏洞可钻。容积率将直接关系到建筑用地的大小。

从图 6-3 中可看出，“小于等于–1”为现状容积率低于等于规划容积率，意味着可进一步提升土地开发利用和开展城市建设工作；“大于 1”为现状容积率已经超过规划容积率，需要优化土地开发利用，缓解人地矛盾冲突。对于广州市而言，只有越秀区属于后者，需要进行土地开发利用调整。

图 6-4 和图 6-5 显示了广州市超高层建筑的空间分布情况，其中大部分位于中心城区和郊区的核心区域内。从行政区分布看，天河区、海珠区、越秀区超高层建筑数量分居前三，聚集程度明显，尤其是天河区；越秀区因为区域发展较早，区域更新缓慢，超高层建筑数量次于天河区和海珠区。

道路网密度是单位面积城市建设用地上各类城市道路总长度。衡量城市开发强度也可以从道路网密度进行局部分析和探讨，道路网密度是评价城市道路网是否合理的基本指标之一，其大小不能一概而论。在我国城市道路统计工作中，忽略了小区和单位自行建设的内部通道，而这些内部通道是客观存在的，这样必然会导致我国的道路统计数据远低于西方国家统计数据。道路网密度从长度上限定

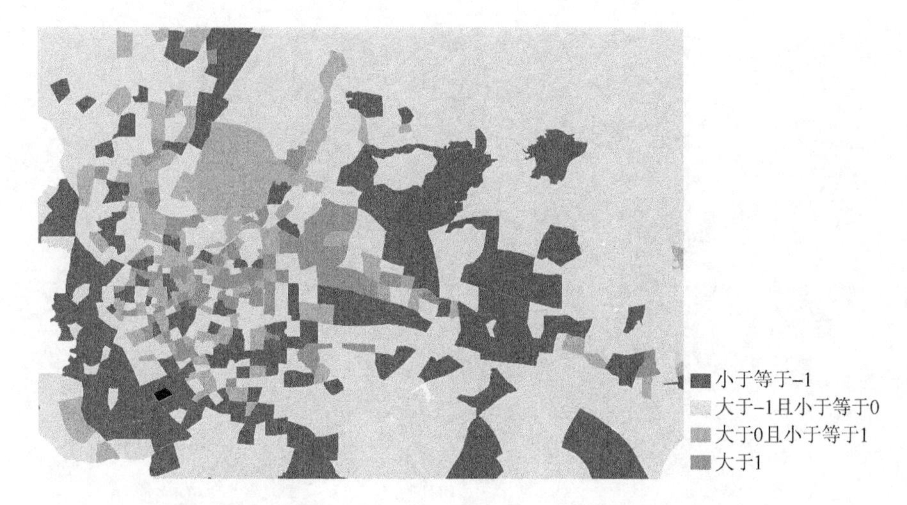

图 6-3　规划管理单元空间尺度下的现状与规划的容积率差值图

了城市道路的发展规模，合理、科学的道路网密度体现着城市规模与性质。此外，它还对交通控制方式、居民日常生活及运输营运费用产生很大的影响。

道路网密度与宜居性密切相关。越秀区人口聚集度相对较高，市政基础设施的建设相对完善，规模效应促进城市经济的发展；从化区、增城区还在开发中，基础设施建设仍在完善中，且两区面积也较大，所以其道路网密度相对较低。

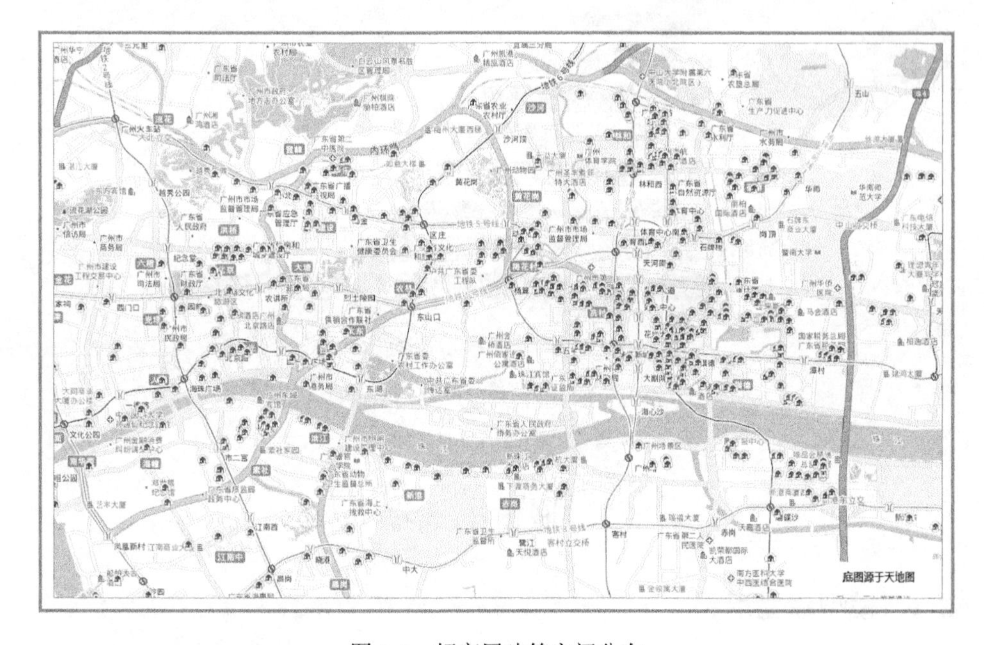

图 6-4　超高层建筑空间分布

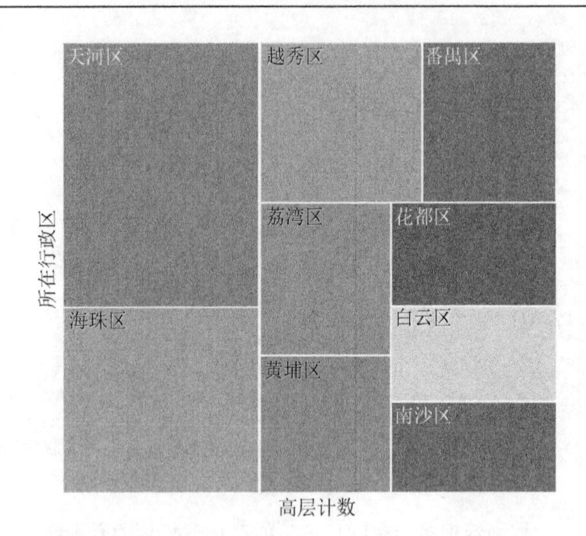

图 6-5　超高层建筑空间分布情况（超过 30 层）

（仅用于表示大概的占比情况，统计时缺乏从化区相关数据）

广州市各行政区道路网密度柱形图如图 6-6 所示。

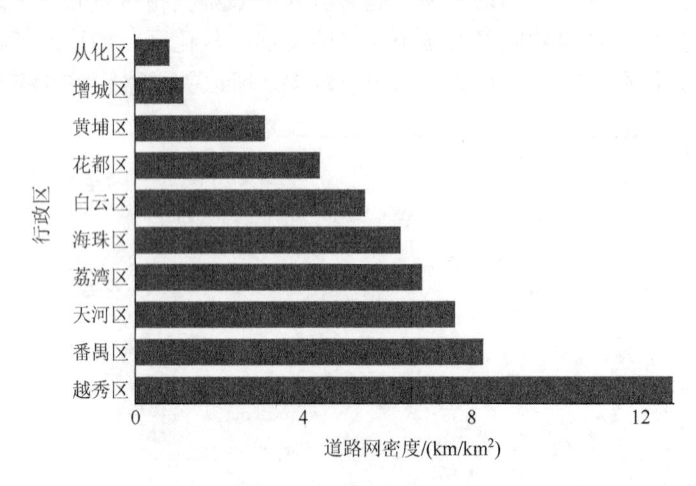

图 6-6　广州市各行政区道路网密度柱形图

（统计时缺乏南沙区相关数据）

6.2　城市土地报批

6.2.1　模型建立思路

目前我院部分部门已经开展土地预审相关的工作，主要负责市局和个别分局土地预审审批的技术支持。相关流程及技术要点尚需要普及，亟须形成一套规范的作业流程及要点说明文件，以便于各区土地预审业务的拓展及实施。

土地预审相关技术性工作主要需要对拟征地红线内土地利用现状进行确认及对耕地占补平衡分析，即根据拟征地红线对原有土地利用数据库及耕地利用类型数据库进行裁剪及统计分析，并出具土地利用现状确认书及耕地占补平衡分析表。

常用做法是根据 ArcGIS 自带的工具包进行地块裁剪，之后根据地块属性再进行手动分类统计。当红线范围较大时，统计时间及难度呈几何倍数增长，并容易出错。本专题希望通过引入 FME 用于土地预审，来提高生产效率并排除人工统计出错。

ArcGIS 对硬件要求较高，部分计算机由于软件冲突等原因很难装上，软件运行等待时间也较长，并且 ArcGIS 较为复杂，对作业人员专业素质及软件运用熟练程度要求也较高。FME 体量较小，对硬件要求低，并且编写形成的脚本运行速度快，后期如要应用到不同的数据，其可延展性也较好。

目前通过不同渠道收集到的国土数据，涉及的年份为 1997～2015 年，数据格式包括 DWG、SHP、MDB、EDB 等，数据格式繁多，类别较乱。如何充分地利用这些数据，更好地开展今后的相关工作也是一个需要解决的问题。

6.2.2　模型建立实践

按照模型建立思路，在 FME 中进行步骤实现，主要是对拟征地红线内土地利用现状进行确认及对耕地占补平衡分析。FME 用于自动化的红线叠加、分析与成果输出，提高生产效率并排除人工统计出错，完成土地利用现状确认书及耕地占补平衡分析表。

数据操作对比图如图 6-7 所示。

1. 基于用地红线的地块裁剪

该流程主要通过 FME 中的 Clipper 转换器来实现，Clipper 转换器主要是实现几何裁剪的功能，功能示意图如图 6-8 所示。

通过 FME 可以快速、准确地根据拟征地红线对原 GDB 数据库中的数据进行裁剪操作，并导出为新的独立的 GDB 文件。利用 FME 裁剪脚本可以缩减步骤，一键裁剪输出，并有软件体量小、操作简单、处理迅速的优点，极大地提高作业效率。主要裁剪程序如图 6-9 所示。

2. 地块归类统计分析

根据裁剪出的地块类别编码和耕地利用等级属性代码，以及土地利用现状确认书及耕地占补平衡分析表的分类统计规则进行分类汇总及面积统计。原有人工统计方法耗时、耗工、容易出错，利用 FME 的统计分析功能，可以较好地解决这个问题。

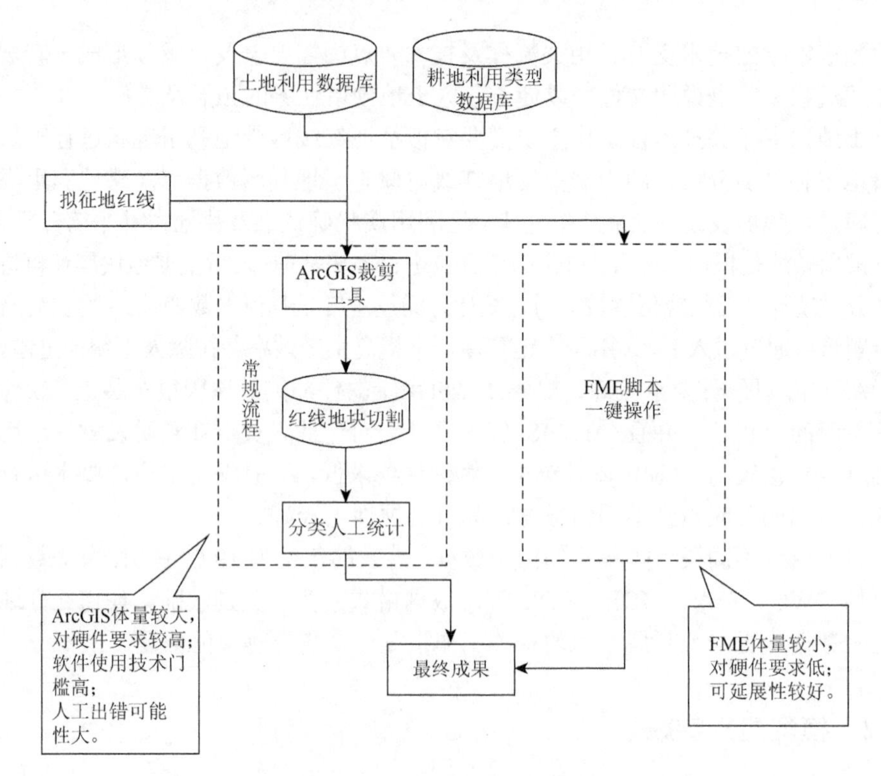

图 6-7　数据操作对比图

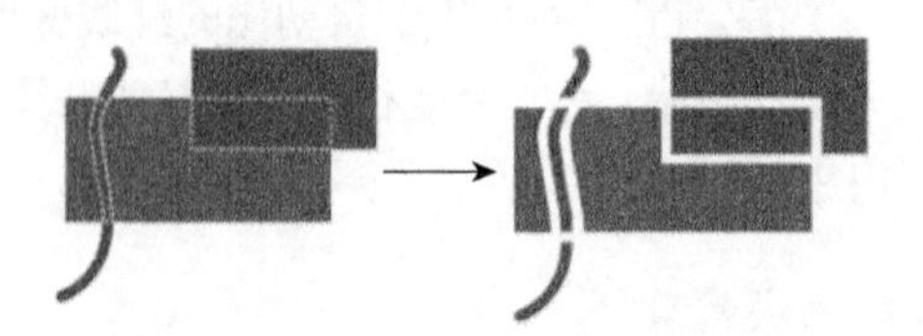

图 6-8　Clipper 转换器功能示意图

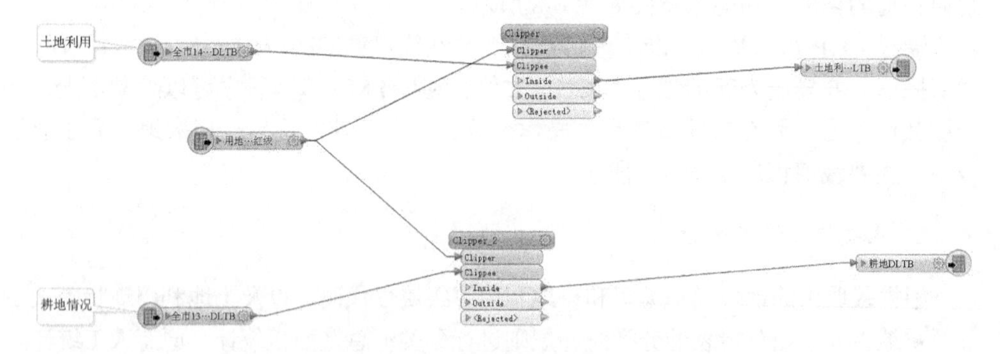

图 6-9　主要裁剪程序

此过程中主要利用的 FME 转换器有 AttributeFilter、AttributeDereferencer、ListBuilder 和 ListSummer 转换器。基本实现原理是通过 AttributeFilter 转换器将需要的分类信息进行编码程序预设，然后映射到 AttributeDereferencer 转换器中，并通过 ListBuilder 转换器构建新的属性列表进行汇总求和输出到 Excel 表中的指定字段中，实现根据属性代码提取要素并进行地块要素面积汇总的功能。

3. 归类统计后的处理工作

通过之前所编程序的自动化运行，进行了各种要素的归类和信息提取；再结合土地用地预审申报书的相关内容填写申报单位及用地项目相关属性，并根据土地利用现状确认书和耕地占补平衡分析表的格式要求进行适当的调整，就可形成最终的成果文件；最后利用出图程序叠加用地红线输出土地利用现状图形成相关附图。

6.2.3　模型建立效果

本节基于 FME 形成一套完整的土地用地预审实施方案，规范土地用地预审的作业流程，对相关技术要点作出详细的说明解释，便于对国土数据的利用。实现利用拟征地红线自动裁剪相关土地、利用现状及耕地利用类型数据，对相关数据自动化统计分类，形成相关统计表，并可将相关脚本应用到不同的国土业务的数据处理中。

土地用地预审自动化处理脚本程序主要通过对拟征地红线内土地的土地利用现状进行确认及对耕地占补平衡分析。FME 用于自动化的红线叠加、分析与成果输出，提高生产效率并排除人工统计出错，完成土地利用现状确认书及耕地占补平衡分析表。

土地用地预审地类统计程序界面如图 6-10 所示，统计出图示例如图 6-11 所示。

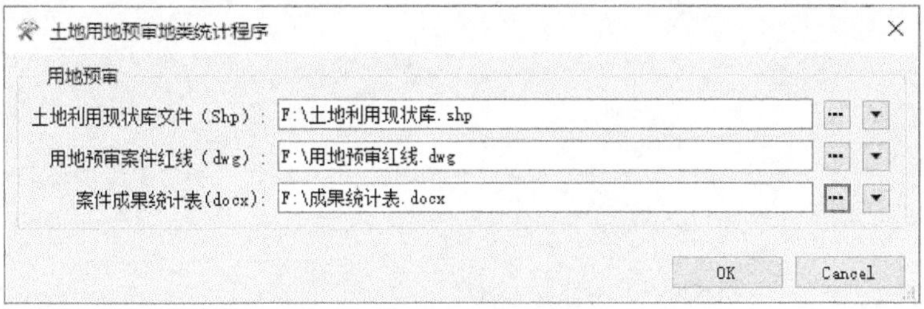

土地用地预审地类统计程序
用地预审
土地利用现状库文件（Shp）：F:\土地利用现状库.shp
用地预审案件红线（dwg）：F:\用地预审红线.dwg
案件成果统计表(docx)：F:\成果统计表.docx
OK
Cancel

图 6-10　土地用地预审地类统计程序界面

广州市规划和自然资源局

土地利用现状确认书

穗规勘院2019信　　号

<table>
<tr><td rowspan="2">用地人</td><td colspan="2">名称</td><td colspan="6"></td></tr>
<tr><td colspan="2">地址</td><td colspan="6"></td></tr>
<tr><td colspan="3">用地项目</td><td colspan="6"></td></tr>
<tr><td colspan="3">土地利用调查</td><td colspan="5">现状图</td><td>调查年度:2017</td></tr>
<tr><td colspan="3">土地总面积
（单位：平方米）</td><td colspan="6">12 803</td></tr>
<tr><td colspan="9">其中地类面积（单位：平方米）</td></tr>
<tr><td colspan="3">农用地</td><td>9 658</td><td colspan="3">建设用地</td><td colspan="2">3 145</td></tr>
<tr><td rowspan="12">其中</td><td colspan="2">耕地</td><td></td><td rowspan="10">其中</td><td rowspan="4">商服用地</td><td rowspan="4"></td><td rowspan="4">城市用地</td><td rowspan="4">2 939</td></tr>
<tr><td rowspan="3"></td><td>水田</td><td></td></tr>
<tr><td>水浇地</td><td></td></tr>
<tr><td>旱地</td><td></td></tr>
<tr><td colspan="2">园地</td><td>7 236</td><td rowspan="2">工矿仓储用地</td><td rowspan="2"></td><td rowspan="2">交通运输用地</td><td rowspan="2">206</td></tr>
<tr><td colspan="2">可调整园地</td><td>7 236</td></tr>
<tr><td colspan="2">林地</td><td></td><td rowspan="2">公共设施用地</td><td rowspan="2"></td><td rowspan="2">水利设施用地</td><td rowspan="2"></td></tr>
<tr><td></td><td>可调整林地</td><td></td></tr>
<tr><td colspan="2">牧草地</td><td></td><td rowspan="2">公共建筑用地</td><td rowspan="2"></td><td rowspan="2">特殊用地</td><td rowspan="2"></td></tr>
<tr><td></td><td>可调整人工牧草地</td><td></td></tr>
<tr><td colspan="2">其他农用地</td><td>2 422</td><td colspan="2" rowspan="2">未利用地</td><td>未利用土地</td><td colspan="2"></td></tr>
<tr><td></td><td>可调整坑塘水面</td><td></td><td>其他土地</td><td colspan="2"></td></tr>
<tr><td colspan="9">说明：预审范围根据用地单位提供红线附图坐标（电子文件）确定（2000国家大地坐标），土地分类及分类面积根据广州市2017年1∶2000土地利用现状数据确定，该项目位于广州市花都区，具体权属有待调查方能确定。</td></tr>
</table>

备注：1.本确认书不作土地权属证明文件使用。

2.表内用地人为申请用地人。

图 6-11　统计出图示例

第 7 章　人口专题：基于互联网位置大数据的城市联系分析

7.1　模型建立思路

7.1.1　背景与目标

随着时代发展和交通设施的不断完善，城市、地区之间的人口迁徙、工作贸易往来也日益频繁，并且逐渐成为一种显著而广泛存在的社会经济现象。人口频繁流动对相关出发地与目的地的经济社会协调发展也具有非常重要的作用，通过特定时间内人口迁徙数量、方向，能够反映城市之间联系的紧密程度，也能进一步探寻出背后经济原因。

从人口流动的角度来看，国内外的学者将重点放在三个层面：①对人口流动的现状和规律进行描述，对未来人口流动的走势进行预测；②对人口流动的形态、驱动力和影响因素进行探讨；③对有关人口流动的社会问题进行分析。

在以往有关人口流动的研究中，资料来源为社会调查问卷、统计年鉴和人口普查，一般都是以 5 年、10 年、长期为周期，因为时间跨度很大，所以研究人员只能从最近年份抽取数据来分析，实时性不足。另外，虽然人口户籍数据与人均 GDP、教育程度、区位等指标相结合，可以分析人口流动的影响因素、模式、驱动力、经济的发展和带动能力，但大部分的研究都是以这些资料为主的长远研究；虽然可在一定程度内反映国内各地的人口总量、趋势、人口结构的变化，进而对其进行深入的研究，但统计年鉴仅能展示年末常住人口总数，社会调查问卷反映的问题比较局限，数据量很少，不具备代表性，无法实时监测人们的活动，不能观察短期（一周或一个月）的人口迁徙和运动规律，因而忽视了很多关键问题。

随着信息技术的发展，大数据的观念日益受到人们的重视，越来越细致的移动轨道可以通过多种定位技术来获得空间定位信息。一方面，利用大规模的移动通信和定位技术，可以获得较高的费用和较高的效率；另一方面，动态人口数据变得可用，每分钟、每小时、每天的动态空间定位数据更加有效，效果更加明显，可进一步估计人们运动的方法。

随着智能终端、物联网技术的快速发展，跨城市间的个体行为时空数据采集成为可能，基于大数据驱动的城市间地理行为分析日渐成为主流，本专题通过互联网城市人口迁徙数据，分析粤港澳大湾区城市人口流动强度和空间联系格局。不仅展示了如何利用 FME 进行支撑城市规划决策的数据分析，也展示了以 FME 为核心的数据获取、数据清洗、数据分析、数据可视化等全生命周期的数据组织和管理流程。各城市之间的人口迁入迁出热度数据分析是了解城市的发展布局、中心城市和城市群带动区域的发展情况，以及各个区域之间的互动情况的常用分析；也经常被应用于区域规划、城市战略规划及总体规划中。而此类的分析用 FME 来进行，基本上可以做到零代码，用 FME 内置的一些转换器通过拖拽就可以实现。

7.1.2 数据情况说明

某互联网公司作为全球领先的大型互联网公司之一，2015 年初发布了互联网全国出行热度数据平台，该平台可提供人口流动数据。依托互联网公司大量的产品数据，采取精准高效算法，可以在保护用户个人隐私的前提下，实时获取精准位置数据所产生的信息，从而收集到大量的地理定位数据。

互联网位置大数据平台对公众的展示模块是全国迁徙的位置流量趋势图，趋势图包括城市联系热度值（以表格形式呈现）和流向图，可及时且动态地反映出全国包括铁路、公路和航空在内三条线路中迁入迁出最为频繁的城市排行榜。

近年来，随着“建设粤港澳大湾区”战略提出与城市群经济加速发展，城市群内部的人口流动问题也逐渐成为研究重点。因此，选取粤港澳大湾区 9 个城市和 2 个特别行政区的人口迁徙大数据，针对地区人口迁徙模式进行探讨。

7.1.3 整体设计

城市联系研究整体设计如图 7-1 所示。

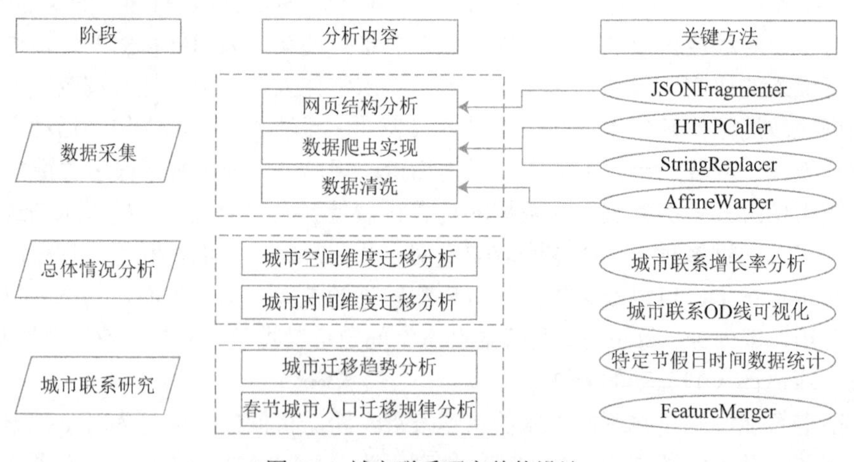

图 7-1 城市联系研究整体设计

7.2　模型建立实践

7.2.1　数据获取

1. 网站结构分析

相关分析已在 3.2.3 节中数据获取部分进行了详细描述。

2. 城市代码获取

获取方式同 3.2.3 节所描述。

我们可以直接用 HTTPCaller 转换器（图 7-2）。在 Response Body Encoding 一栏中选择 utf-8。因为在 city.js 的文件中并没有标示编码信息。

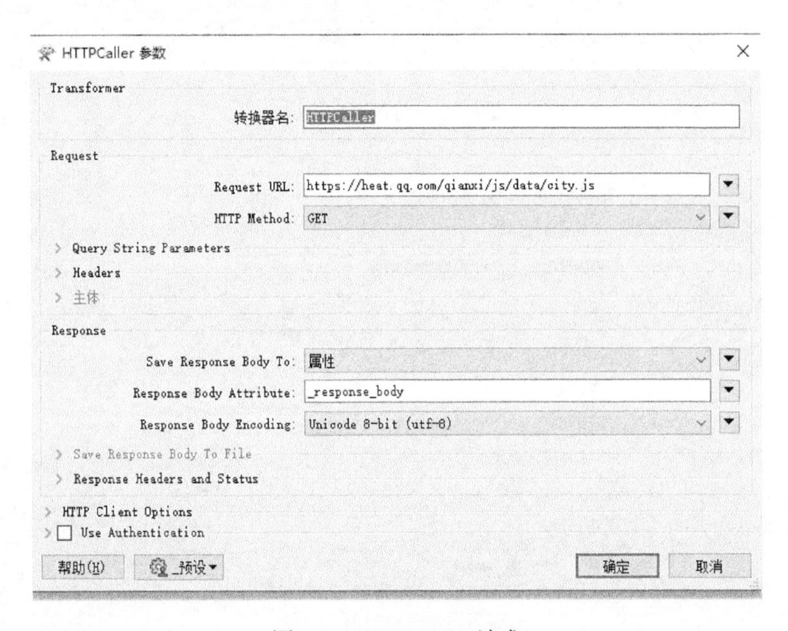

图 7-2　HTTPCaller 请求

3. 日期批量生成

解决了城市代码的问题接下来要解决的就是日期问题，网站数据是从 2015 年 2 月 3 日开始，每天更新的数据，如果我们需要把它的数据全都抓取下来的话，那我们需要获取从指定日期到现在每一天的数据。首先需要用到的是 DataTimeCalculator 计算开始日期到终止日期之间的时间间隔（图 7-3）。然后利用

DataTimeCalculator 的 Add or Subtract Interval 模式进行累加，依次得到从指定日期到现在每一天的数据（图 7-4）。

图 7-3　时间戳示例

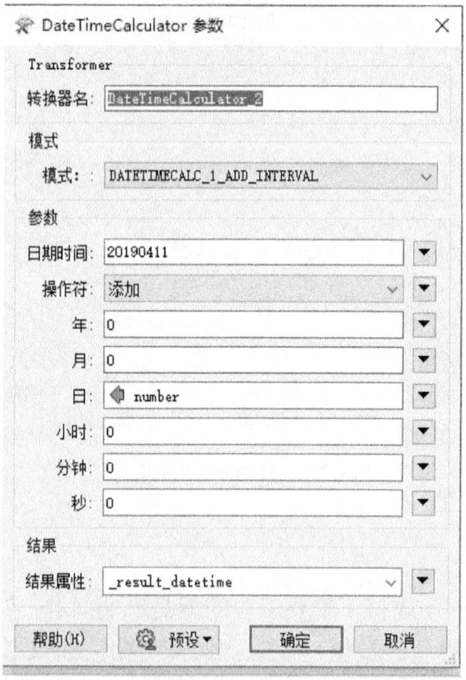

图 7-4　日期计算

最后按照城市代码跟日期列表，对迁徙模式和迁入迁出的信息进行统计汇总，汇总结果如图 7-5 所示。

城市	城市代码	日期	热度	移动城市	移动状态	汽车	飞机	火车	排名
台湾	710000	20190410	4148	上海	迁入	0.14	0.77	0.09	1
台湾	710000	20190410	3576	济南	迁入	0.02	0.86	0.12	2
台湾	710000	20190410	3164	香港	迁入	0.41	0.49	0.10	3
台湾	710000	20190410	3127	深圳	迁入	0.23	0.62	0.15	4
台湾	710000	20190410	1852	郑州	迁入	0.12	0.77	0.11	5
台湾	710000	20190410	1593	烟台	迁入	0.10	0.42	0.48	6
台湾	710000	20190410	1507	北京	迁入	0.00	0.81	0.19	7
台湾	710000	20190410	1476	贵阳	迁入	0.00	0.86	0.14	8
台湾	710000	20190410	1310	广州	迁入	0.15	0.67	0.18	9
台湾	710000	20190410	1263	南宁	迁入	0.36	0.36	0.28	10

图 7-5　汇总结果

7.2.2　数据清洗

当我们拿到数据之后，首先需要把一些返回空值的结果筛选掉；然后将所下载的数据解析出来；最后进行空间化，也就是给数据添加坐标信息。

1. 数据解析

因为我们调用接口得到的数据并不是标准的 JSON 格式，所以在我们利用 JSONFragmenter 或者 JSONFlattener 之前需要把它转换成标准的 JSON 格式。因为 FME 提供了很多便利工具，所以方法还是很多的。

（1）通过字符串提取方法。例如，StringSearcher 可以把符合 JSON 格式的部分提取出来，然后再用 JSONFragmenter 把各个城市的信息分离。

（2）使用正则表达式。StringReplacer 和 StringSearcher 支持高级正则表达式，正则表达式描述了一种字符串匹配的模式，可以用来检查一个串是否含有某种子串、将匹配的子串做替换或者从某个串中取出符合某个条件的子串等。

（3）通过代码实现。FME 提供 PythonCaller、JavaScriptCaller 实现更为灵活的数据处理方式。

综上所述，FME 提供了相当多的便利工具，可以充分发挥用户的特长。本例采用通过代码实现的方法，采取 PythonCaller 完成数据解析任务（图 7-6）。

2. 数据空间化

通过高德地图、百度地图 API 或者官方全国行政区划信息查询平台（http://xzqh.mca.gov.cn/map）来获取每个城市的中心点位置。再利用 FeatureMerger

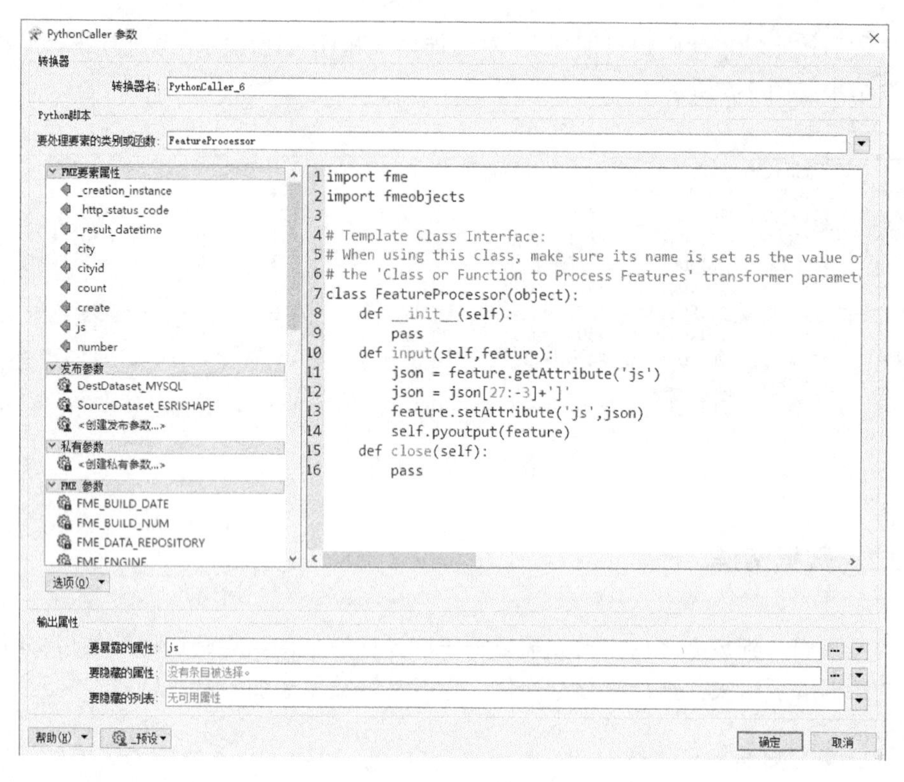

图 7-6　PythonCaller

与互联网位置大数据网站获取的 city.js 文件里的城市进行匹配，从而得到我们所需的城市坐标信息。

7.2.3　数据分析

迁徙热度分析模型如图 7-7 所示。

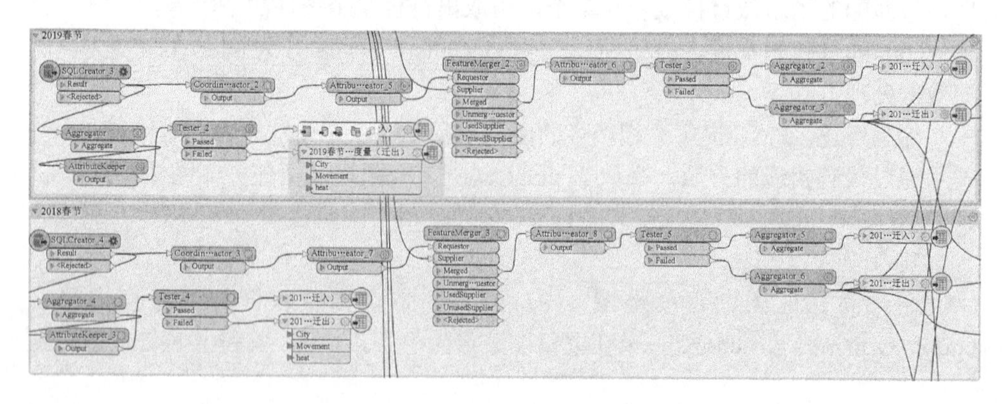

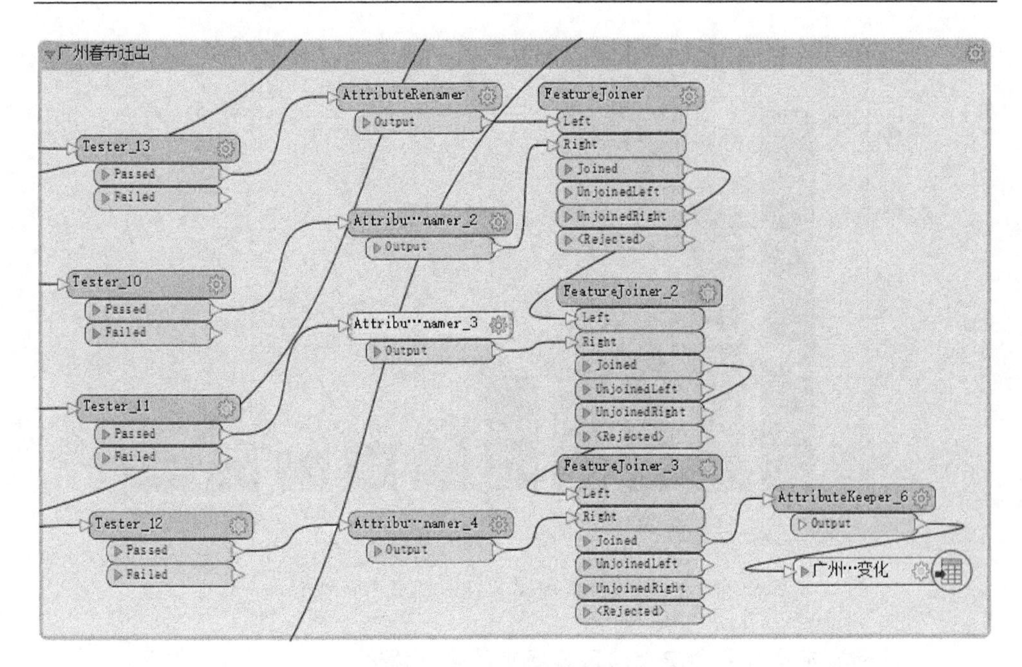

图 7-7　迁徙热度分析模型

1. 全国人口迁徙强度分析（按时间区间统计）

常见的人口迁徙数据所做的分析有两类，其中一类是看各个城市之间的人口迁徙联系强度。但是我们可以选取不同的范围，比如，单个城市的人口迁入迁出情况、分省份或者城市群的各城市之间的人口迁徙联系强度。选取典型城市，比如，一线城市与二线城市之间的人口迁徙联系强度，或者全国各个城市之间的人口迁徙联系强度。

2. 区域城市人口迁徙联系热度计算

区域城市人口迁徙联系热度总量与均值计算和单个城市比较，如果依然分别从迁入和迁出来看的话，无非就是范围变大了；但是从区域上来讲，我们可能更希望把迁入和迁出的热度综合在一起，以此来反映各个城市之间的联系热度。

7.3　模型建立效果

1. 粤港澳大湾区 2018 年外部联系城市排名

从图 7-8 可以看出，上海市、成都市、重庆市迁徙人数位居前三位，其中上海市、成都市远超其余城市，广东省内仅清远市、河源市位于前十名中。

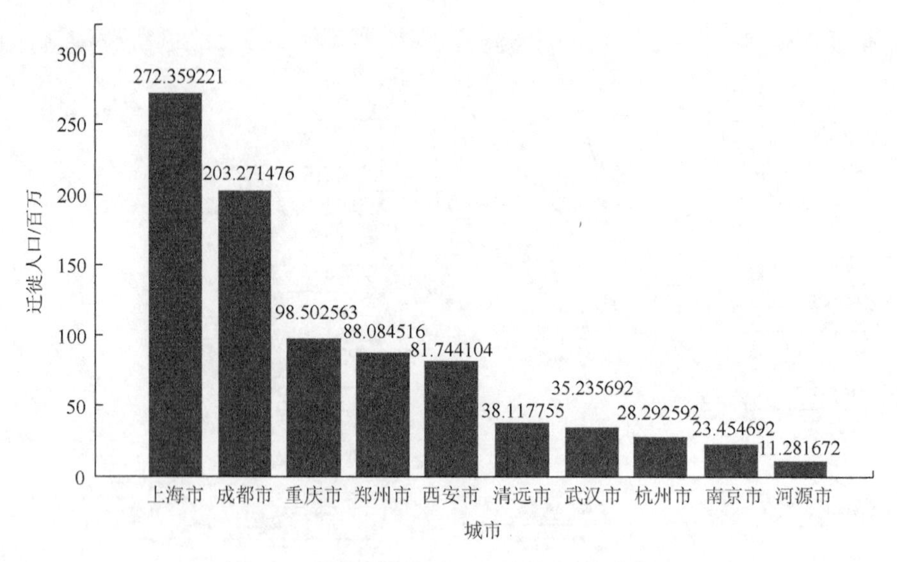

图 7-8　粤港澳大湾区 2018 年外部联系城市

2. 外部城市流入粤港澳大湾区各城市的热度情况

从图 7-9 可以看出，从流入到粤港澳大湾区各城市人流热度来看，深圳市占比最高，达到 36%，意味着有 3 成以上人奔往深圳；广州市占比排名第二，达到 28%。广深两市加起来占比超过 6 成。

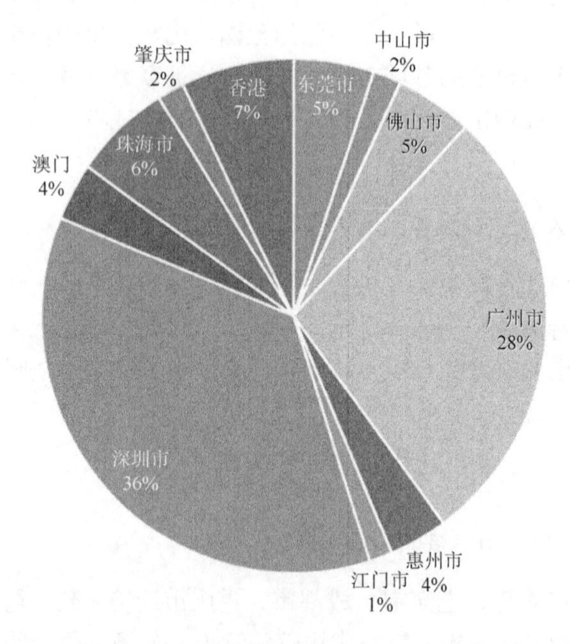

图 7-9　外部城市流入粤港澳大湾区各城市联系热度饼形图

3. 粤港澳大湾区内部城市联系热度分析

从图 7-10 可以看出：①在粤港澳大湾区内，广州市、深圳市的联系热度分居前两位，人员流动活跃；②佛山市与东莞市依托于广州市、深圳市，联系热度居于其后，两者经济实力也相当不错；也足以证明广州市、深圳市“双城”对周边城市的辐射能力；③香港与其他城市联系热度并不高。

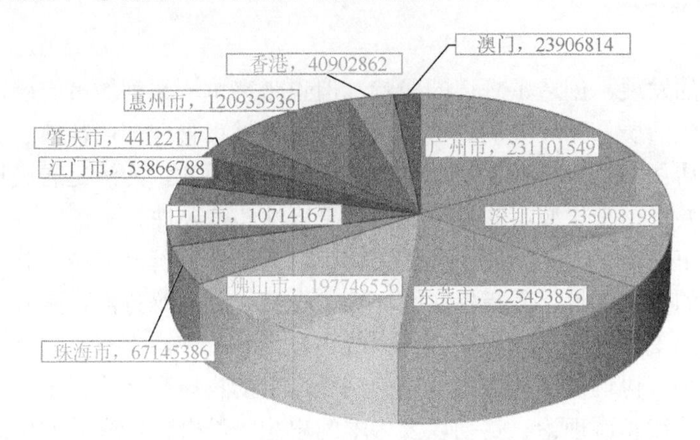

图 7-10　粤港澳大湾区内部城市联系热度图
（图中数字表示热度值）

从图 7-11 可以看出：①粤港澳大湾区内部城市的联系 OD 线越粗，联系越密切；明显看出 5 个层次的城市间的联系紧密程度；②广佛、深莞是粤港澳大湾区中两对“双城”组合，联系极为紧密；区域一体化、城市群的发展趋势明显；③广深、广莞、深惠的联系紧密度处于第二层级。

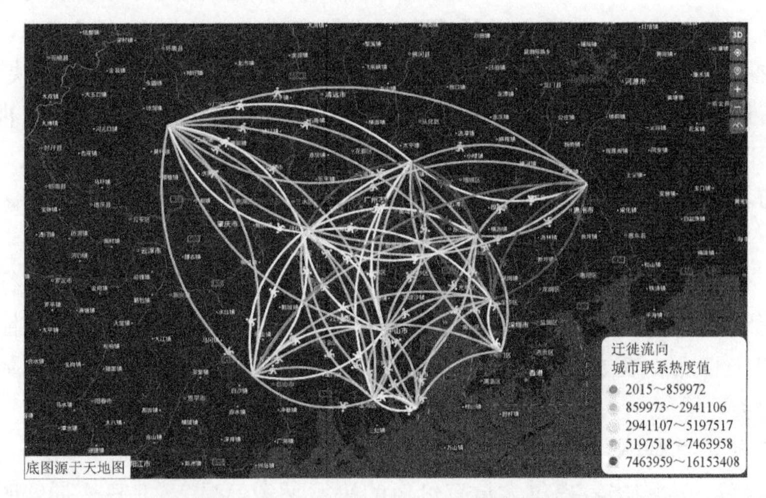

图 7-11　粤港澳大湾区内部城市联系热度流向图（后附彩图）

第 8 章　宜居专题：基于互联网地理大数据的小区宜居性分析

城市化的发展，创造了辉煌的成就，但也带来了一系列城市问题，难以继续满足人们对生活质量和环境的强烈需求。国内外城市管理部门都热衷于建设一座生态良好、居住舒适、能够不断发展的宜居城市。因此，为满足居民日益增长的高质量生活要求，宜居城市的建设就具有急迫性和重要性。

宜居城市指适宜人类居住和生活的城市。宜居性评价是对城市整体适宜居住的程度进行的综合评价，其指标包含环境、经济、社会等方面，是各方面协调共生、以居民感受和居住质量为核心的系统；在此系统中，生态、文化、社会等子系统互不冲突、协调发展，居民可充分满足自身的物质和文化需求。宜居城市本质是基于可持续发展理论、贯彻以人为本的思想、结合创新高效的生态技术，在城市建设中兼顾各个利益群体和合理的资源调配，以达到环境宜人、社会和谐、生态宜居的最终目标。

8.1　模型建立思路

城市化是不断创新城市宜居性的过程。城市的宜居性具有鲜明的时代性、地域性，以及人文差异。宜居性已经成为发达国家政府主导下新的城市观，成为我国城市发展的重要目标和市民生活中关心的重要内容。随着我国经济的快速发展，人们对居住环境的要求越来越高，宜居的生活环境越来越受到人们的重视，在购房或租房时，小区是否宜居已经成为人们决策时的重要参考依据。传统小区宜居性评价方法所采用数据现势性低，且传统数据无法客观真实地反映小区情况。针对以上问题，利用 FME 从百度地图、链家、大众点评等平台爬取了大量互联网数据，以城市居民小区作为研究对象，利用重力模型对广州小区进行宜居性评价，同时制作了小区选址模板，利用 FME 制作广州互联网交通时空圈，根据所选择的中心点，模型即可给出 30min 时空圈内所有小区的宜居性指数（王会等，2021）。

2017 年，互联网位置服务联合互联网房产、摩拜单车发布了《北京交通等时圈选房指南》，为购房者提供大量有价值的决策参考信息。《北京交通等时圈选房指南》通过网络问卷调查，总结出了大众最关心的小区指标：好位置、低总价、好配套，并详细给出了每一项指标的计算方法（腾讯位置服务，2017）。

小区宜居性评价流程如图 8-1 所示。

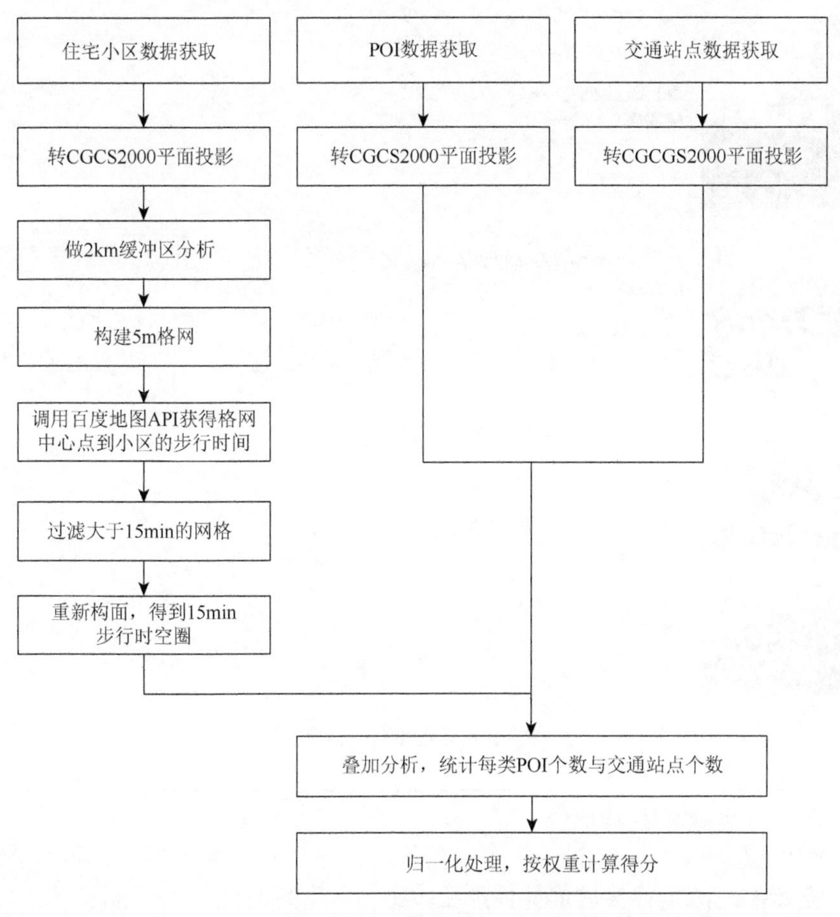

图 8-1　小区宜居性评价流程

8.2　数 据 来 源

8.2.1　点评数据

从某点评网站爬取所有银行、商业体、医院、超市便利店、学校、休闲场所、餐厅的信息（图 8-2），在爬取众多点评网站时，每条信息会附带一个“data-poi”，可以在 FME 中利用 decode 函数对其进行坐标解析。

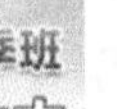

图 8-2　某点评网站信息

```
def decode(poi){
"""
将 data-poi 标签的值解析为经纬度
    @param:poi,str,the element that id=data-poi value
    @return:Dict{lat,lon}
    """
    add=10
    I=-1
    H=0
    B=""

    for p in poi:
```

```
            D=int(p,36)-add
            if D>=add:
                D=D-7
            B+=(D).toString(36)
            if D>H:
                I=p
                H=D

        A=int(B[0:I],16);
        F=int(B[I+1:],16);

        return {
            lat:(F-L)/100000,
            lng:(A+F-int(poi[-1]))/2/100000
        }
    }
```

在点评网站分别搜索银行、商业体、医院、超市便利店、学校、休闲场所、餐厅，分析 URL 结构，利用 HTTPCaller 获取每一项信息，再利用 PythonCaller 进行数据规则化，利用 VertexCreator 构建点最终存储到 SHP 文件中。

点评网站通用爬虫模板如图 8-3 所示。

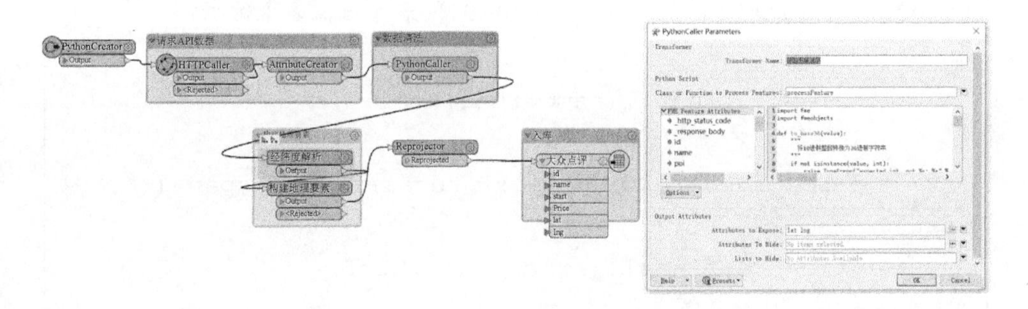

图 8-3　点评网站通用爬虫模板

8.2.2　住宅小区数据

用谷歌浏览器打开某城市的二手房小区信息，如果需要其他城市的可以直接更换。可以观察一下爬取的信息，主要有小区名、小区所在区域、房价等（图 8-4）。

图 8-4　某城市二手房小区信息

进入页面后查看网页源代码，在源代码界面搜索小区名（也可以搜索其他的）先定位到相关的代码处，找到所需要的所有信息。

经过一系列整理，得到我们所需的正则表达式进行信息提取。

```
        # 正则表达式
        # 小区名
        name_rule=r'lianjia.com/xiaoqu/[0-9]*/"
target="_blank">(.*?)</a>' #[0-9]* 表示任意多个数字      .*?匹
配一次
        name=re.findall(name_rule,html)
        # 房价
        price_rule=r'<div class="totalPrice"><span>(.*?)</
span>'
        price=re.findall(price_rule,html)
        # 小区所在区域
        district_rule=r'class="district" title=".*?">(.*?)
</a>'
        district=re.findall(district_rule,html)
        # 小区所在商圈
        bizcircle_rule=r'class="bizcircle" title=*".*?">
```

```
(.*?)</a> '
        bizcircle=re.findall(bizcircle_rule,html)
        url=str(url)
        html=requests.get(url).text # 获取页面源代码
```

以上是实现某个小区具体数据的获取思路，我们还需要完成：①实现爬虫的自动化翻页；②把爬取到的数据整合并且整理展示出。

先把需要的库导入。这里用到 JSON 格式主要是为了用 json.dumps 函数美化数据。

```
    import requests
    import re
    import time
    import json
```

（1）首先需要能够爬取单页的数据。主要流程如下：输入相关的 url，读取源代码，用正则表达式筛选我们需要的数据（小区名、房价、小区所在区域、小区所在商圈）、让数据一一对应（如果不一一对应会显示"参数匹配失败"。整个函数（def）最后返回一个字典，字典的 key 是小区名，字典的 value 是一个数组（包含了小区所在区域、小区所在商圈、房价）。

```
    def get_housing_price(url):
        url=str(url)
        html=requests.get(url).text # 获取页面源代码
        # 正则表达式
        # 小区名
        name_rule=r'lianjia.com/xiaoqu/[0-9]*/" target="_b
lank">(.*?)</a>' #[0-9]* 表示任意多个数字      .*?匹配一次
        name=re.findall(name_rule,html)
        # 房价
        price_rule=r'<div class="totalPrice"><span>(.*?)</
span>'
        price=re.findall(price_rule,html)
        # 小区所在区域
```

```
        district_rule=r'class="district" title=".*?">(.*?)
</a>'
        district=re.findall(district_rule,html)
        # 小区所在商圈
        bizcircle_rule=r'class="bizcircle" title=".*?">
(.*?)</a> '
        bizcircle=re.findall(bizcircle_rule,html)
        # 建立小区名和房价对应的字典
        housing_price_dict={}
        if len(name)==len(price)==len(district)==len
(bizcircle):
            for i in range(len(name)):
                infor=[] # 存放信息的列表
                if price[i]!='暂无':#因为存在暂无，把除了暂无房
价数据以外的房价变成浮点型
                    floated=float(price[i])
                else:
                    floated='暂无'
                infor.append(district[i])
                infor.append(bizcircle[i])
                infor.append(floated)
                housing_price_dict[name[i]]=infor # 遍历生成
键值
        else:
            print('参数匹配失败')
        return housing_price_dict
```

（2）遍历输入 *n* 个页面，并且把 *n* 个页面获取的数据字典整合为一个。前文已经写了爬取一个页面的 def，现在要在 def 的基础上自动生成 url 爬取 *n* 个页面，并且整合 *n* 个页面的数据。

先写一个合并两个字典的 def，再写一个遍历页面的 def；经过简单地观察，切换页面只需要在原来的 url 后面加 pg，再加数字就行。def 的思路是输入起始页和中止页，首先用 for 遍历起始页和中止页之间的所有页面，然后用（1）中的 def 爬取每个页面的数据，最后把每个页面得到的字典整合起来。

```
    # 合并字典
    def merge_dict(dict1,dict2):
        merged={**dict1,**dict2}
        return merged
    # 整合房价字典
    def merge_price_dict(start,end):
        initial={}
        for pg in range(start,end+1):# 设置起始页和中止页
            url=f'https://bj.lianjia.com/xiaoqu/pg{pg}/'
            prices=get_housing_price(url)
            time.sleep(1)
            initial=merge_dict(initial,prices)
        return initial
```

8.2.3　交通站点

分别分析广州公交查询（https://guangzhou.8684.cn/）网站结构，先用 HTTPCaller 结合正则表达式，以及 HTMLExtractor 获取所有站点信息，然后拼接 url，使用 HTTPCaller 获取每条线路的公交站点，构建 List 去重，再使用 HTTPCaller 获取每个站点坐标入库。

广州地铁站点信息（http://www.gzmtr.com/）的获取也是同样思路，这里就不再赘述。

FME 公交站点爬虫模板如图 8-5 所示，广州公交站点分布图及属性如图 8-6 所示。

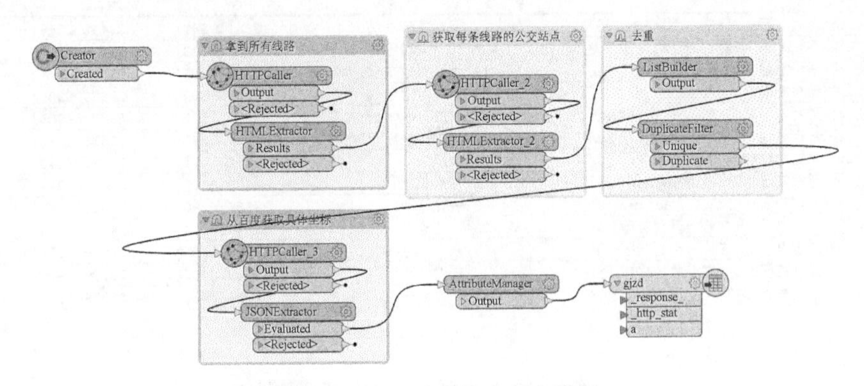

图 8-5　FME 公交站点爬虫模板

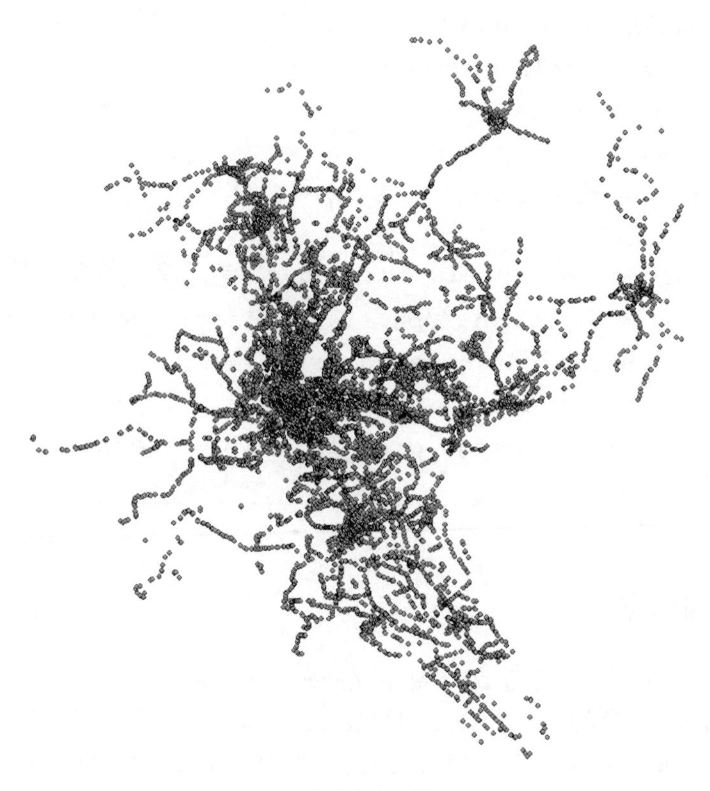

(a) 站点分布图

Table

公交站点

F	F1	F2	F3	F4	LON
夜1路(芳村花园总站-东山总站(署前路))	1	芳村花园总站	33411.541	23412.2846	
夜1路(东山总站(署前路)-芳村花园总站)	25	芳村花园总站	33412.0103	23413.8403	
夜1路(东山总站(署前路)-芳村花园总站)	24	龙溪大道东(敬师新村	33755.4103	23577.5774	
夜1路(芳村花园总站-东山总站(署前路))	2	龙溪大道东(敬师新村	33780.505	23583.6296	
夜1路(芳村花园总站-东山总站(署前路))	3	坑口地铁站(芳村客运	34190.7787	23880.8908	
夜1路(东山总站(署前路)-芳村花园总站)	23	坑口地铁站(芳村客运	34191.5387	23904.0887	
夜1路(东山总站(署前路)-芳村花园总站)	20	浛水	33662.3171	24542.0643	
夜1路(芳村花园总站-东山总站(署前路))	6	浛水	33693.6517	24600.6211	
夜1路(芳村花园总站-东山总站(署前路))	5	浣花路	33984.0166	24421.7781	
夜1路(东山总站(署前路)-芳村花园总站)	21	浣花路	33996.9613	24410.3385	
夜1路(东山总站(署前路)-芳村花园总站)	19	东漖北路	33798.0395	24949.6807	
夜1路(芳村花园总站-东山总站(署前路))	7	东漖北路	33828.5403	25009.1905	
夜1路(东山总站(署前路)-芳村花园总站)	18	芳村合兴苑	34094.1789	25256.5015	

(b) 属性

图 8-6　广州公交站点分布图及属性

8.3　时空圈构建

8.3.1　总体思路

时空圈，是以城市某点为中心，以同种交通方式经过相同时间可覆盖的区域。由于缺乏可评价的手段，时空圈过去是一种可达性的意象表达，随着 GIS 空间分析能力的提升，现在多以基于路网、考虑限制车速、考虑路段通行性等因素加权计算的方法所得。

传统时空圈的研究方法，极度依赖于路网拓扑关系的建立和各项参数调试优化，试图使研究结果接近真实。但终究建立在各项参数模拟之上，且路网拓扑关系的建立必然落后于实际路网建设和通行有效性，研究结果仅能反映某段时期的交通状况。利用互联网地理大数据 Web 服务的方法有效规避了常规方法中大量的建模工作，无须考虑建立各种轨道基础路网和设置路段平均通行速度等参数，以真实且实时的时间和距离为依据，保证研究的精准度和时效性。

本专题就利用互联网地理大数据构建 15min 步行时空圈，进而在该范围内统计其各类型的 POI 数量。

8.3.2　操作步骤

启动 FME Workbench，添加 Reader 转换器，打开小区住宅数据（图 8-7）。

1. 构建格网

（1）添加 Counter 转换器，为每个数据编号，其编号存储在_count 字段中，从 0 开始。

（2）添加 Bufferer 转换器，Buffer Distance 设置为 5000，Buffer Distance Units 设置为 Ground Units（None），其余参数保持默认，对数据做一个缓冲区（15min 步行距离不会超过 5000m）。Bufferer 转换器参数设置如图 8-8 所示。

> **小贴士：**
> 在使用 FME 的时候一定要注意设置的距离单位与当前投影坐标系单位一致；在使用球面坐标系的时候，一定要注意先用 Reprojector 转换为平面投影。

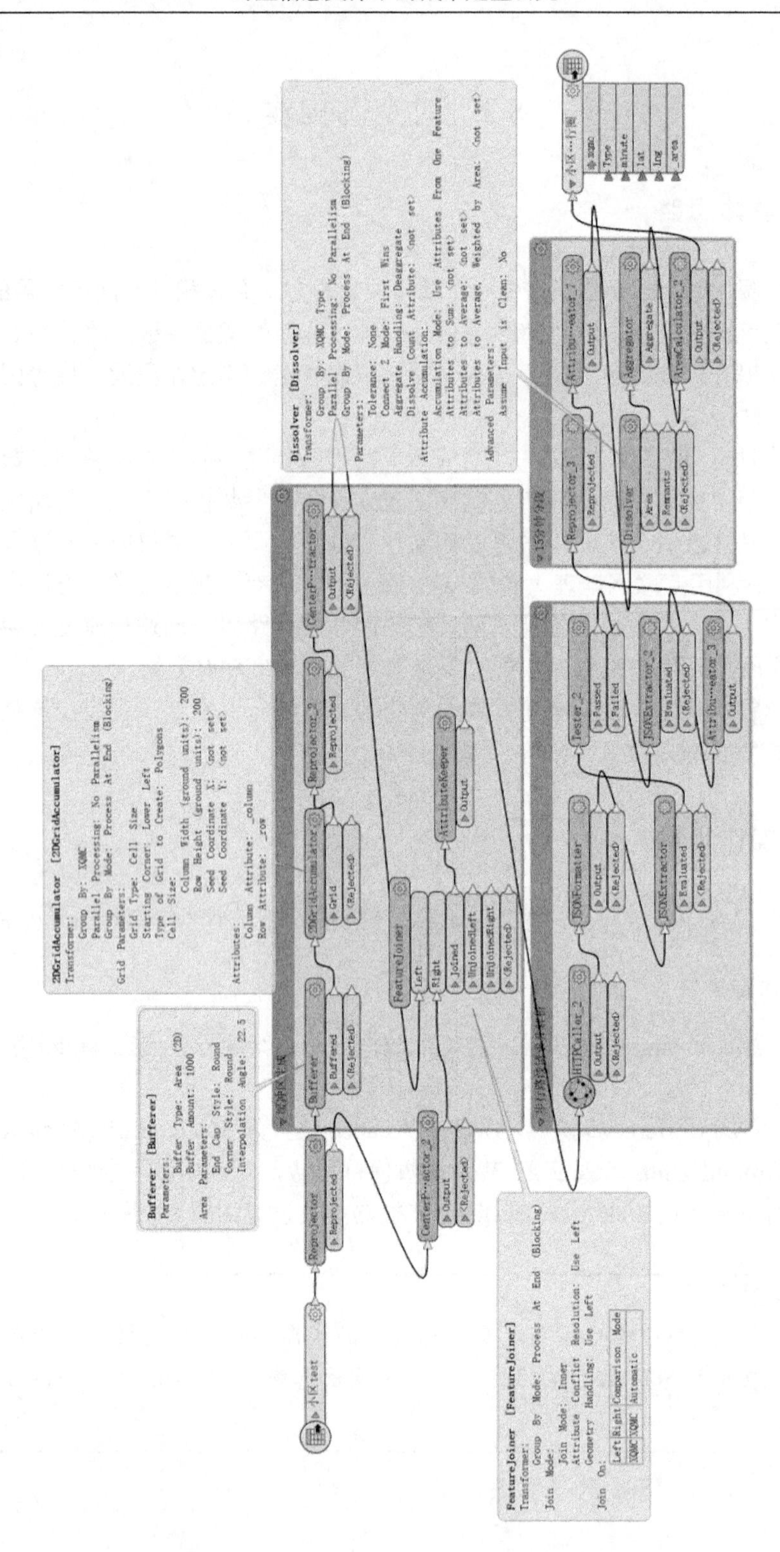

图 8-7　小区住宅数据

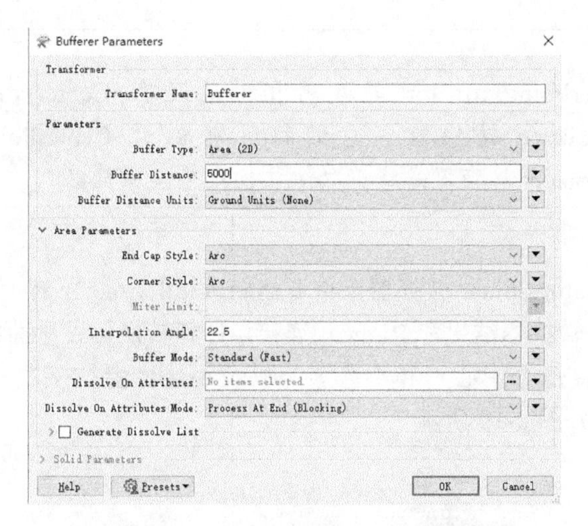

图 8-8　Bufferer 转换器参数设置

（3）添加 2DGridAccumulator 转换器，Group By 设置为_count，Column Width 和 Row Height 分别设置为 5，对每一个缓冲区创建 5m×5m 的网格。2DGridAccumulator 转换器参数设置如图 8-9 所示。

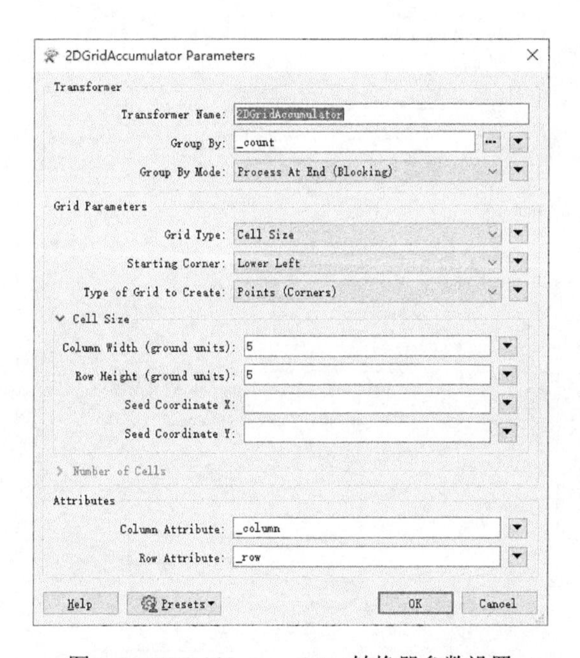

图 8-9　2DGridAccumulator 转换器参数设置

（4）添加 CenterPointExtractor 转换器提取每个网格的中心点。

> **小贴士：**
>
> 与 CenterPointExtractor 转换器相似的还有 CenterPointReplacer、CenterLineReplacer 转换器，它们的区别在于 CenterPointReplacer、CenterLineReplacer 转换器是将提取结果直接替换原数据。

（5）添加 FeatureJoiner 转换器，将 CenterPointExtractor 转换器的结果和 Left 相连接，Counter 转换器结果和 Right 相连接，打开转换器设置面板，Left 和 Right 设置为_count，将每个中心点和小区名，以及小区位置挂接起来。FeatureJoiner 转换器参数设置如图 8-10 所示。

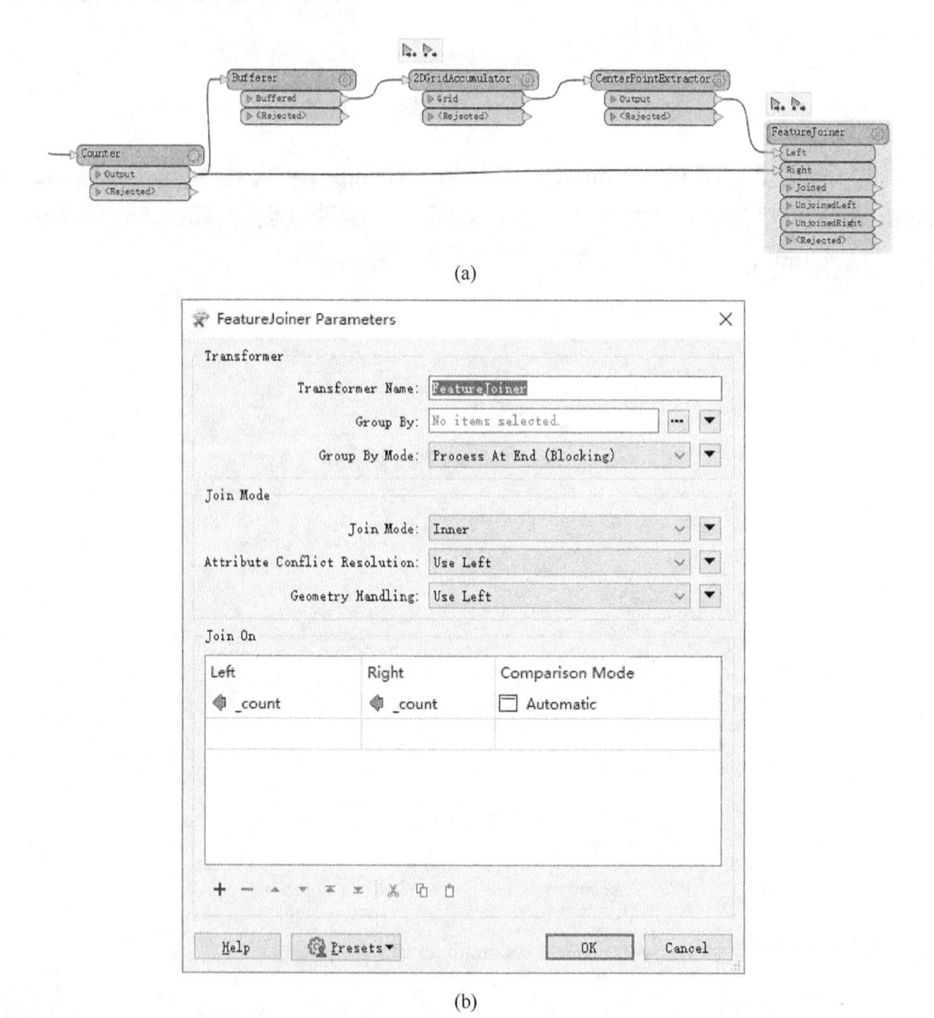

图 8-10　FeatureJoiner 转换器参数设置

2. 计算通行距离

（1）利用百度地图提供的 API 计算每个小区到缓冲区内格网中心点的通勤时间。首先在百度地图开放平台（http://lbsyun.baidu.com/）注册账号，然后在 FME 中添加 HTTPCaller 转换器，Request URL 根据步行、公交、驾车设置对应的 URL，HTTP Method 选择 GET，Query String Parameters 里分别添加 origin（起点位置、经纬度）、destination（终点位置、经纬度）、coord_type（坐标系）。HTTPCaller 转换器参数设置如图 8-11 所示。

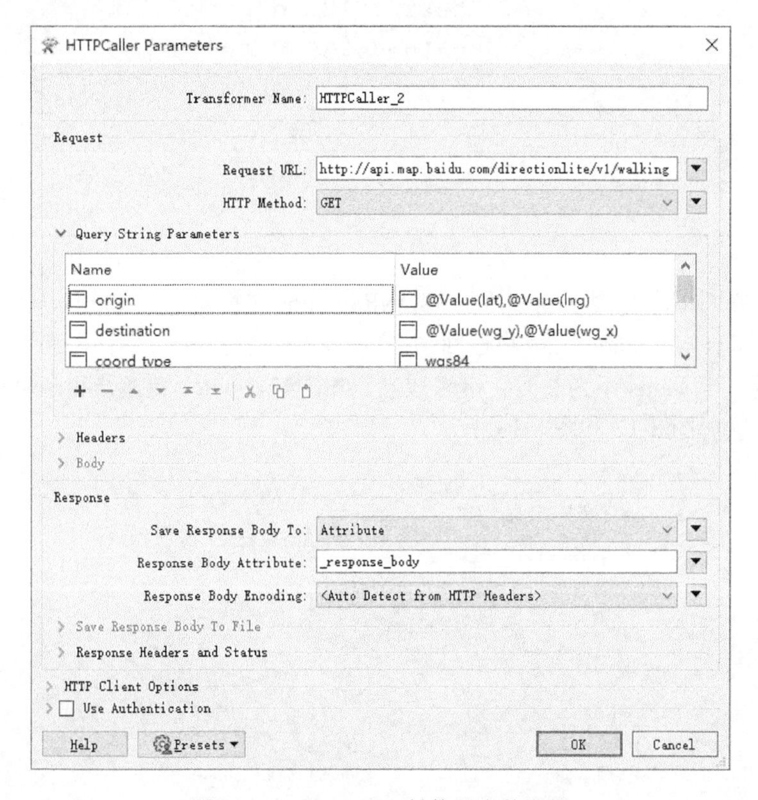

图 8-11　HTTPCaller 转换器参数设置

> **小贴士：**
> 具体 URL、请求参数，以及返回结果可以参考百度地图批量算路服务（https://lbsyun.baidu.com/index.php?title=%E9%A6%96%E9%A1%B5）。

（2）对于 JSON 格式得到的结果如下所示，FME 里提供了 JSONExtractor、JSONFlattener、JSONUpdate 等转换器来操作 JSON 数据格式。

```
{
    "status":0,
    "result":[{
            "distance":{
                    "text":"19.7km",
                    "value":19715
            },
            "duration":{
                    "text":"12min",
                    "value":739
            }
    }],
    "message":"成功"
}
```


（3）判断请求是否正确，添加 JSONExtractor 转换器，在 Extract Quries 里输入 status 和 json[“status”]，将返回结果中的状态放到 status 中；再利用 Tester 转换器判断，当 status 不为 0 时，请求成功。JSONExtractor 转换器和 Tester 转换器的参数设置如图 8-12 和图 8-13 所示。

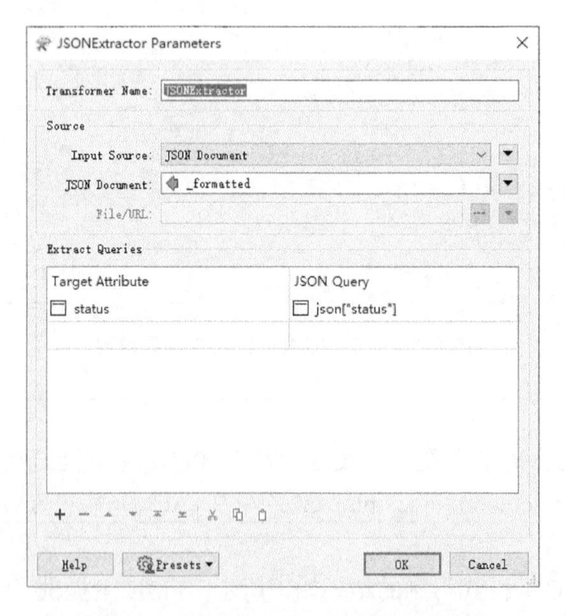

图 8-12　JSONExtractor 转换器参数设置

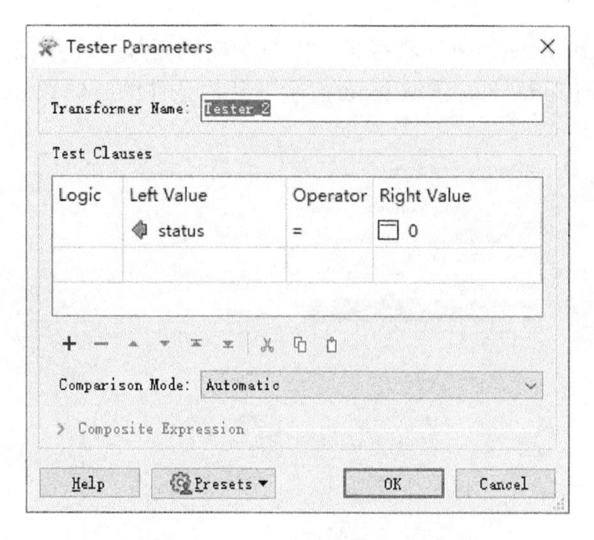

图 8-13　Tester 转换器参数设置

3. 构建时空圈

（1）再次利用 JSONExtractor 转换器提取 distance 和 duration，计算每个格网到小区的时间和距离（图 8-14）。

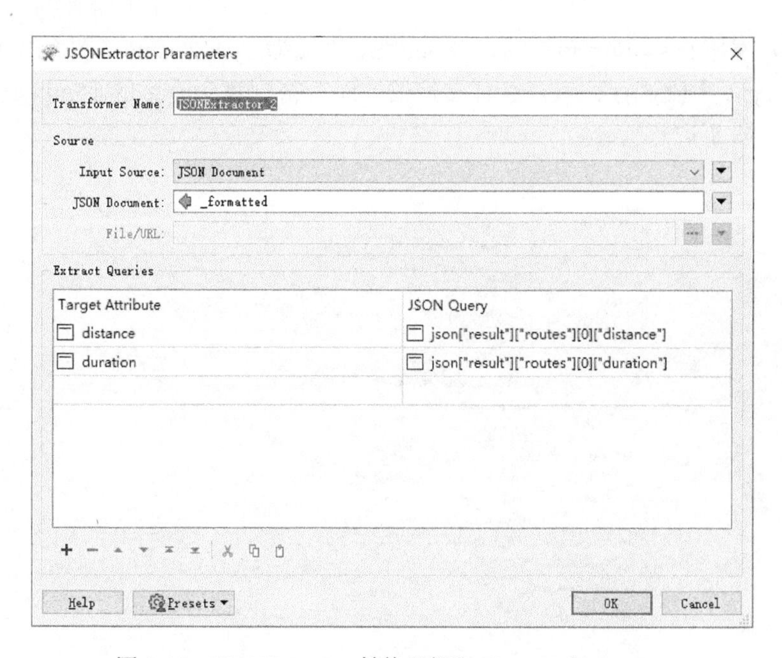

图 8-14　JSONExtractor 转换器提取 distance 和 duration

（2）添加 AttributeCreator 转换器，对每个格网附加一个字段 Type，它有两个取值：当时间≤15min 的时候取 inner；余下其他条件的时候取 outer（图 8-15）。

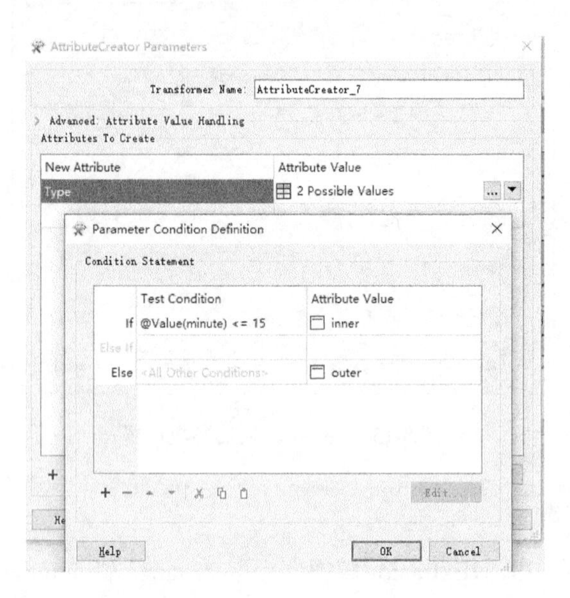

图 8-15　AttributeCreator 转换器

（3）添加 Dissolver 转换器，Group By 设置为 Type Name（图 8-16），对小区名和 Type 字段进行分组，运行转换器，即可得到每个小区的 15min 真实步行时空圈（图 8-17）。

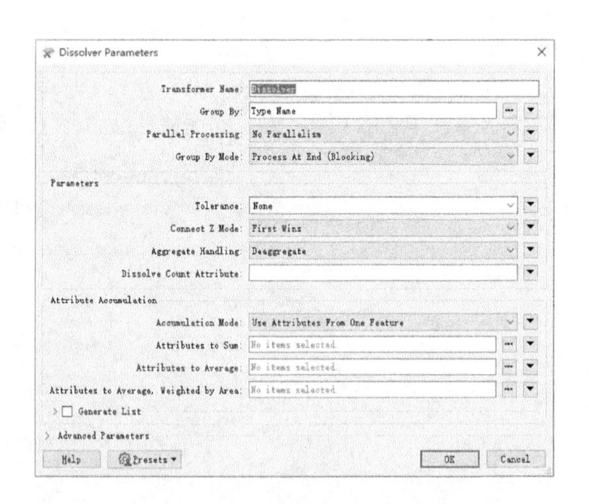

图 8-16　Dissolver 转换器参数设置

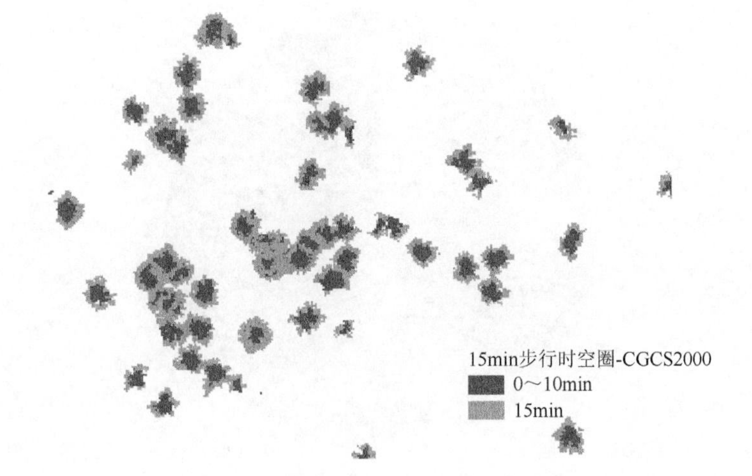

图 8-17　小区 15min 步行时空圈示意图

8.4　宜居性指数计算

8.4.1　总体思路

总体计算流程如图 8-18 所示。

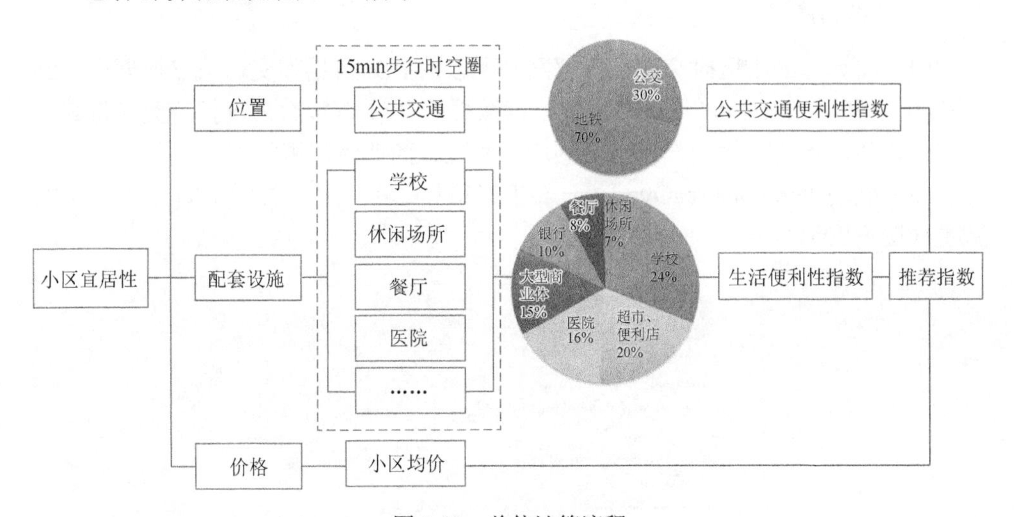

图 8-18　总体计算流程

（1）15min 步行时空圈为大数据测算的步行距离范围。

公共交通便利性指数 = 地铁便利程度×0.7 + 公交便利程度×0.3。

（2）配套设施计算参考互联网房产频道给出的权重（图 8-19）。

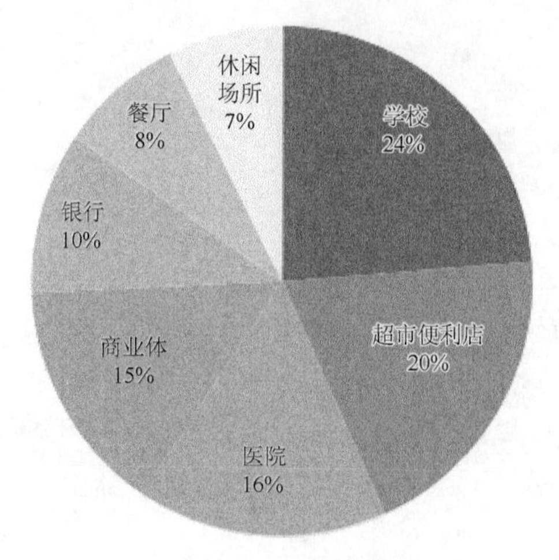

图 8-19　配套设施计算权重

（3）推荐指数根据公式计算得到。

$$推荐指数=\frac{公共交通便利性指数\times0.5+生活便利性指数\times0.5}{小区均价}$$

8.4.2　操作步骤

1. 数据构建

（1）将计算的小区时空圈、点评网站爬取的 POI 数据和交通站点数据添加到 FME 中。利用 AttributeFilter 转换器依据数据情况对 POI 数据进行分类，将其分为餐厅、休闲场所、学校、超市便利店、医院、商业体、银行。

（2）利用 PointOnAreaOverlayer 转换器得到每个小区步行时空圈内的 POI 的数量（图 8-20）。

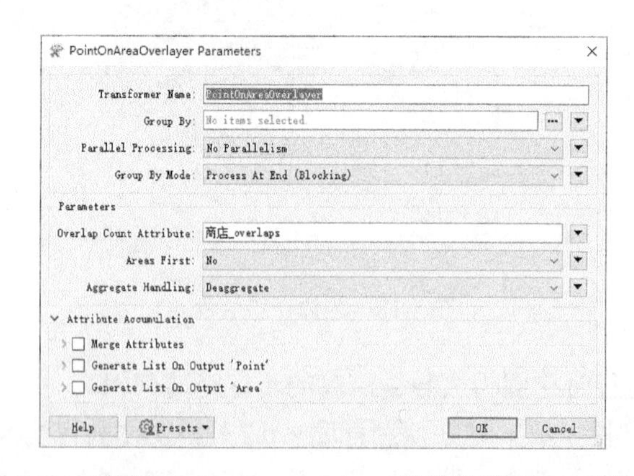

图 8-20　利用 PointOnAreaOverlayer 转换器得到 POI 的数量

(3)然后构建 ListBuilder，利用 AttributeCreator 转换器统计 POI 数量(图 8-21)。

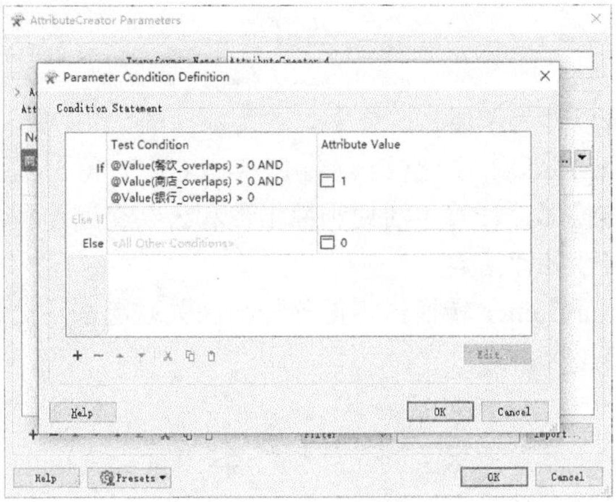

图 8-21　统计 POI 数量

(4) 重复步骤 (2) 和步骤 (3)，计算出每个小区 15min 步行时空圈范围内的公交站点和地铁站点，分别统计个数，并利用 FeatureJoiner 转换器将其挂接回原 Geometry 数据上。

2. 宜居性指数计算

(1) 采用归一化方法对每个小区的每类 POI 数量进行归一化。使用 StatisticsCalculator 转换器计算每项 POI 数量的最大值和最小值，Group By 设置为 POI 类型。

(2) 添加 AttributeManager 转换器，对每类 POI 得分进行计算 (图 8-22)。

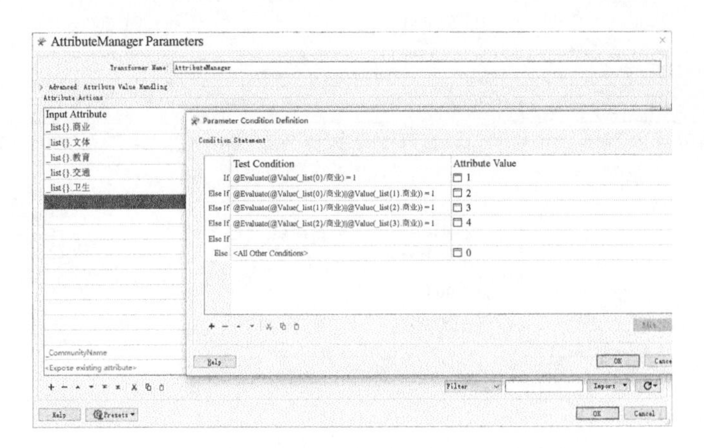

图 8-22　得分计算

（3）由于各类型 POI 数量（n）的计算不是同一标准，因此，首先进行得分归一化。添加 AttributeCreator 转换器，然后利用公式

$$n = \frac{n - n_{\min}}{n_{\max} - n_{\min}}$$

进行归一化（房价以元为单位）。

（4）添加 ListBuilder 转换器，将每类 POI 的得分构建为集合，添加 AttributeCreator 转换器，计算生活便利性指数和公共交通便利性指标，根据公式计算得到小区宜居性推荐指数。

（5）利用 FeatureJoiner 转换器将得分和小区关联起来，把计算得到的小区宜居性推荐指数赋给小区 POI。

8.5 实际案例

8.5.1 广州房价变化趋势

我们获得了一个重要数据——某小区历史成交记录（2016～2019 年），可以看到广州近几年房价变化情况。首先是价格变化趋势，将广州 11 区房价变化趋势分为了 3 类：先升后稳型（图 8-23）、先升后降型（图 8-24）、先降后升型（图 8-25）。

2017 年 3 月 5 日，“粤港澳大湾区”首次写入中央政府工作报告，标志着粤港澳大湾区城市群发展上升为国家战略；2018 年，粤港澳大湾区建设进入实质启动。对应到房价，就不难理解为什么 2017 年后南沙区房价开始逐渐攀升了。

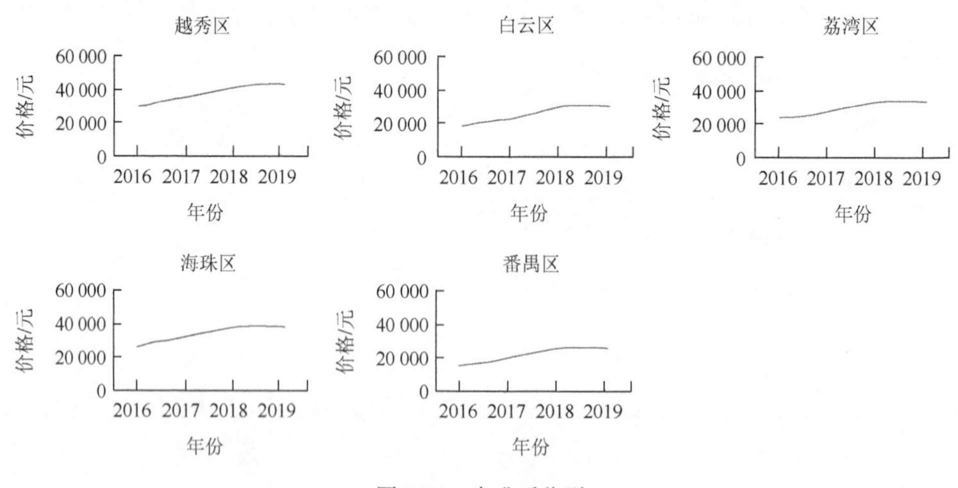

图 8-23 先升后稳型

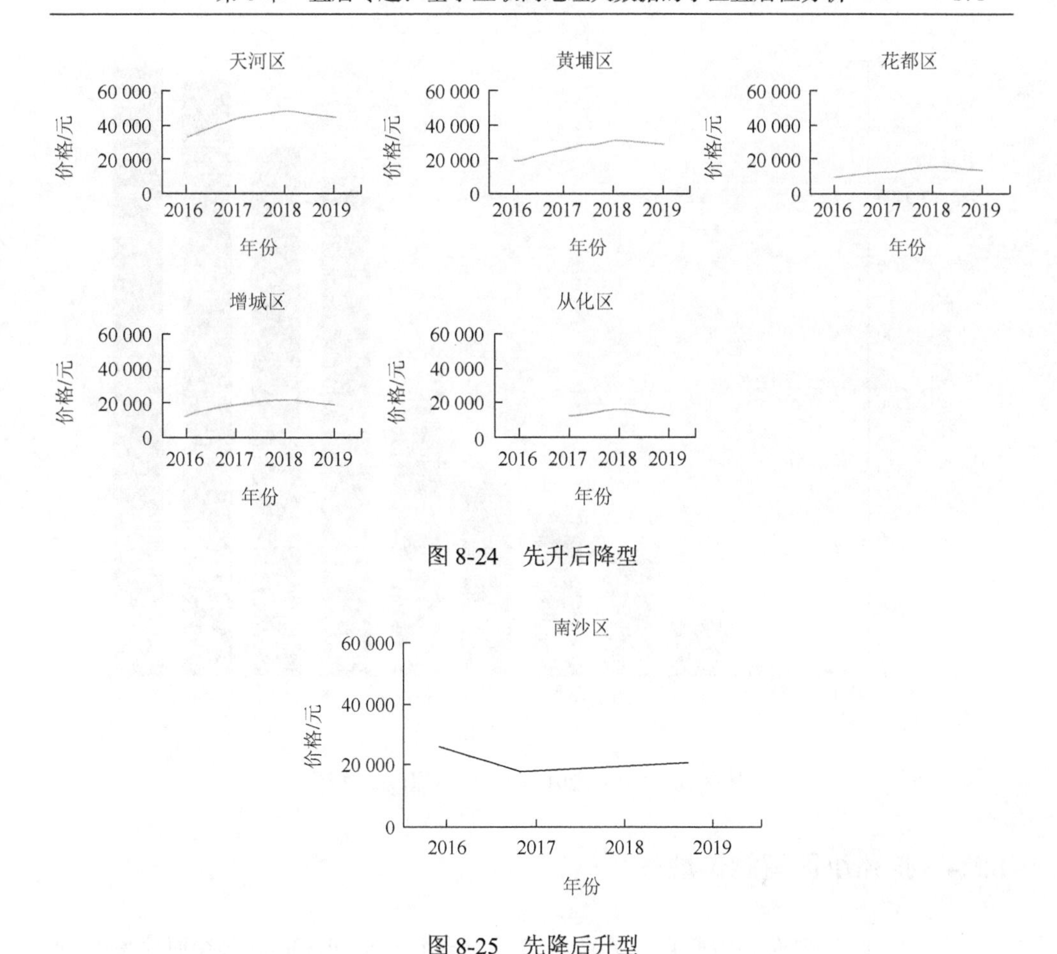

图 8-24　先升后降型

图 8-25　先降后升型

8.5.2　广州房屋成交总量

从 2016～2019 年各区房屋成交总量（图 8-26）来看，白云区、番禺区、海珠区、天河区是购置房屋的主要选择区域。

8.5.3　广州小区宜居性指数

根据得到的广州小区宜居性分析结果，可以看到广州宜居性高的小区大多是集中于中心城区（越秀区、天河区、荔湾区），一方面是中心城区学位普遍要好；另一方面是交通方便。天河区是很多证券、金融、互联网等企业的首选之地，越秀区是政治中心，荔湾区也是很多广州人的心之所向。

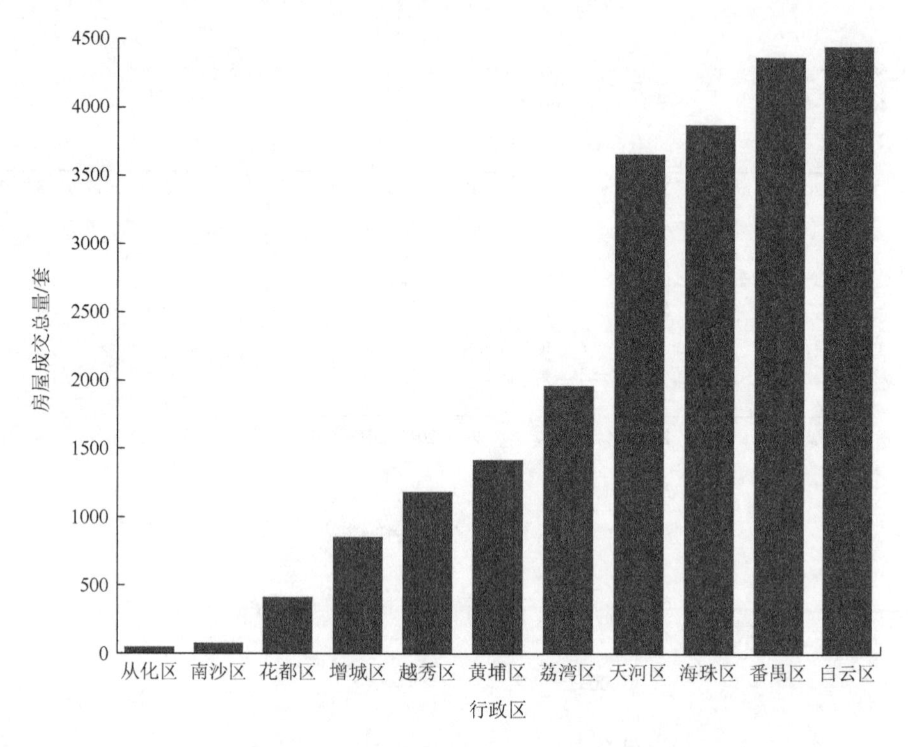

图 8-26 2016～2019 年各区房屋成交总量

8.5.4 广州小区智能选址

选定广州市政府为中心点，分别制作了 30min 驾车和 30min 公交时空圈。利用 Clipper 转换器裁剪该范围内的小区 POI，再利用 GIS 制图工具配图，完成时空圈的制作。

图 8-27 和图 8-28 分别在以广州市政府为中心，制作的 30min 驾车和 30min 公交时空圈，然后与裁剪后的小区 POI 重叠展示，颜色越亮的点就代表小区宜居性越高。从这两幅图中能直观地看到在时空圈范围内宜居性高的小区的分布区域，为大众日后买（租）房提供了参考。

目前，对宜居城市的研究建立于可持续发展理论基础上，通过生态学、社会学、经济学等多学科交叉，构建系统化的评价结构。由于此研究建立于现有的理论基础之上，数据来源于相关部门的统计文件与选点调查，故研究结果往往依赖于研究人员的已有经验和自身专业知识，具有一定的主观性和随意性。随着智能设备普及、信息获取渠道拓展，宜居城市可结合 3S 技术、智慧城市等研究理论，利用信息化背景下的大数据作为研究数据，通过聚类分析、空间建模等研究方法，对研究目标进行清晰定位和解释。

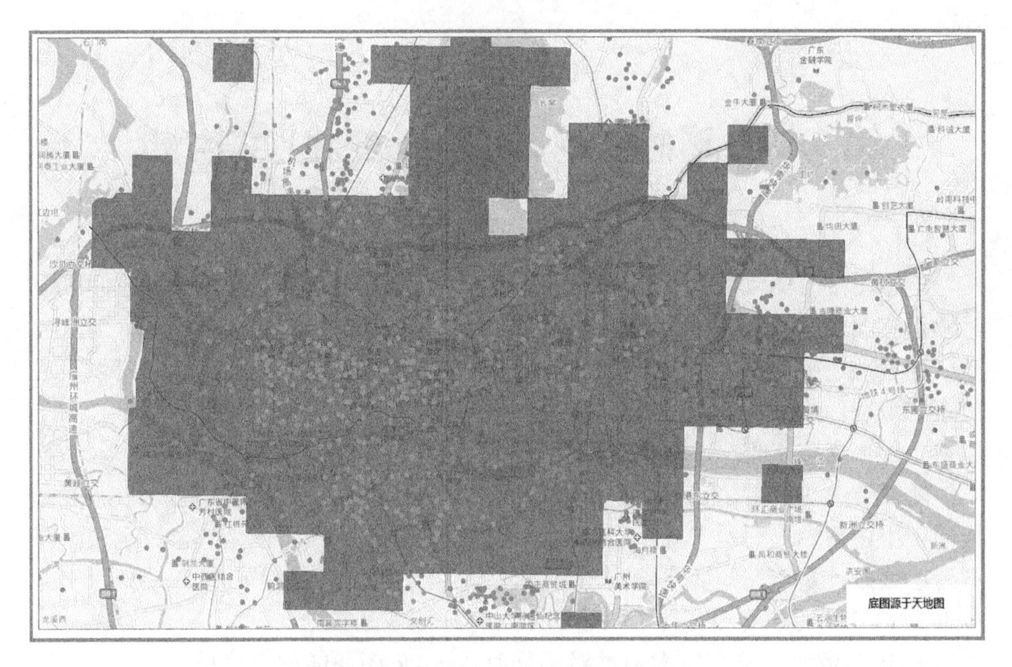

图 8-27　30min 驾车时空圈（后附彩图）

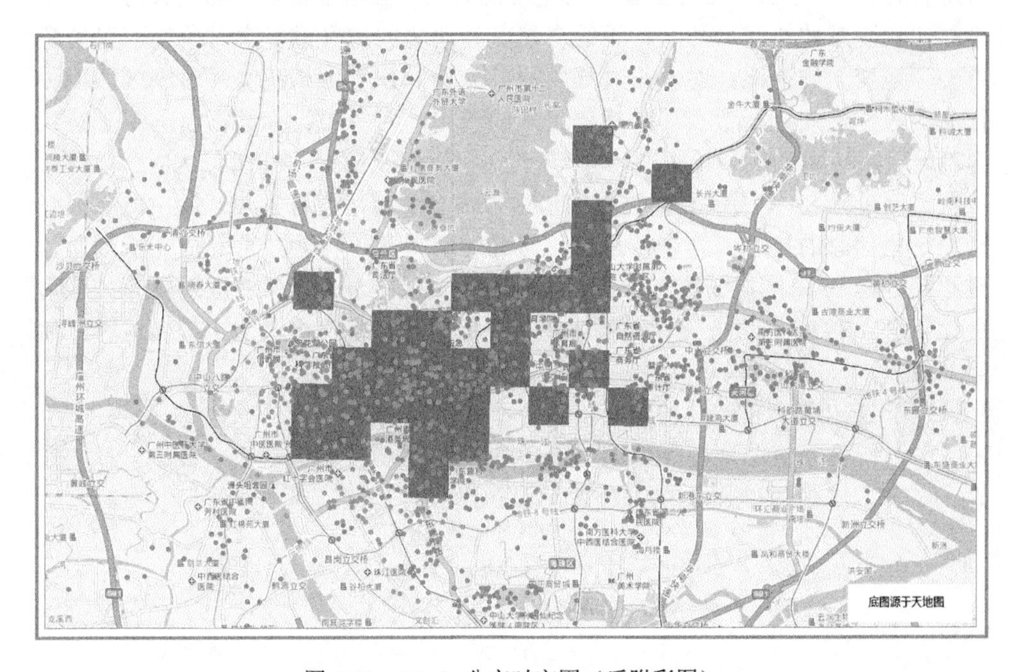

图 8-28　30min 公交时空圈（后附彩图）

第9章 遥感专题：主被动变化检测分析

遥感图像的变化检测（change detection），是定量分析同一区域不同时间段的两幅遥感图像，从而获得两幅遥感图像之间的变化信息。合成孔径雷达（SAR）是一种主动遥感技术，具有全方位、高分辨率、大面积覆盖的优点，它可以穿透覆盖物识别伪装，从而准确获取地面变化信息。因此，可以广泛用于军事勘测与侦察、国土资源监测，以及城市规划等方面。

随着合成孔径雷达技术的逐步成熟和 SAR 图像分辨率的不断提高，SAR 图像的使用逐渐为人们所重视。同光学遥感相比，SAR 系统可以全天候、全天时获得遥感数据，是较好的变化检测信息源。自从合成孔径雷达系统投入使用以来，SAR 对地球表面的观测获得了大量的多时相地面观测数据。

SAR 图像变化检测技术通过对不同时段 SAR 图像的综合分析，检测同一场景是否有变化发生。SAR 图像变化检测技术已经应用于很多方面，如对于人工检测比较困难的热带雨林、沙漠等自然条件恶劣的地区进行实时监测，以了解生态环境变化的情况；对农田进行监测，分析农作物生长状况；对城区环境进行监测，合理规划城市布局，规范土地的使用；对军事目标进行监测，了解兵力部署、军事调动等战场势态，并可用于打击效果评估。多时相 SAR 图像数据包含了比单幅 SAR 图像数据更多的信息，很多遥感研究都试图开发出能够很好利用这些信息的技术，其中被最广泛研究的就是变化检测技术。变化检测通过对不同时期 SAR 图像的比较分析，根据对图像的差异分析来获取所需要的地物变化信息。SAR 图像变化检测技术还可以应用于对地震区域的定位和灾害评估等方面。

基于 SAR 图像的变化检测有以下两种常用算法。

（1）图像差值法。图像差值法是前期变化检测的主要方法，$D(x)=I_2(x)-I_1(x)$。该算法使用单一阈值对图像差值进行处理，对应决策如下。

$$B(x)=\begin{cases}1, |D(x)|>t \\ 0, \text{其他}\end{cases}$$

式中，t 凭经验选取。图像差值法对数据配准精度要求高。

（2）图像比值法。即

$$D(x) = I_2(x) / I_1(x)$$

当对图像取对数时，$\log D(x) = \log I_2(x) - \log I_1(x)$，该形式与差值法相同。因此，图像比值法变化检测可以归纳为差值法。当对 SAR 数据使用图像比值法时，乘性噪声已退化为加性噪声形式，这就便于对 SAR 图像斑点噪声的滤除。

9.1 建立思路

SAR 图像变化检测技术是对同一地区、不同时相的两幅或多幅图像进行分析，检测出其中的变化部分与未变化部分，检测局部纹理和辐射值的变化是 SAR 图像变化检测的主要任务。图像的变化是由图像场景的真实变化或由传感器精度、照射角、地面湿度等变化而引起的。在实际应用中，SAR 图像变化检测技术在各方面都发挥重要作用。在民用领域，主要是对资源和环境监测中各种变化信息的获取，例如，对农业中的作物生长进行监测；土地覆盖率变化、水域变化、森林和植被变化、城市变迁、地形改变等；测绘中的地理空间数据更新；自然灾害中对火灾、泥石流、水灾等造成的损失的评测。

利用 FME 实现哨兵 1 号，包括了数据预处理、去噪、变化检测、统计分析的全过程。经核查，提取的变化图斑均为有效变化图斑，表明该方法行之有效，进一步证实了 SAR 图像在变化检测领域的可操作性，本方案可应用在土地执法、灾害预警等工作中。

合成孔径雷达（SAR）作为一种主动式微波传感器，由于具有全天候、全天时成像的特点，尤其适用于南方多云、多雨地区。通常，在南方很难获得完整的高分辨率遥感影像，对于 3m 分辨率的光学影像，可以每个月拼出一张。对于光学遥感影像来说，做变化检测，3m 分辨率是无法保证精度的；但是 SAR 影像具有穿透云雾的特点，且观测不分昼夜，因此基于多时相的 SAR 影像，可以快速得到全域的变化范围，获取地表变化情况，此时再利用 3m 分辨率的影像进行人工判读，即可得到图斑变化类型。

本方案主要分为两部分来实现。首先是利用 FME 对哨兵 1 号 SAR 数据进行变化检测，提取变化图斑；然后是利用 FME 对提取的变化图斑和两期光学影像进行套合切图，生成变化检测专题图，以及统计结果。

总体实现流程如图 9-1 所示，总体实现 FME 模板如图 9-2 所示。

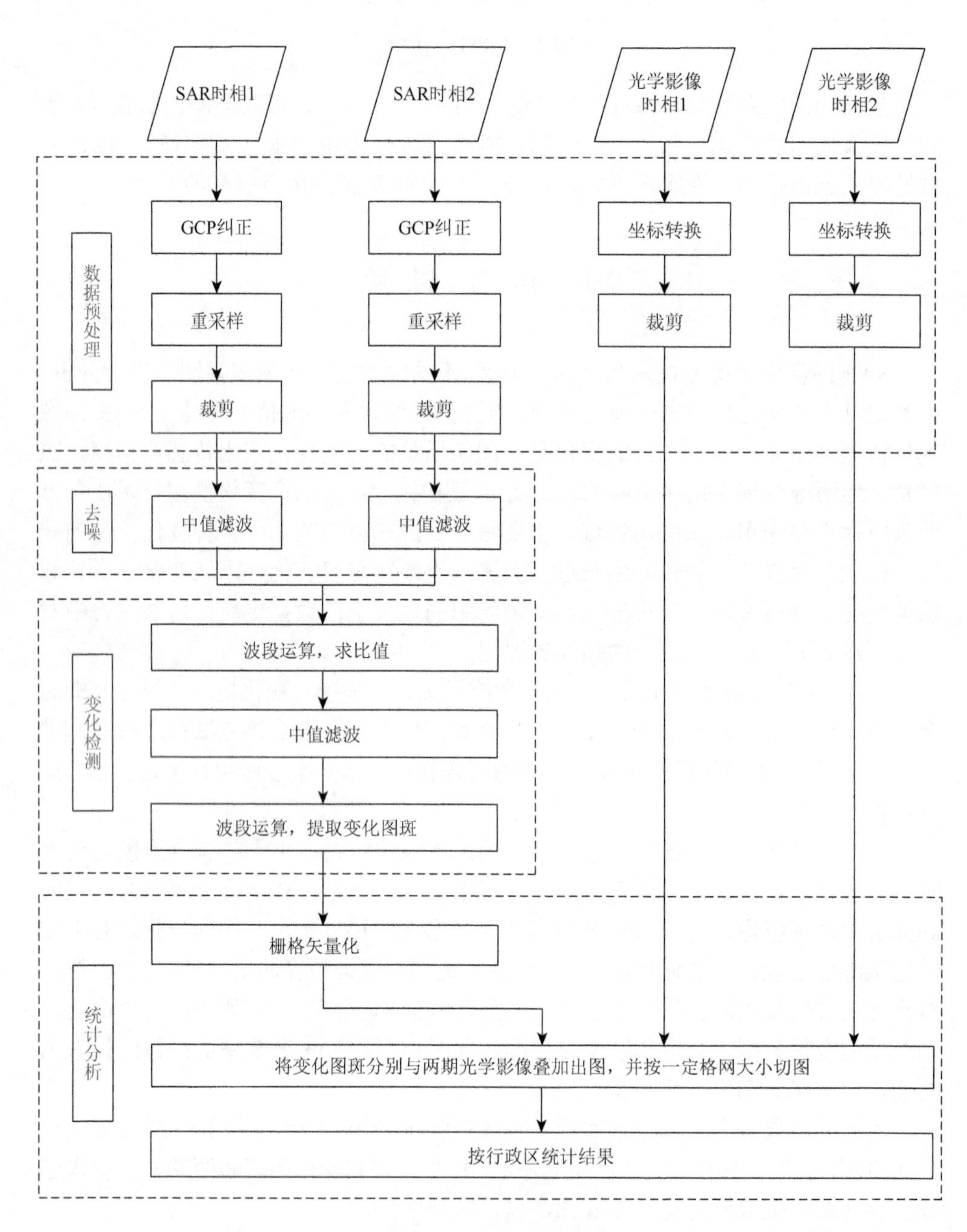
SAR时相1
SAR时相2
光学影像时相1
光学影像时相2
数据预处理
GCP纠正
GCP纠正
坐标转换
坐标转换
重采样
重采样
裁剪
裁剪
裁剪
裁剪
去噪
中值滤波
中值滤波
变化检测
波段运算，求比值
中值滤波
波段运算，提取变化图斑
统计分析
栅格矢量化
将变化图斑分别与两期光学影像叠加出图，并按一定格网大小切图
按行政区统计结果

图 9-1　总体实现流程

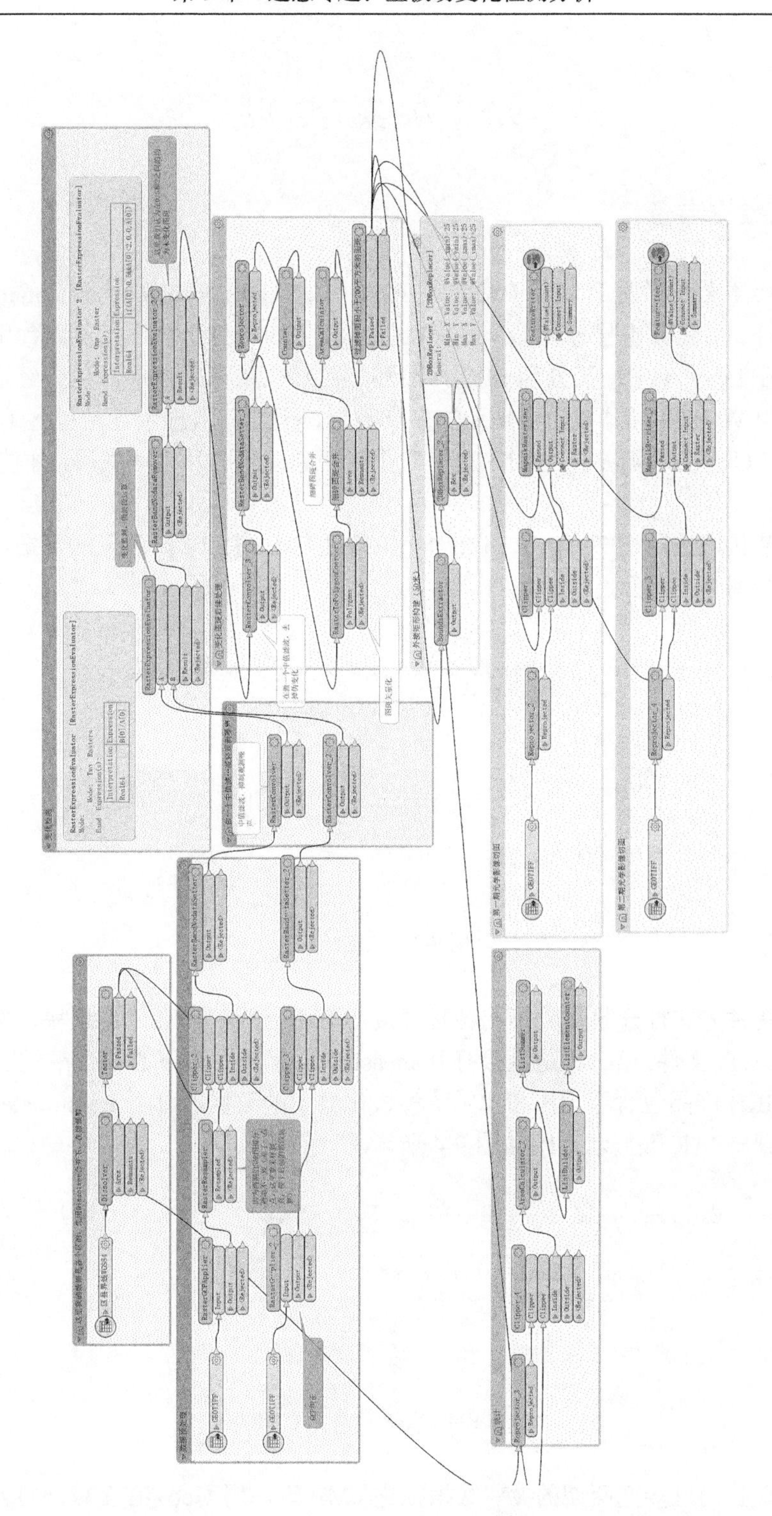

图 9-2　总体实现 FME 模板

9.2 方 案 实 现

9.2.1 数据准备

哨兵 1 号的数据可以在 EARTHDATA 网站（https://search.earthdata.nasa.gov/search）下载。哨兵 1 号分为 Level-0、Level-1、Level-2 三级产品，这里使用 Level-1 产品，在 Level-1 中，又分为 SLC 产品和 GRD 产品；GRD 产品包含经过多视处理、采用 WGS84 椭球投影至地距的聚焦数据，因此其数据本身是包含了 GCP 信息的；SLC 产品则需要先用 SNAP 等专业软件进行配准和地理编码，才能在 FME 里使用。

本节我们选用 2020 年 12 月 21 日和 2021 年 02 月 19 日两天的数据，部分数据结构如图 9-3 所示。

图 9-3 数据结构

有两种方式打开数据，第一种是直接在 FME 里选择 SLC 读模块，然后选择 manifest.safe 文件；第二种是直接打开 measurement 文件夹下的 tiff 格式文件即可。其实，GRD 产品包含了 VH 和 VV 两种极化方式的数据，均在 measurement 以 tiff 格式保存。SAR 数据示意图如图 9-4 所示。

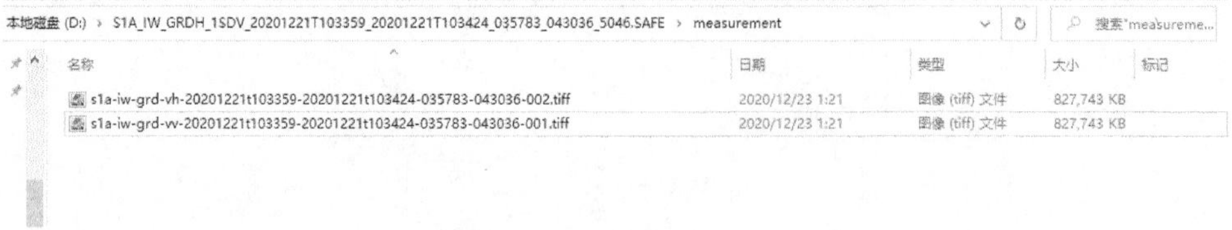

图 9-4 SAR 数据示意图

这里我们直接把两期的 VV 数据拖进 FME 里，用 GeoTiff 读模块打开。

9.2.2　数据预处理

因拿到的 GRD 产品是包含 GCP 信息的，所以数据预处理这一步最重要的就是对数据进行 GCP 纠正。数据预处理 FME 模板如图 9-5 所示。

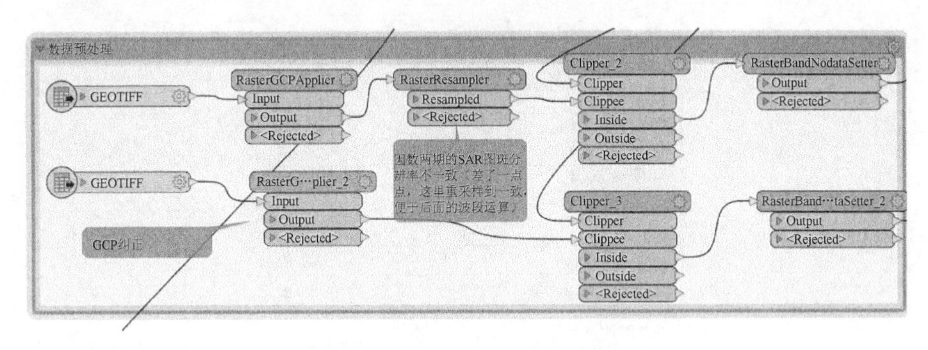

图 9-5　数据预处理 FME 模板

FME Hub 提供了 RasterGCPApplier 转换器，可以自动将 GCP 信息提取出来并对影像进行纠正。

由于前后两期的分辨率是不一致的，在 FMEFeature Information Window 中可以看到这两期分辨率分别是 9.456619555294263e-5 和 9.464697119229038e-5，因此我们把分辨率高的那一景降采样到低的那一景，便于后面做波段运算。

裁剪。全景影像参与运算的计算量很大，需先进行裁剪。随后用 Dissolve 转换器合并一下，然后再对 SAR 影像进行裁剪。

9.2.3　变化检测

变化检测最重要的就是如何提取变化图斑。由于 SAR 是利用回波的相位和强度信息重建被测区域的散射强度，因此若该区域没有发生变化，那前后两期的强度比值应该在 1 附近（不完全为 1，有成像误差）；相反地，若发生了变化，后一时相与前一时相的比值应远小于 1 或远大于 1。变化检测 FME 模板如图 9-6 所示。

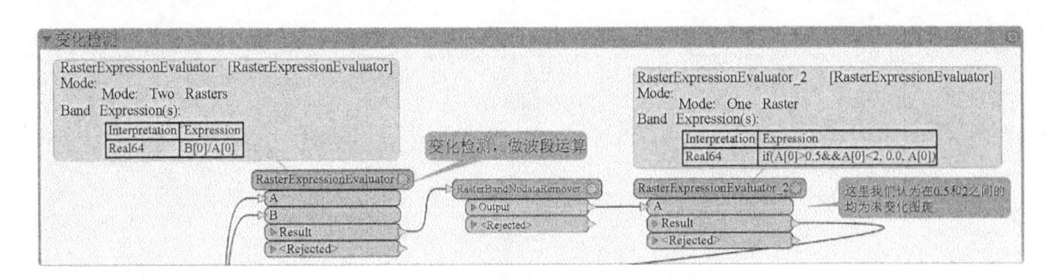

图 9-6　变化检测 FME 模板

在 SAR 图像中，斑点噪声是其很重要的误差来源，通常可以用中值滤波消除独立的斑点噪声，并能够对全景影像进行平滑处理，FME 提供了 RasterConvolver 转换器，可以对影像进行卷积（图 9-7）。

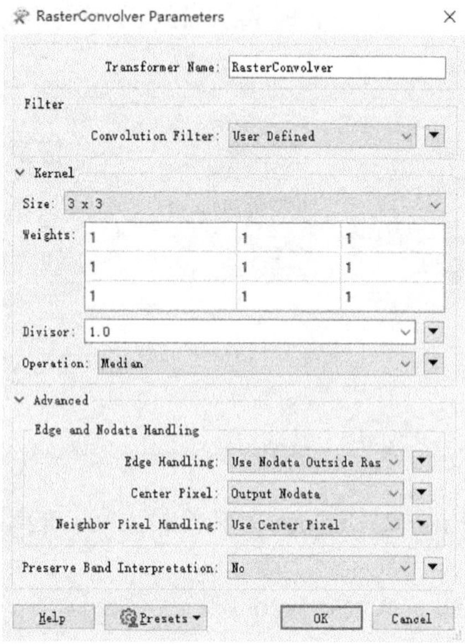

图 9-7　利用 FME 进行中值滤波

利用 RasterExpressionEvaluator 进行波段运算，将两幅影像做比值，得到变化比率（图 9-8）。

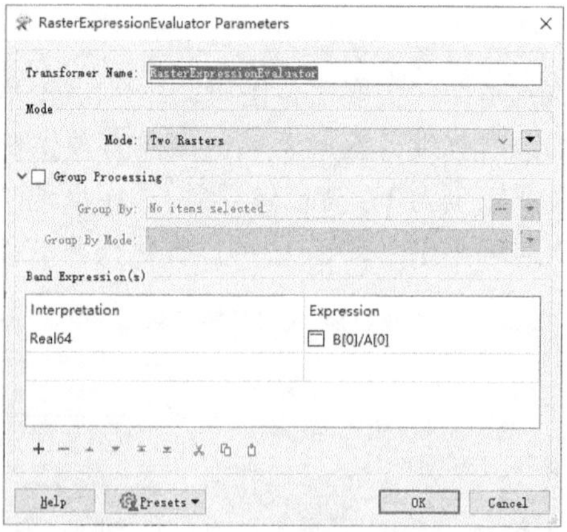

图 9-8　波段运算

再做一次中值滤波平滑数据，然后利用 RasterExpressionEvaluator 转换器，将[0.5, 2）的栅格设置为 0。此时，非 0 栅格即为变化区域。

先将 0 设为 NoData，再利用 RasterToPolygonCoercer 和 Dissolver 转换器将波段运算的结果转成矢量，到这里，变化图斑就提取出来了。接下来基于对应的两期光学影像进行切图并生成报告。

9.2.4　切图

对于 SAR 来说，它最重要的作用就是可以在大面积遥感影像中快速找到变化线索，然后再利用中低分辨率的影像进行人工判读。这个时候，如果可以把每个图斑对应的前后两期的光学影像给裁剪出来，再进行判读，可以提升判读效率。

首先提取每个图斑的最小外接矩形；然后做一个 50m 的缓冲区，再利用 Clipper 进行裁剪，紧接着用 MapnikRasterizer 进行制图；最后利用 FeatureWriter 分类输出就完成了。切图效果示意图如图 9-9 所示，切图 FME 模板如图 9-10 所示。

首先用 Reprojector 将数据转成平面坐标系（因为 FME 的默认参数单位是 Ground Units，需和坐标系单位保持一致），再用 Counter 给每个图斑编号，方便后面外接矩形和图斑的对应；然后用 BoundsExtractor 提取出每个图斑的外接矩形左下角和右上角的坐标，利用 2DBoxReplacer 构建一个向外拓展 50m 的外接矩形；最后利用 Clipper 进行裁剪（图 9-11）。

图 9-9　切图效果示意图

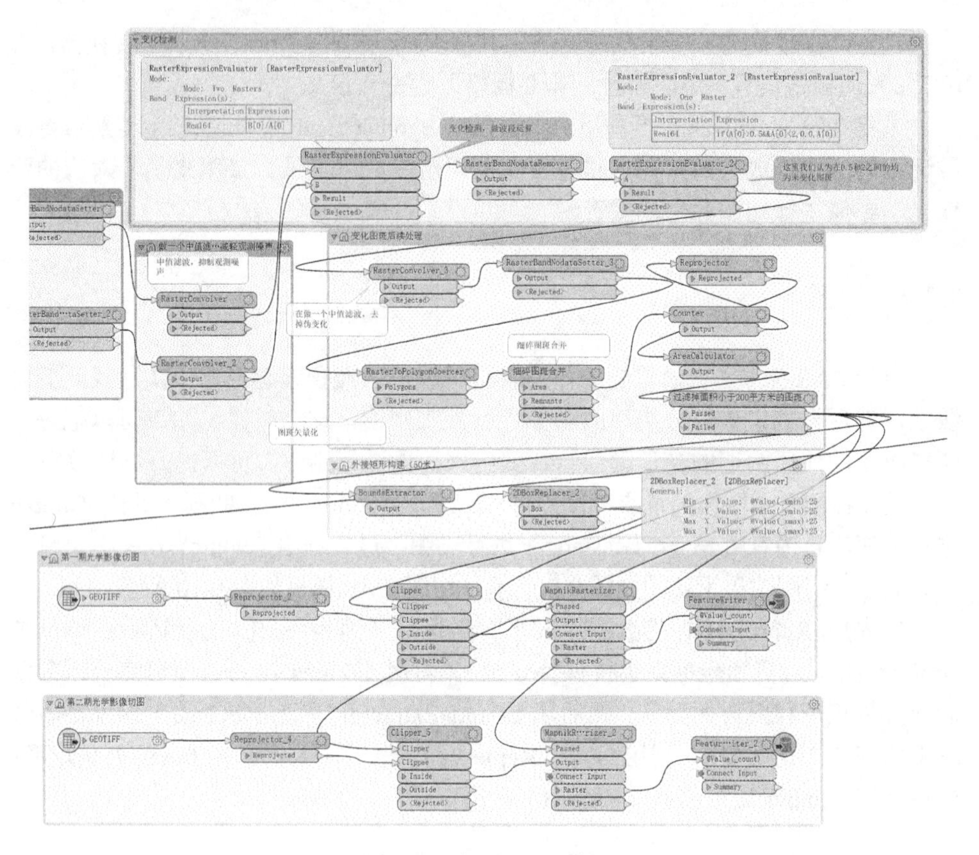

图 9-10　切图 FME 模板

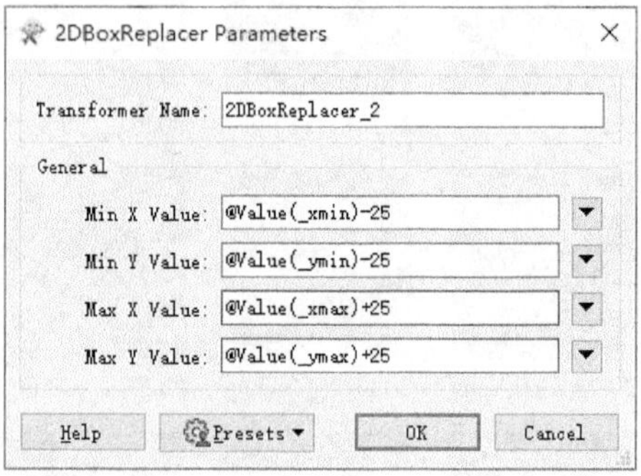

2DBoxReplacer Parameters

Transformer Name: 2DBoxReplacer_2

General

Min X Value: @Value(_xmin)-25

Min Y Value: @Value(_ymin)-25

Max X Value: @Value(_xmax)+25

Max Y Value: @Value(_ymax)+25

Help　Presets　OK　Cancel

图 9-11　构建外接矩形

利用 MapnikRasterizer 进行制图，设置原始图斑样式为 Line、红色，Group By 设置为_count，这样 MapnikRasterizer 就会将裁剪的影像和变化图斑进行一一对应，并分别输出。

再利用 FeatureWriter 进行输出，用同样的方法，对第二期光学影像进行处理，输出到另外一个文件夹即可（图 9-12）。这样，每个变化图斑我们均可快速对比前后期的影像，在人工判别的时候大幅提升效率。

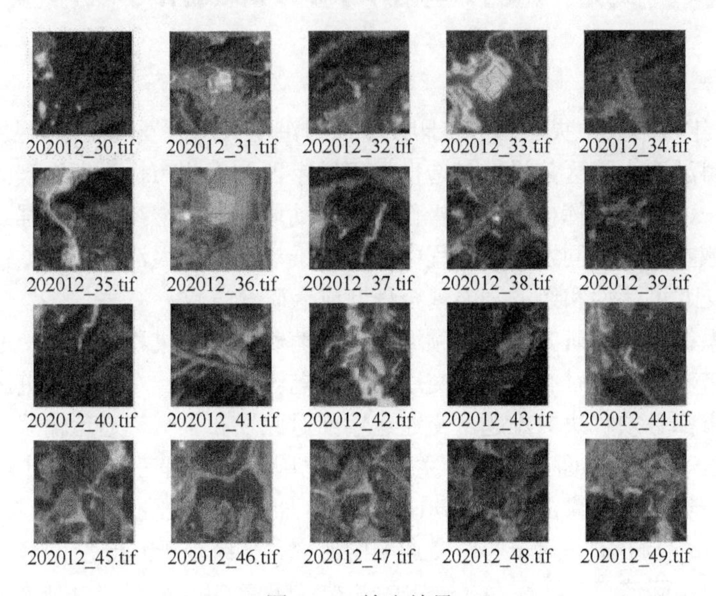

图 9-12　输出结果

9.2.5　统计

统计的目的是计算各行政区的变化图斑数量和面积，统计 FME 模板如图 9-13 所示。

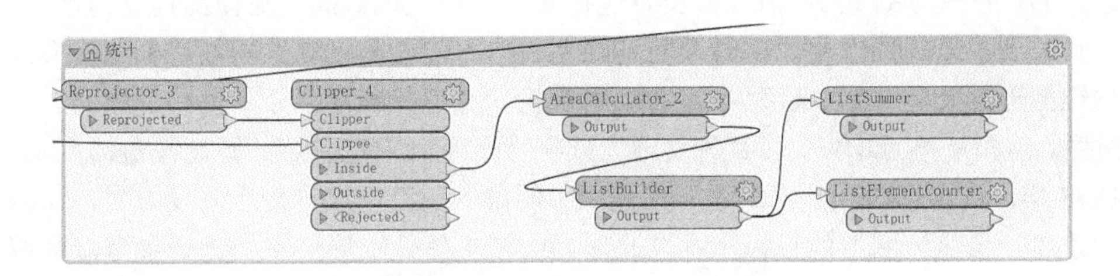

图 9-13　统计 FME 模板

首先将行政区界线读进来，利用 Clipper 进行裁剪；然后用 AreaCalculator 重新计算面积（这里主要转成平面坐标系），把_area 构建成一个 List，Group By 设置为行政区名称；最后用 ListSummer 和 ListElementCounter 分别统计各行政区变化图斑面积和数量。

第10章　交通专题：基于时空大数据的城市交通分析

2019年，中共中央、国务院印发了《粤港澳大湾区发展规划纲要》，表示要持续推进粤港澳大湾区建设，打造世界级城市群。广州市作为粤港澳大湾区的发展引擎之一，能够发挥核心增长极作用，带动周边城市继续做大做强。在粤港澳大湾区区域整合、协同发展的过程中，如何推动粤港澳大湾区区域城市系统整体意义上的交通可达性和经济发展耦合程度成为研究重点。

交通系统是城市研究的重要领域之一，随着城市化进程加快，交通压力日渐增大，城市交通拥堵时有发生。交通拥堵问题困扰着每一个城市的健康发展，是每一个城市都必须解决的难题。交通运输部对此发布了《交通运输服务决胜全面建成小康社会开启全面建设社会主义现代化国家新征程三年行动计划（2018—2020）年》，着力推进综合交通基础设施建设，加快推进交通一体化建设，打造"1h通勤圈""1h交通圈"。对于等时交通圈的研究，传统基于GIS空间分析的研究方法难以考虑实际情况，往往存在一定的弊端。随着GPS车载定位技术的成熟，城市交通数据的获取变得简单快捷，在城市管理大数据中的价值得以体现。本章针对等时交通圈，提出一种大数据技术支撑下的新研究方法，选取广州市作为研究核心，力图从研究结果解读得出广州市的交通拥堵现状，分析其拥堵原因。

20世纪中期，日本学者在城市区域空间的研究中，加入时间维度作为考虑因素，提出了"时距"概念。时距，即时间距离，指单位时间内可达到的距离。在之后的城市规划研究中，研究人员普遍把其作为衡量地区间交流便捷程度的指标，并且起到了较好的作用。在时距的基础上，日本学者又把单纯的数字表达转换为二维图形，提出"等时圈""时距圈"等概念，并给等时圈赋予了明确的定义。等时圈，是指从某点出发，以某种交通方式在特定时间内能到达的距离覆盖的范围。1998年，日本第四次国土综合开发规划中明确"交流网络构想"开发方式，提出构建"一日交流圈"的目标，并以此作为区域一体化发展的重要评价参考。区域一体化的进程必然以中心城市与周边地区的时间距离逐步缩短、空间可达性逐步提升为前提，因而基于等时圈的经济圈概念开始盛行，1h等时圈的研究意义不再局限于交通领域上可达性的分析，而是扩展到经济领域上，借助时间维度来评价中心城市对外辐射能力，以及交流圈、经济圈的范围界定。

近几年国内关于等时交通圈的研究区域多集中于东部发达城市。此前已有众多学者在区域分析中对时间维度、空间维度及时空关系进行了深入的研究，提出时距、等时圈、时空圈、经济圈等重要概念。研究人员认为多时空交通圈的多层次性，往往能够用于评价研究中心的空间可达性程度和对周边地区的辐射作用。陈卓和金凤君在《北京市等时间交通圈的范围、形态与结构特征》一文中提出，运用网络分析与成本加权距离集成算法，可计算出定量界定交通圈。并以此为基础，提出 1h 交通圈内部圈层的划分方法和轨道交通服务指数，据此分析北京市 1h 交通圈的内部层次结构。文中将划分等时交通圈的具体方法分为四部分。搜集研究区域内部的公路路口、铁路车站点数据，生成点序列；搜集研究区域内部路网数据，构建网络数据集，利用 OD 分析法，求取距离和时间；生成栅格数据，利用加权距离算法，获取最短时间；综合提取研究区域内部各个栅格到达中心点的最短时间，构成特定交通圈的空间范围。另外，文章认为 1h 交通圈主要服务于通勤式的经济活动，故评价应以通勤便捷程度、重视轨道交通与道路交通的通勤作用为目标，全面对比两种出行方式的空间服务范围，从而反映交通设施的服务能力（陈卓和金凤君，2016）。而伍笛笛和蓝泽兵在《多时空交通圈的内涵、划分及其特征分析》一文中，重点分析了时空圈基本特征及划分的指标和方法。文章认为时空圈具有中心辐射特征、时空收敛特征、非连续性特征和非对称性特征，将时空圈分为近距离时空圈（公共交通 3h 时距）和远距离时空圈（公共交通 3h 以上时距），并进一步提出 1h、2h、3h 时空圈及不同时空圈对应居民日常生活的不同经济活动行为（伍笛笛和蓝泽兵，2014）。

广州市应充分发挥国家中心城市和综合性门户城市的引领作用，全面加强综合交通枢纽功能建设。目前在国家统一筹划下，港澳地区与珠江三角洲 9 市经济发展契合度低、各区域无序竞争、一体化发展存在体制障碍等问题得到解决。但在交通可达性研究方面，从等时交通圈角度去研究广州市的交通状况较少，且存在两个问题：一是并未立足于粤港澳大湾区建设的核心地区考虑问题；二是依然基于传统的 GIS 空间分析方法，采用网络分析加权距离算法计算等时交通圈，数据缺乏实时性和可验证性。本章从地区交通入手，借助地理大数据研究方法，以基础地理数据 + 互联网数据作为支撑，绘制出实时可靠的等时交通圈，并在此基础上研究对比各种出行方式在不同时段的等时交通圈的圈层形态和覆盖面积，着力于分析广州市的交通拥堵问题，立足于粤港澳大湾区核心地位，从大局思维出发，提出广州市一体化交通发展策略，改善出行环境，发挥交通枢纽作用，加快基础设施互联互通，畅通粤港澳大湾区“四通八达、四面八方”的战略通道。

10.1　数据来源及预处理

本节研究需要用到互联网实时交通大数据和基础地理数据，其中基础地理数据包括广州市行政区、各级的道路网数据，人口格网数据，各类交通设施数据（地铁站点、公交站点、线路载客量等）等；互联网实时交通大数据主要来源于百度/高德地图数据。

10.1.1　互联网实时交通大数据

使用百度地图的用户数量庞大，其能够真实反映实时路况，在收集得到行驶在路上车辆的车速、路线、导航信息基础上，形成一套可供开发者使用的 API 接口。

百度地图 API 是为开发者免费提供的一套基于百度地图服务的应用接口，百度地图的一些内部程序能够为我们提供很大的便利，包括 JavaScriptAPI，Web 服务 API、AndroidSDK、IOSSDK、定位 SDK、车联网 API、LBS 云等多种开发工具与服务，提供基本地图展现、搜索、定位、逆/地理编码、路线规划、LBS 云存储与检索等功能，适用于 PC 端、移动端、服务器等多种设备、多种操作系统下的地图应用开发。百度地图 JavaScriptAPI 是一套由 JavaScript 语言编写的应用程序接口，它能够在网站中构建功能丰富、交互性强的地图应用程序。百度地图 API 不仅包含构建地图的基本功能接口，还提供了诸如本地搜索、路线规划等数据服务，适用于 PC 端或移动端的基于浏览器的开发。JS 版本还为用户开放了开源库，简化开发。百度地图导航界面如图 10-1 所示。

图 10-1　百度地图导航界面

10.1.2　基础地理数据

公共交通设施分布、道路网数据及人口格网数据是影响公共交通方式出行的时空圈的最关键因素（图 10-2）。地铁站点在公共交通远距离出行方面占优；公交站点则需要尽可能扩大地铁站点周边覆盖范围，在广度上占优；而道路网则是驾车出行的关键影响因素。

行政区	人口数量/人
越秀区	1 099 325
荔湾区	1 016 839
天河区	1 652 060
……	……
	总计 14 521 795

图 10-2 道路网、人口格网等数据

10.1.3 数据预处理

利用 FME Workbench 2020.1 专业空间数据处理软件，对所有基础地理数据进行坐标转换，统一转换为同一平面坐标系，便于进行要素的叠加、聚合等 GIS 空间分析。在处理互联网实时交通大数据时，需要每天、定时对 10 处研究地点发起请求，记录下数据并作统计分析，需要利用 FME 可批量化、定时执行的特点，用 HTTPCaller 转换器发起请求，用 FeatureMerger、Dissolver、Aggregator 等转换器对请求回来的数据进行清洗处理并合并时空圈计算结果，保持数据的实时客观性。对于人口格网数据，要进行图属挂接处理，通过 ID 编号，把存储在 Excel 的人口总计、户籍人口、流动人口等数据和全市基础网格一一匹配挂接，形成带有人口属性数据的格网 Shapefile 矢量数据。

10.2 分 析 思 路

10.2.1 技术思路

传统 GIS 空间分析方法划定等时交通圈，一般是采取交通运输网络建模、建立 OD 网络，进行距离加权分析完成，将研究区域转化为任意节点的集合，利用点对点的距离分析，设置标准车速、道路是否可通行，根据路径分析的最短距离除以车速计算得到行程时间。此方法缺乏时空信息，任意两地点之间的通行时间是固定不变的。

本节的研究方案涉及空间与时间双维度，采用控制变量的对比分析方法，空间上，控制地点变量，对比城市中心和城市郊区或城际之间的工作日等时交通圈的变化；时间上，将工作日划分为平峰期和高峰期（平峰期为 9:00～11:00、14:00～16:00、19:00～22:00，高峰期为 7:00～9:00、16:00～19:00），用于探索同一地区平、高峰期的变化特征。表 10-1 和图 10-3 展示了研究方案矩阵和技术路线图。

表 10-1　研究方案矩阵

<table>
<tr><th>地点</th><th>时段</th><th>方式</th><th>空间位置</th><th colspan="2">时空变化</th></tr>
<tr><td>珠江新城
环市东路
北京路</td><td rowspan="4">记录 2021 年 4 月 8 日～25 日的工作日平峰期与高峰期的数据</td><td rowspan="4">分别计算驾车、公共交通出行的覆盖面积，取其均值</td><td>城市商务中心地区</td><td rowspan="2">城市功能分区比较</td><td></td></tr>
<tr><td>广州火车站
广州东站</td><td>城市中心交通枢纽</td><td rowspan="2">城市中心与城市郊区比较</td></tr>
<tr><td>广州南站
广州白云机场</td><td>城市郊区交通枢纽</td><td></td></tr>
<tr><td>深圳
北京
上海
广州</td><td>参考城市的城市商务中心地区</td><td colspan="2">城际比较</td></tr>
</table>

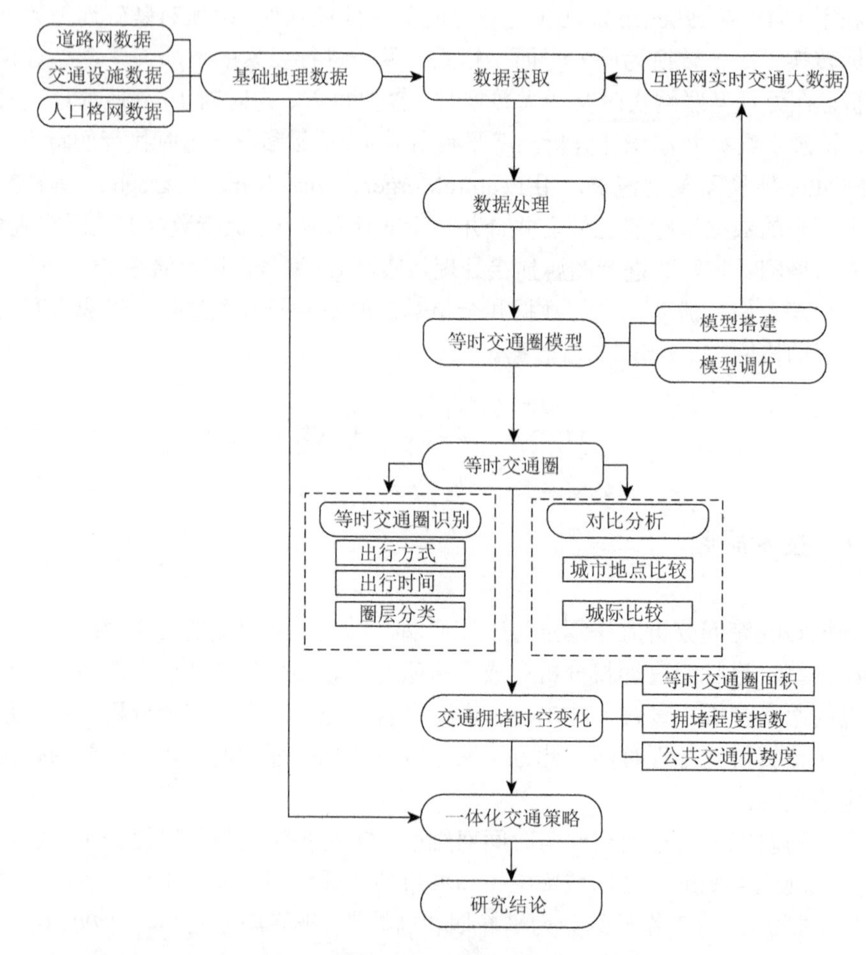

图 10-3　技术路线图

10.2.2 评价思路

1. 等时交通圈中心选取思路

从广州市城市发展中心历史变迁的角度考虑，选定北京路（北京路地铁站）、环市东路（淘金地铁站）、珠江新城（珠江新城地铁站）三个地点作为城市流量中心和广州南站、广州火车站、广州东站、广州白云机场 4 个地点作为城市交通枢纽，基于互联网时空大数据求取广州市等时交通圈，采用控制变量分析法，以出行时间、出行方式、圈层分类为变量，计算包括但不限于以下等时交通圈结果：北京路 30min 自驾（公共交通）平峰（高峰）等时交通圈、北京路 1h 自驾（公共交通）平峰（高峰）等时交通圈、北京路 2h 自驾（公共交通）平峰（高峰）等时交通圈，其余地点研究方法同上。另外，以深圳、上海、北京的商务中心为比较对象，横向对比中国“北上广深”四大城市的交通状况，总结各个城市等时交通圈的特征，分析背后的形成原因，寻求解决措施。

2. 不同等时交通圈反映不同的经济活动特征

30min 等时交通圈反映城市流量中心辐射范围。在 30min 等时交通圈覆盖范围内的区域均属于研究中心的辐射地区，一般情况下被认为是城市 CBD 的核心范围。具体表现为高层建筑密集、大型企业集聚、公交轨道站点密布、道路整洁且道路网密度高。

1h 等时交通圈也被称为通勤圈，主要以通勤式的经济活动为主。通勤指从居住地往返工作地的交通行为，是连接生活与工作的纽带。随着城市化和交通工具的发展，居住地和工作地分离的现象愈加显著；“职住分离”现象意味着通勤距离和通勤时间增长。2018 年“极光大数据”调查显示，中国工作人群平均单次通勤时间在 45min、出行时间控制在 1h 范围内，经济活动个体更倾向于在此范围内选择居住和工作地点。1h 等时交通圈，能够反映城市职住平衡发展的水平，是改善城市通勤状况的参考

2h 等时交通圈的主要经济活动类型为商务，表现为一日往来的短期商务、政务交流活动。以全天出行时间为 10h 计算，除去往来近 4h 的车程及午餐午休 1h 外，留有办事时间为 5h。具体例子可表现为广州市各区级政府办公人员均可一日内到市中心参与会议或其他政务交流活动。

3. 等时交通圈面积

定量分析模型最重要的特点就是可量化，在此案例分析中，如何通过不同交

通工具构成的时空圈去评价城市的拥堵程度是关键。等时交通圈面积指的是固定时间内等时交通圈覆盖的区域面积，主要有30min、1h和2h。等时交通圈反映交通设施“供给侧”的综合服务能力，融合了交通可达性评测中的时间、空间、程度三个维度，是城市空间结构、布局设施、管理等因素与需求综合作用的结果呈现。等时交通圈面积分析的维度包括以下几点。

（1）面积值：反映基于交通可达性的城市交通状况和腹地发展水平。

（2）自驾平峰期与高峰期的面积比值：反映研究区域拥挤影响程度。

（3）高峰期自驾与公共交通的面积比值：体现覆盖面积中公共交通优先的相对水平，比值越小，公共交通相对优势越明显。

10.3　模型构建

模型建立的过程包括模型的分块处理，用到了哪些算子，每个算子的作用及其自动化、可重复地自动拾取和数据处理入库。数据处理流程如图10-4所示。

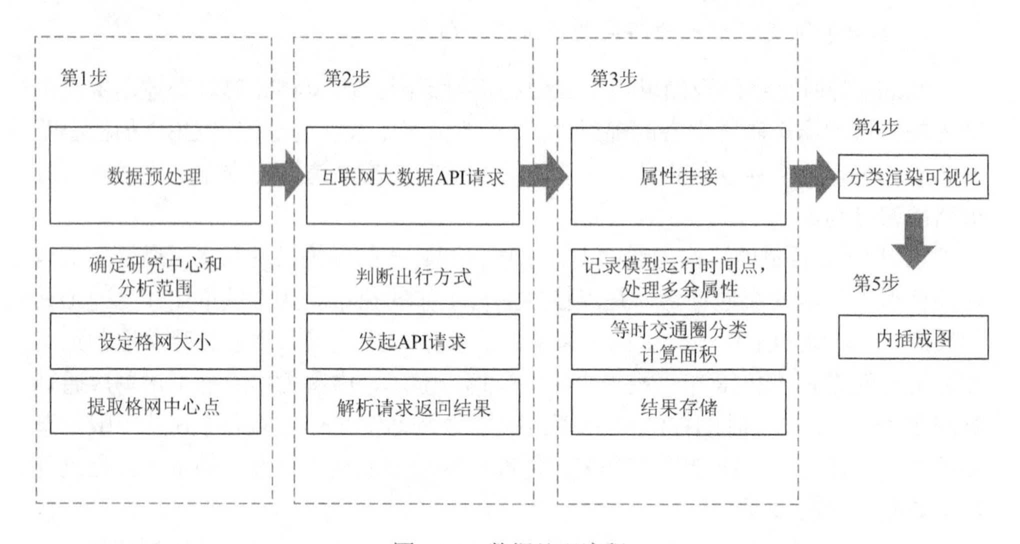

图10-4　数据处理流程

1. 数据预处理

（1）确定研究中心和分析范围。利用参数化设置（图10-5），预设研究中心的中心坐标，便于重复利用；另外，通过Esri Shapefile Reader读模块读取分析范围。

图 10-5　参数化设置

（2）设定格网大小。研究范围格网化处理运用 Bufferer 转换器和 ImageRasterizer 转换器建立研究中心一定范围的缓冲区，划分为 1km×1km（自驾为 2km×2km）的格网（图 10-6）。

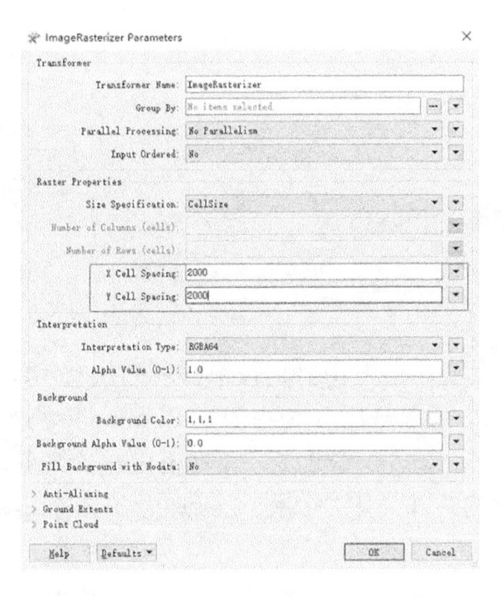

图 10-6　格网生成

（3）提取格网的中心点。保留格网，同时提取中心点为点图层（便于插值）。运用 CenterPointExtractor 转换器可提取格网中心点坐标（图 10-7）；运用 CenterPointCreator 转换器即可提取多边形的几何中心，转为点图层。

Extractor_OUTPUT

lng	lat	_inside_z
113.28789532...	23.658471059...	<missing>
113.29294403...	23.659223672...	<missing>
113.30275799...	23.659975654...	<missing>
113.31257201...	23.660727005...	<missing>
113.32238608...	23.661477724...	<missing>
113.33220021...	23.662227812...	<missing>
113.34198233...	23.662153757...	<missing>
113.35176424...	23.661107708...	<missing>
113.36154593...	23.660061052...	<missing>
113.37132741...	23.659013790...	<missing>
113.38110868...	23.657965923...	<missing>

in any column

图 10-7　格网中心点坐标

2. 互联网大数据 API 请求

（1）判断出行方式。选择自驾或公共交通。利用 Tester 转换器判断出行方式。

（2）发起 API 请求。遵循百度地图 API 请求规则，利用 HTTPCaller 转换器，输入网络请求参数 RequestURL（请求地址）、origins（起点）、destinations（终点）、tactics（算路偏好）、output（结果输出类型）、ak（用户 AK），循环发起每个格网中心点与研究中心的路线规划服务请求。

（3）解析请求返回结果。利用 XMLFormatter 转换器对返回的 XML 数据结果进行格式化整理，并用 PythonCaller 转换器提取出时间和距离信息（图 10-8）。

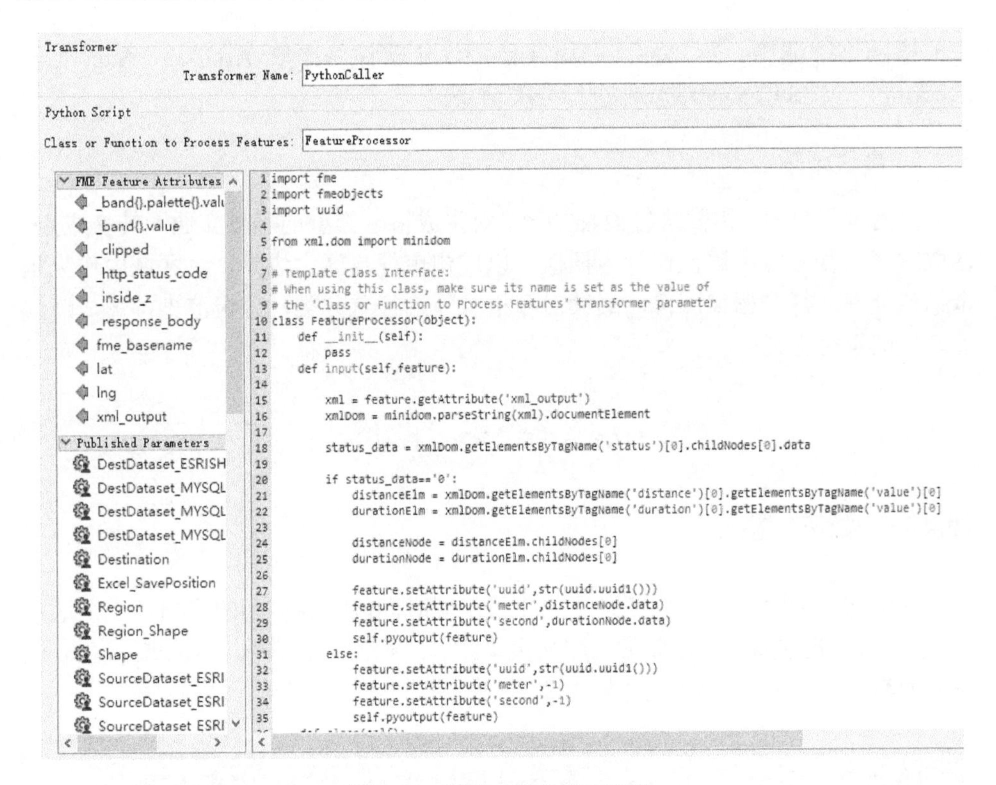

图 10-8 提取时间和距离信息

3. 属性挂接

（1）记录模型运行时间点，处理多余属性。利用 DateTimeStamper 转换器生成时间戳；并用 DateTimeConverter 转换器进行时间格式转换，提取出年/月/日/时/分，便于数据平、高峰期的区分；另外，利用 AttributeKeeper 保留需要的属性字段。

（2）等时交通圈分类计算面积。新增类型字段区分不同的等时交通圈，利用 AttributeCreator 转换器，按照时间字段的属性值归类为 30min 圈、1h 圈、2h 圈及 2h 以上圈；通过 Dissolver 和 Aggregator 转换器对几何图形进行同类合并；最后用 AreaCalculator 转换器计算等时交通圈面积。

（3）结果存储。利用 Esri Shapefile Writer 写模块输出 Shapefile 矢量文件，文件名自动保存为区域_出行方式_记录时间，同时通过 MariaDB（MySQLcompatible）Spatial 写模块把结果写入 MySQL 空间数据库，便于历史记录保存。

4. 分类渲染可视化

渲染可视化有两种方式：第一种，上传到 EsriInsightsforArcGIS，直接对分类后的格网进行渲染；第二种，利用其他可视化软件，比如 ArcMap、SuperMap IDesktop、QGIS 等桌面端软件进行分类渲染。

5. 内插成图

点密度不足时，需要进行内插加密。对生成格网类型的等时交通圈转换成点，选取时间（秒）字段属性作为内插值。以广州市行政区为边界，对区域内作克里金插值处理，得到栅格图像，继续对栅格像元进行重分类，分级渲染，形成连续性表达的等时交通圈。

10.4 结果评价

10.4.1 实施效果

图 10-9 和图 10-10 分别记录了工作日不同时间段统计得到的广州市 7 个地点（环市东路、北京路、珠江新城、广州火车站、广州南站、广州东站、广州白云机场）的等时交通圈，出行方式为自驾。

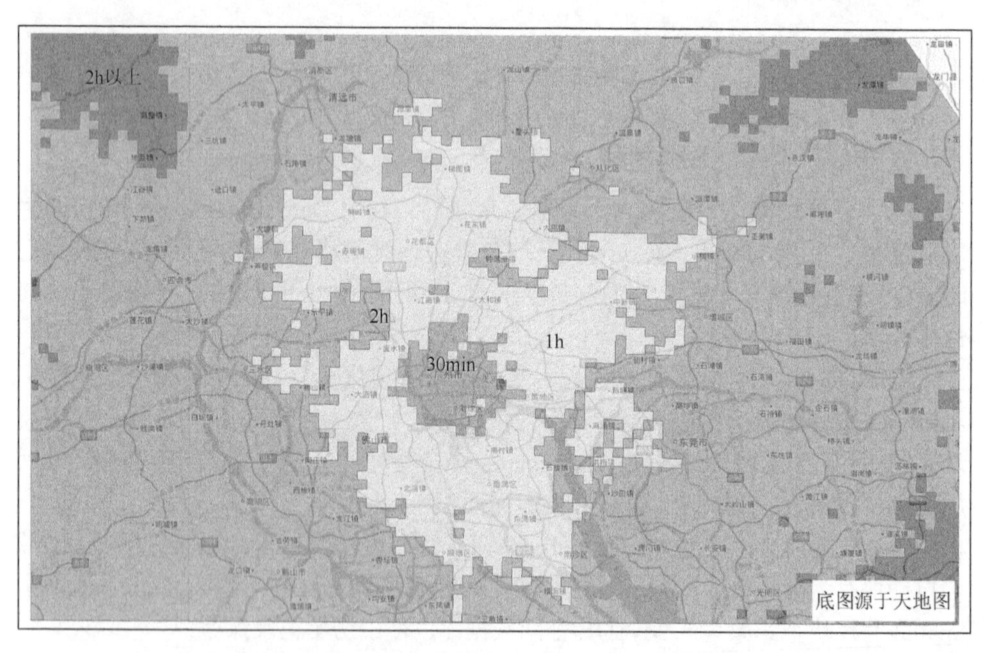

图 10-9　环市东路平峰期自驾等时交通圈实施效果图

图 10-10　环市东路高峰期自驾等时交通圈实施效果图

10.4.2　等时交通圈面积

从自驾等时交通圈面积（表 10-2）来看，广州南站和广州白云机场平峰期 30min 等时交通圈面积分别达到 564km^2 和 496km^2，高峰期虽然有一定程度的减少，但仍然能够达到 332km^2 和 408km^2，反映了城、郊两地交通状况最好，通行速度最快。对于另外五地而言，广州火车站平峰期驱车 30min 及 1h 覆盖的面积最广；广州东站表现最差，反映出周边路况较差、车行速度较慢的问题，原因是其作为大型交通枢纽，平、高峰期均有大量旅客、人流量大，也有管理效果不佳的因素；北京路虽较好于广州东站，但由于建设年限已久，道路宽度、破损程度影响了车行速度，造成堵塞。而从高峰期来看，环市东路在这五地中的综合表现最优秀；广州东站依然表现不佳，其次是珠江新城和北京路。

表 10-2　自驾等时交通圈面积

地点	时间段	30min 圈/km^2	1h 圈/km^2
环市东路	平峰	380	4708
	高峰	156	1388
北京路	平峰	260	3552
	高峰	84	872

续表

地点	时间段	30min 圈/km^2	1h 圈/km^2
珠江新城	平峰	372	4168
	高峰	72	912
广州南站	平峰	564	5068
	高峰	332	3748
广州火车站	平峰	388	5288
	高峰	120	2432
广州东站	平峰	228	3392
	高峰	56	672
广州白云机场	平峰	496	5796
	高峰	408	4664

在公共交通方面，整体上比较，平、高峰期对等时交通圈的面积影响不大，反映出广州市城市中心公共交通运力充足，但也有可能是互联网大数据提供的路线规划时间并未考虑到人为控流的情况。于 30min 圈而言，广州市 7 个地点的等时交通圈明显区分出 4 个档次。环市东路居于第一档次，30min 覆盖面积远大于其他地点；珠江新城与北京路居于第二档次；广州火车站与广州东站居于第三档次；广州白云机场和广州南站 30min 覆盖面积为零，处于第四档次。广州白云机场与广州南站分别处于广州市北部郊区和南部郊区，公交线路密度低，仅靠地铁联通，导致等时交通圈面积大大减少，这也能够说明在公交服务在空间上覆盖的广度，而地铁则更侧重于远距离和效率（表 10-3）。

表 10-3　公共交通等时交通圈面积

地点	时间段	30min 圈/km^2	1h 圈/km^2
环市东路	平峰	31	337
	高峰	35	334.46
北京路	平峰	13	229
	高峰	17.12	229.62
珠江新城	平峰	18	358
	高峰	17	335
广州南站	平峰	0	54
	高峰	0	51
广州火车站	平峰	5	130
	高峰	6	110

续表

地点	时间段	30min 圈/km^2	1h 圈/km^2
广州东站	平峰	4	174
	高峰	8	136
广州白云机场	平峰	0	37
	高峰	0	32

10.4.3　自驾平峰期与高峰期的面积比值

自驾平峰期与高峰期的面积比值，能够反映研究区域拥挤阻塞影响程度（表 10-4）。比值越大，表示研究路段越拥堵。从 30min 圈比值来看，珠江新城拥堵程度最为严重，比值达到 5 以上；其次是广州东站，同样拥堵十分严重；除去白云机场与广州南站两地外，环市东路的拥堵程度最小。从 1h 圈比值来看，白云机场与广州南站的路段情况依然是最为畅通的；广州火车站拥堵程度有所缓解，通过表可得知，广州火车站高峰期 1h 覆盖的区域主要往北、往东等周边地区拓展；广州东站和珠江新城仍然十分拥堵。

表 10-4　自驾平、高峰期等时交通圈面积比值

地点	30min			1h		
	平峰/km^2	高峰/km^2	比值	平峰/km^2	高峰/km^2	比值
环市东路	380	156	2.435897	4708	1388	3.391931
北京路	260	84	3.095238	3552	872	4.073394
珠江新城	372	72	5.166667	4168	912	4.570175
广州南站	564	332	1.698795	5068	3748	1.352188
广州火车站	388	120	3.233333	5288	2432	2.174342
广州东站	228	56	4.071429	3392	672	5.047619
广州白云机场	496	408	1.215686	5796	4664	1.24271

10.4.4　自驾与公共交通的高峰时段面积比值

自驾与公共交通在高峰期 1h 覆盖的面积比值，可以反映高峰期公共交通出行的优势性，比值越小，公共交通优势越明显，人们选择公共交通出行的意愿更强烈。从表 10-5 可以看到，中心城区的公共交通优势的确要更明显，其中珠江新城优势最明显；广州白云机场和广州南站处于偏远地区，虽然路段畅通，但其公共交通设施的不足，导致其出行难以依赖汽车、地铁等公共交通出行方式。广州火车站的表现突出，其高峰期自驾 1h 能覆盖 2432km^2。

表 10-5　自驾与公共交通高峰 1h 等时交通圈面积比值

地点	自驾/km^2	公共交通/km^2	比值
环市东路	1388	334.46	4.149973
北京路	872	229.62	3.797579
珠江新城	912	335	2.722388
广州南站	3748	51	73.4902
广州火车站	2432	110	22.10909
广州东站	672	136	4.941176
广州白云机场	4664	32	145.75

10.4.5　一线城市对比分析

从自驾等时交通圈覆盖面积的维度分析，上海平峰期 30min 覆盖面积最大；而深圳则在高峰期表现优异，居于首位。1h 等时交通圈则互有优劣（表 10-6）。

表 10-6　“北上深”三地自驾等时交通圈面积

地点	时间段	30min 圈/km^2	1h 圈/km^2
北京	平峰	244	2909
	高峰	94	2188
上海	平峰	472	4919
	高峰	164	2732
深圳	平峰	364	3720
	高峰	196	2376

从公共交通等时交通圈面积（表 10-7）的比较可知，无论是 30min、1h，还是平峰期、高峰期，北京、上海、深圳的覆盖面积都比较优秀。但从 1h 等时交通圈的覆盖面积来看，北京与上海则遥遥领先，归因于其基础公共交通设施建设的充分发展。北京是国内轨道运营数量最多的城市，而上海是轨道运营里程最长的城市，它们均具备完整的轨道交通网络。

表 10-7　“北上深”三地公共交通等时交通圈面积

地点	时间段	30min 圈/km^2	1h 圈/km^2
北京	平峰	32	408
	高峰	36	404
上海	平峰	25	437
	高峰	24	440
深圳	平峰	32	275
	高峰	34	257

第 11 章　不动产专题：不动产数据整合分析

11.1　不动产数据整合分析模型

11.1.1　模型建立思路

国内城市普遍存在存量的地籍、房产、林地、海域等数据来源复杂，分别来自不同时期、不同行政区、不同部门建设的业务系统，且数据量大、类型复杂、标准不一、坐标不一致等现象，整合建库工作量大。并且，随着不动产登记信息化建设推进，现阶段不动产登记只是针对新增登记业务进行规范管理，对存量数据尚未进行整理和规范，因此也尚未建立不动产统一管理的空间模型。

根据自然资源部和广东省自然资源厅颁发的不动产登记数据库相关标准，通过梳理存量不动产登记空间数据现状及存在的问题，提出切实可行的技术流程和技术方案，建设一套不动产数据抽取整合模型库，开发可用于用户实际生产的不动产数据抽取整合建库工具，实现对存量不动产数据的“地—物—权”一体化管理模式。

不动产登记数据整合建库流程如图 11-1 所示。不动产登记数据整合在土地、房屋等现行数据库标准规范和《不动产登记数据库标准（试行）》的指导下，按照土地、房屋的登记成果数据，土地、房屋的空间数据，土地、房产的档案信息及房地合一的工作路线，最终建成用于支撑不动产登记信息管理基础平台运行的成果数据库。

不动产数据抽取整合整体思路按照尊重历史、充分继承的原则，保留和认可原有各部门已形成的调查成果，对涉及到初始调查和变更调查的房屋、林地、草原、承包地等，统一按照目前的有关要求和方法开展，通过宗地统一编码建立各类数据之间的联系。

数据处理流程如图 11-2 所示。

1. 数据收集

本专题涉及数据包括集体土地所有权，建设用地使用权，宅基地使用权，房屋所有权，土地承包经营权，农用土地使用权，林权，海域（无居民海岛）使用权及建筑物、构筑物所有权，取水权，探矿权，采矿权等数据，分别有以下三种类型。

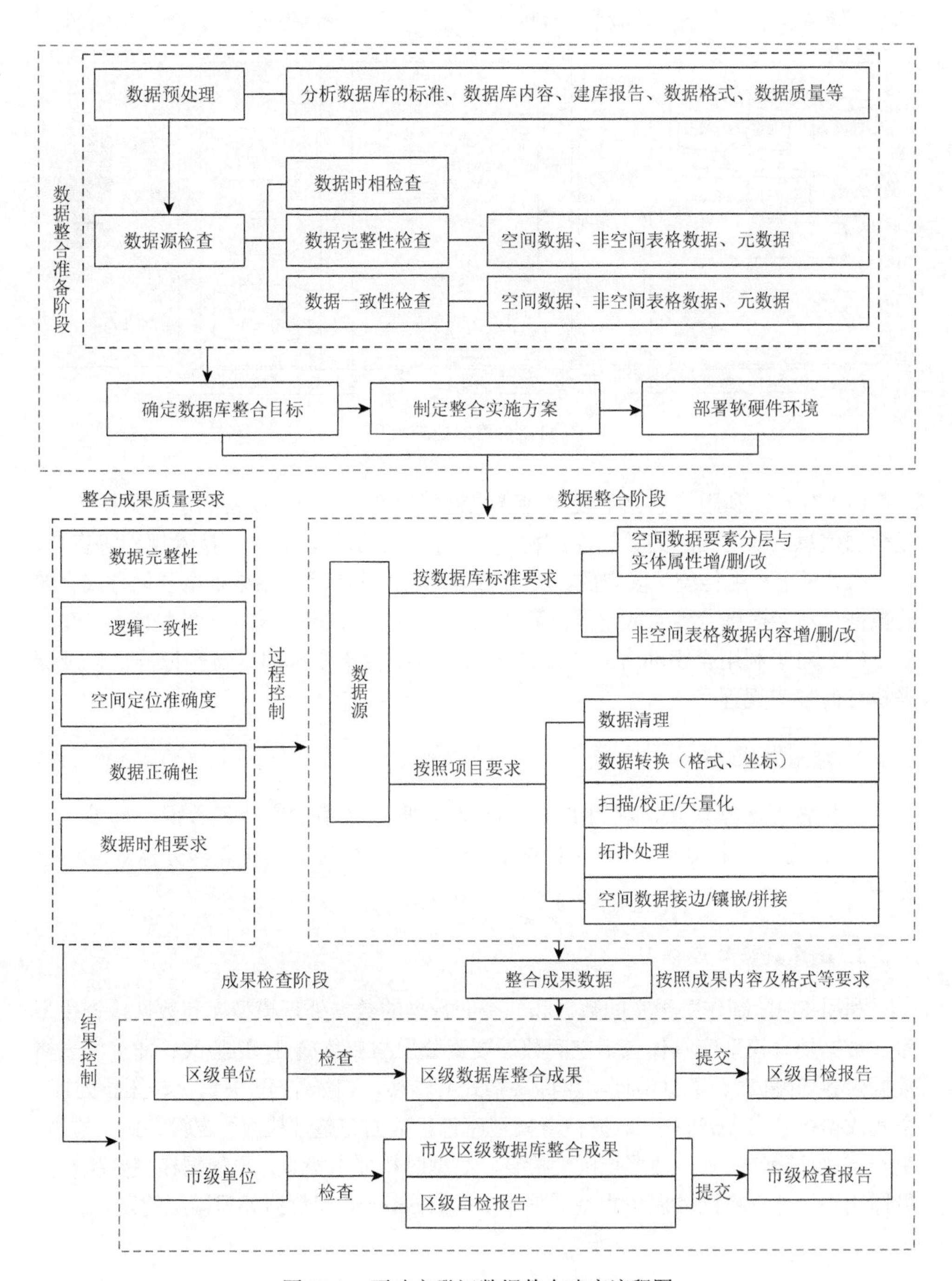

图 11-1　不动产登记数据整合建库流程图

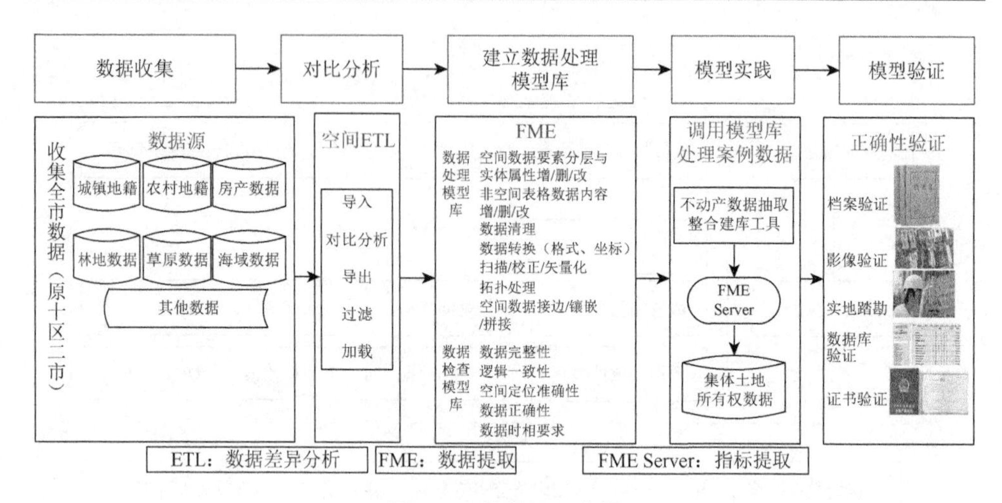

图 11-2　数据处理流程

（1）对于已利用信息化手段实现登记管理的数据，搜集完备的电子数据信息、元数据信息，以及相应的数据库结构设计、执行的数据库标准、技术规程等资料。

（2）对于利用传统手段完成、实现档案查询管理或登记结果以电子化方式存储的数据，需要搜集完备的纸质登记簿和电子化档案，以及原来执行的技术规程等。

（3）对于利用全手动方式完成的数据，需要搜集全部的纸质登记簿，以及原来执行的技术规程。

2. 对比分析

分析各区数据现状，利用 FME 将现状数据与《不动产登记数据库标准（试行）》结合进行差异分析，在 FME Workbench 工作空间中制作差异分析处理流程模板。

3. 建立数据处理模型库

利用 FME 制作关于空间数据和非空间数据的数据处理模型库和数据检查模型库，数据处理模型库具体包括空间数据要素分层与实体属性增/删/改、非空间表格数据内容增/删/改、数据清理、坐标（格式）转换、扫描/校正/矢量化、拓扑处理、空间数据接边/镶嵌/拼接；数据检查模型库包括数据完整性检查、逻辑一致性检查、空间定位准确性检查、数据正确性检查、数据时相要求检查。再根据模型要执行的目标结果，选择不同的服务类型，使用 FME Server 进行数据处理模型的发布。

4. 模型实践

调用模型库处理案例数据，以集体土地所有权作为案例数据对建立的数据处理流程模型进行实践，利用 FME Server API，开发不动产数据抽取整合建库工具实现服务的调用，得出符合《不动产登记数据库标准（试行）》和实际情况的数据。

5. 模型验证

利用处理所得数据，对数据处理模型进行验证，验证方式包括档案验证、影像验证、实地踏勘、数据库验证、证书验证。

11.1.2　模型建立实践

由于历史原因，各地均存在不同年代的登记成果数据，数据存在格式不统一、数据关联不确定、重复数据多等问题，通过 FME 可以高效、准确地解决这一问题。

当用户定制自己的数据转换模型时，利用 FME Workbench 模块，可以轻松完成非常复杂的数据转换任务，而且数据转换质量非常理想；能够可视化地定义从原数据到目标数据的对应关系（属性和图形）；同时还可以使用该模块进行不同格式数据源的合并工作。

1. 数据获取

数据获取指将数据源中所需要的数据提取到数据仓库中，为指标提供数据基础。主要包括数据源、数据处理、数据检查 3 个内容。数据源包括各地不同时期的登记数据、权籍数据、地籍数据等，以及相关的其他部门的数据或 Web 资源数据。由于数据源复杂多样，数据类型、数据结构、投影方式、比例尺等存在差异，因此要对数据进行初步的整理，做初步的描述分析，选择与数据挖掘有关的变量，或者转变变量。数据质量不但影响到数据抽取转换、指标生成，还会直接影响到数据结果的展示，因此将数据检查、质量评估、数据清理融合到 ETL 过程中，保证了数据获得的质量。

2. 数据组织

数据组织主要实现数据的存储和管理，包括数据仓库建模、数据的集成与分解、归纳与推理、概括与聚类等。不动产数据仓库根据数据现状与应用要求而设计，主要提供数据融合和集中处理的功能，要有利于统一标准的数据仓库的建立。

3. 指标提取

不动产数据整合指标大致可以分为两种类型，显示信息指标和非显示信息指标。对于显示信息指标，可以从数据源通过指标计算公式获得。对于非显示信息指标，要根据监管内容和目标，使用空间分析、聚类、探测、可视化等多种挖掘方法，建立数据挖掘模型，从大量数据中发现内在的、隐含的关联性信息，最终形成不动产数据整合的指标。

4. 数据利用

数据展示区是数据仓库的人机会话接口，包含了多维分析、数理统计、报表查询、即席查询、关键绩效指标监控和数据挖掘等功能，并通过报表、图形和其他分析工具，方便用户简便、快捷地访问数据仓库中的各种数据，也可以通过数据仓库将数据导入整合系统进行统一整合。

11.1.3 模型建立效果

1. 土地、房屋的登记成果数据

1）处理过程

针对收集到的电子地籍登记数据，经过数据清洗和逻辑重建后，根据宗地代码、权证号，将权利信息等与其对应的地役权、抵押权、查封、异议等信息进行关联，通过宗地代码，关联同一宗地权属登记的来源去向关系。纸质的登记成果数据需进行逐宗手动录入和比对校验，再按电子登记成果数据进行处理。

2）完成效果

可在不动产登记系统上直接查询或调用土地、房产的登记成果数据，产权状态信息，以及历史登记过程。

在受理同一宗产权的登记时，可在补录功能上，通过输入产权证号直接调取全部信息，大大减少手动录入量；若产权存在限制登记的情况，系统还可自动提醒、自动控制，有效提高登记安全性。

2. 土地、房屋的空间数据

1）处理过程

对于已建库的宗地图数据，经过清洗和规范化处理后，形成宗地图数据库，并根据不动产单元编码规则，生成对应的不动产单元号。对零散的矢量数据需进行规范化处理和整理入库；纸质成果数据需先进行矢量化处理和整理入库，完全没有坐标数据的，则需进行测绘，再按标准进行成果入库。空间数据整理完成后，即可根据宗地编号，与已整理完成的登记信息进行关联，关联无误后，将不动产单元号写回至登记成果数据中。

房产登记的自然幢及楼盘表的处理方式与宗地一致，但是由于房屋尚未“落地”，此时暂无法进行不动产单元编号。

2）完成效果

可在不动产登记系统上直接查询或调用土地、房产的登记成果数据，产权状态信息，以及历史登记过程；并能够进行土地、房产的空间定位，在地图上直观查看其位置信息。

完成此步骤后，再受理同一单元的业务申请时，无须进行权籍调查工作；业务审批过程中，还可进行图文关联查询，叠加最新的影像图进行查看，可使审批过程更为直观、准确。

3. 土地、房产的档案信息

1）处理过程

对于已电子化的档案信息，按数据整合的标准进行规范化处理；未电子化的档案信息，则需先进行电子化处理（如扫描），再按规范整合。

整理完成的档案成果，可根据业务编号或档案号、产权证号等信息，与登记成果数据关联。

针对房地合一的业务，在没有条件完成所有档案数据的扫描挂接时，也可先跳过此步骤。

2）完成效果

可在不动产登记系统上直接查询或调用土地、房产的登记成果数据，产权状态信息，以及历史登记过程；并可打开具体某一项登记业务，查看其全部的档案信息。

4. 房地合一

1）处理过程

在实现“户归幢”的前提下，将自然幢通过空间分析进行落图、落宗后，即可对自然幢及房屋进行不动产单元编号；并将不动产单元号更新至房屋的登记信息。由于地籍的登记信息也更新了对应宗地的不动产单元号，因此，通过不动产单元号，可实现地籍与房屋登记信息的关联。至此，才真正完成了房地合一的处理。

2）完成效果

可在不动产登记系统上直接查询某个不动产单元的登记成果数据（如果是房屋，应同时可查看到土地和房屋的登记信息）、产权状态信息，以及历史登记过程。若档案已挂接，还可查看具体某一宗业务的全部电子档案。还能够进行空间定位，在地图上直观查看其位置信息。

完成此步骤后，再受理同一单元的业务申请时，可直接通过单元号调取不动产单元的物理信息及上一手产权信息，基本无须业务人员手动录入其他信息。还可准确地进行产权状态提醒与控制，彻底解决错登、重登问题。

效果图如图 11-3 所示。

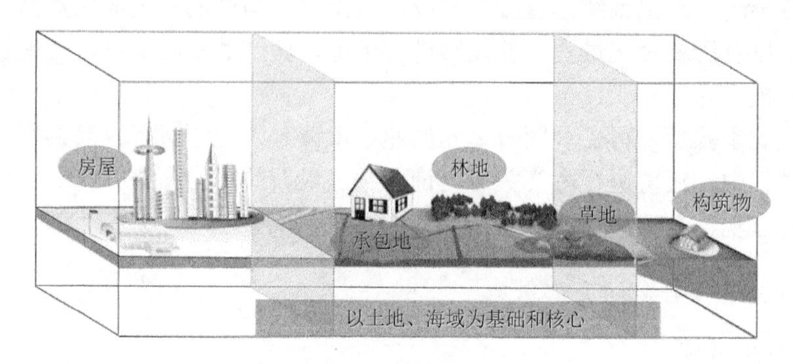

图 11-3　效果图

11.2　数据库分析关联模型

11.2.1　背景与目标

根据国务院办公厅、自然资源部关于压缩不动产登记办理时间的要求，进一步加强信息集成，提高不动产登记数据质量和便民服务能力，优化营商环境的工作部署，各地区开始关于存量数据的全面整合及汇交工作。

各地区因各种原因，存在更新、更换登记系统的情况，将不同时期的登记数据存储于不同的登记系统中。为将权籍权利数据按照国家数据库标准统一存储管理，对数据进行整合。但在数据量庞大、数据关系复杂的多个登记系统中，可能存在权籍权利数据关联问题、权籍权利数据质量问题、字段映射问题等。

各地区将以国家数据库标准为蓝本，对存量数据进行迁移、整合，保障最终成果顺利入库、汇交。

11.2.2　模型建立实践

每个地区都存在不同的系统，不同的系统管理着不同的数据。而每个系统都有独立的数据库，其表结构与国家标准数据库也有所差别。

利用表注释、字段注释、字段内容、字典表数据等信息判断表中存储内容。另外，通过筛选出的表中主要相同字段对比，寻找各表之间的关联关系。观察各个数据库表结构、字典表值，查看是否存在有相似字段或字段值，通过比对分析，查找出存在的联系，以建立数据库之间的关联。

例如，权籍数据与权利数据关联，利用空间参考数据、属性参考数据、数据库中多个字段内容等关联条件，通过 FME 的 PointOnAreaOverlayer 转换器、FeatureMerger 转换器等为工具，使权籍权利数据相互关联，从而实现所有权利数据均能关联上权籍数据。图 11-4～图 11-8 分别表示为利用空间参考数据示意图、PointOnAreaOverlayer 转换器参数设置、利用属性参考数据示意图、FeatureMerger 转换器参数设置和利用系统数据库字段内容示意图。

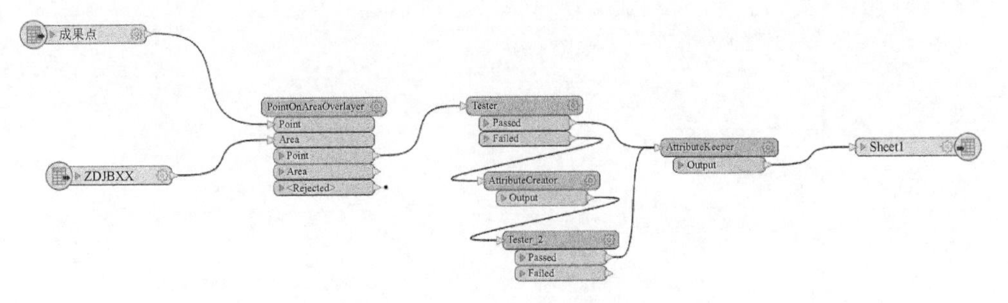

图 11-4　利用空间参考数据示意图

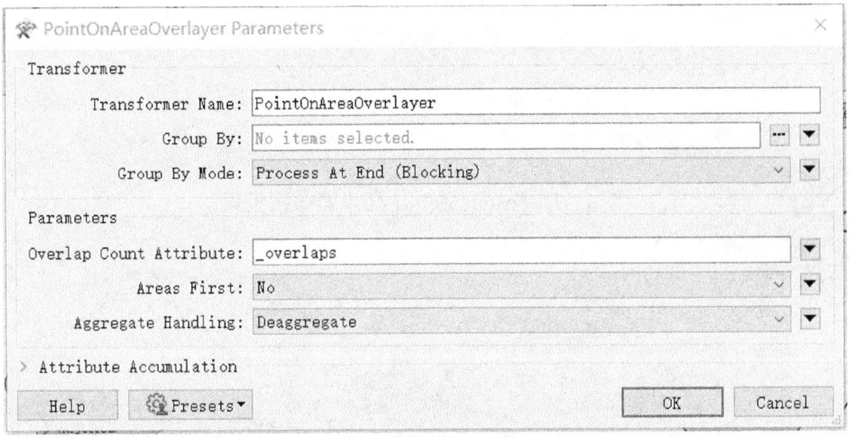

PointOnAreaOverlayer Parameters

Transformer

Transformer Name: PointOnAreaOverlayer

Group By: No items selected.

Group By Mode: Process At End (Blocking)

Parameters

Overlap Count Attribute: _overlaps

Areas First: No

Aggregate Handling: Deaggregate

Attribute Accumulation

Help　Presets　OK　Cancel

图 11-5　PointOnAreaOverlayer 转换器参数设置

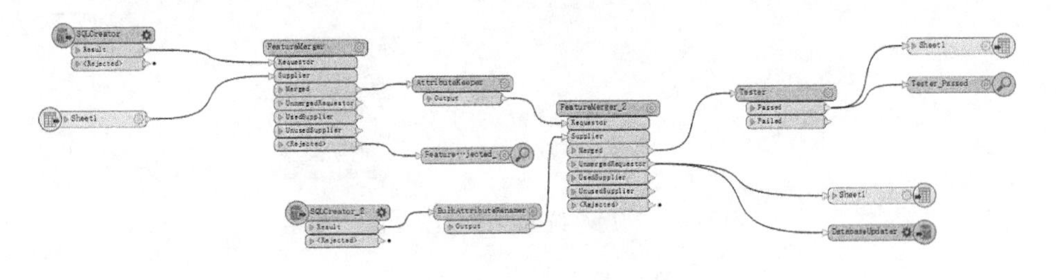

图 11-6　利用属性参考数据示意图

FeatureMerger Parameters

Transformer

Transformer Name: FeatureMerger

Group By: No items selected.

Group By Mode: Process At End (Blocking)

Suppliers First: No

Join On

Requestor	Supplier	Comparison Mode

Merge Parameters

Feature Merge Type: Attributes Only

Reject Null and Missing Keys: No

☐ Process Duplicate Suppliers

Attribute Accumulation

☐ Generate List

Help　Presets　OK　Cancel

图 11-7　FeatureMerger 转换器参数设置

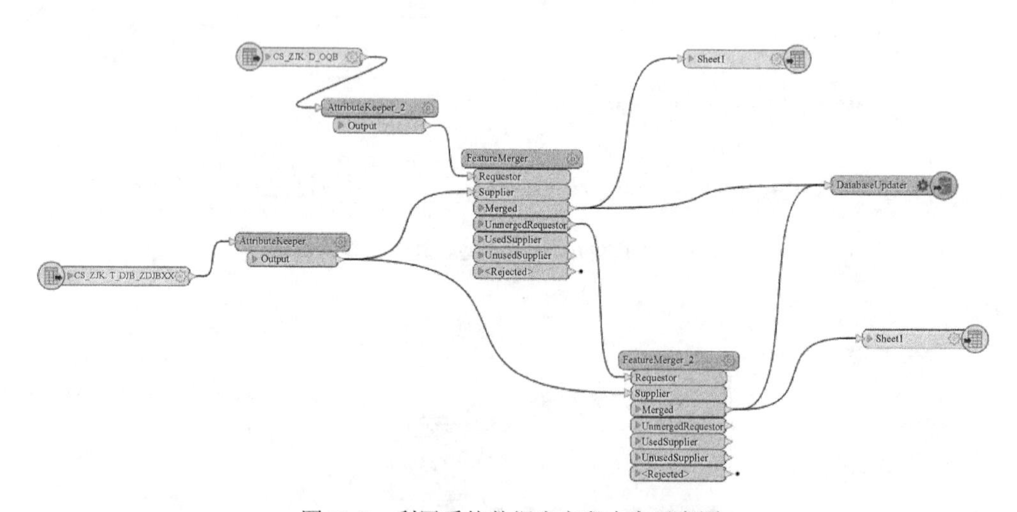

图 11-8　利用系统数据库字段内容示意图

在权籍权利数据关联过程中，发现部分权利数据因各种原因无法与权籍数据关联。为保证迁移至标准数据库后，所有数据能够正常使用，将无法关联上权籍数据的权利数据通过 FME 的 GOIDGenerator 转换器生成一个不重复的 ID，反推生成一个新的权籍数据，并将其迁移至标准数据库中，在后期正式运用时逐步更新去除，如图 11-9 和图 11-10 所示。

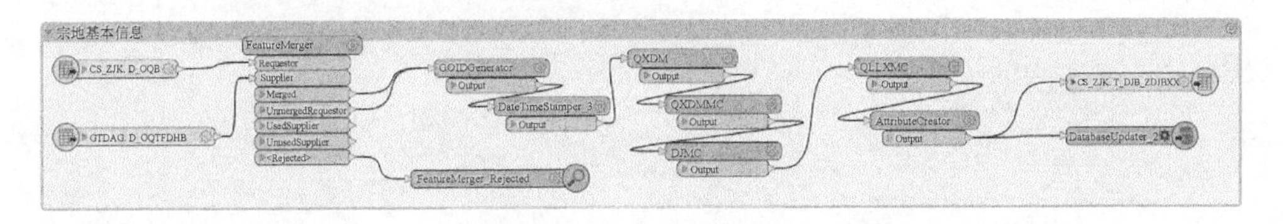

图 11-9　反推生成新数据

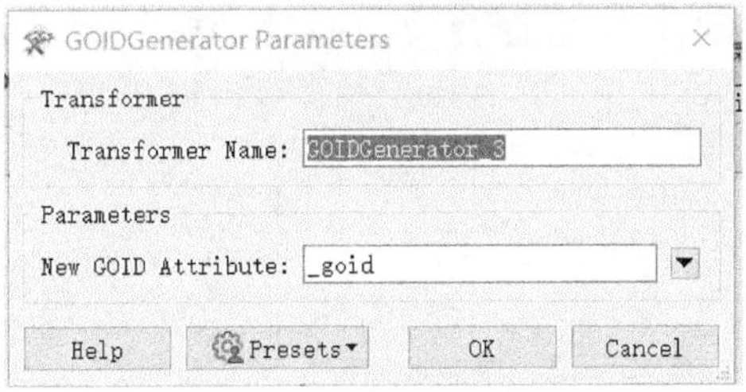

GOIDGenerator Parameters

Transformer

Transformer Name: GOIDGenerator_3

Parameters

New GOID Attribute: _goid

Help　Presets　OK　Cancel

图 11-10　GOIDGenerator 转换器

各地区由于历史原因，可能存在多个登记系统，不同的登记系统使用时间不同，系统中存储的数据也不同。但是在各个系统的过渡时期，多个系统同时使用，使得相同数据可能存在于多个系统中，因此需要通过关键字段、关键信息的对比，去除冗余数据。由于关键字段内容前后位数问题，致使 SQL 语句匹配不太顺利，需要关联多个表、运行多个语句，其效率、速度低，准确率不高。使用 FME 的 FeatureMerger 转换器可以将数据一次性匹配完成。

在不同系统更新上线的过程中，为了保证上线的顺利进行，因此会将新旧系统同时使用，这会造成数据同时存在于两个登记系统中。因此统一迁移之前需要将重复的数据从迁移清单中剔除。以相同字段、字段内容为关联条件，以 FME 的 Matcher、Tester 转换器为工具，将关联上的数据认定为重复数据，并剔除迁移清单，如图 11-11 和图 11-12 所示。

各地区参考国家数据库标准，在标准的基础上扩展、建立各地区的特色字段，但这些字段、字段内容有别于国家标准。将不符合数据库标准的字段提出来，利用语句运行更新，需要根据字段中不同内容运行不同语句，导致需要使用的语句繁多。使用 FME 的 AttributeValueMapper 转换器，一个转换器一个字段，每个字段中每一种类型均可映射至对应字典值中。

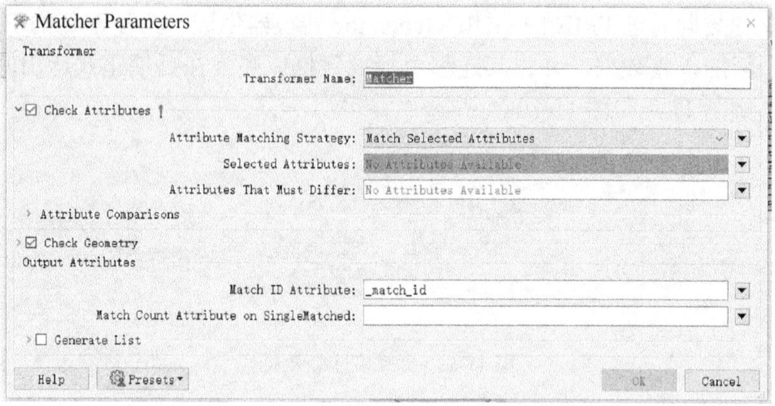

图 11-11　Matcher 转换器

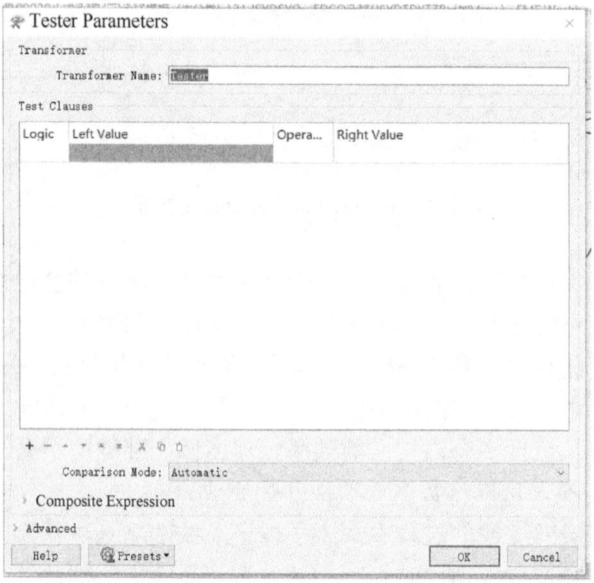

图 11-12　Tester 转换器

通过 FME 模板将各时期登记系统的数据通过梳理出来的关联关系进行连接，去除重复数据，并按照对应的制定的字段转换格式，将权籍权利数据关联、去重、统一标准，迁移至标准数据库中。

各地区在国家数据库标准的基础上，扩展出更符合当地登记需求的字段内容。为保证迁移至标准数据库中的数据能够正常使用，因此制定扩展字段映射国家标准的映射规则。通过 FME 的 AttributeValueMapper 转换器进行转换，登记类型字段映射转换如图 11-13 所示。

AttributeValueMapper Parameters

Transformer

Transformer Name: AttributeValueMapper_18

Attribute Selection

Source Attribute: No Attributes Available

Destination Attribute: _looked_up

Default Value:

Value Map

Mapping Direction: Forward (Source To Destination)

Source Value	Destination Value

Import...

Help　Presets　OK　Cancel

图 11-13　登记类型字段映射转换

11.2.3　模型建立效果

模型思路示意图如图 11-14 所示。

通过对比处理属性数据、图形数据，发现使用常规流程效率远低于使用 FME 模板。并且 FME 将分布在不同软件或平台中的数据整合为同一数据格式或整合到同一平台中，发挥 ETL 能力，完成数据格式与数据结构的整合，在数据建库或数据中心建设中发挥重要作用。

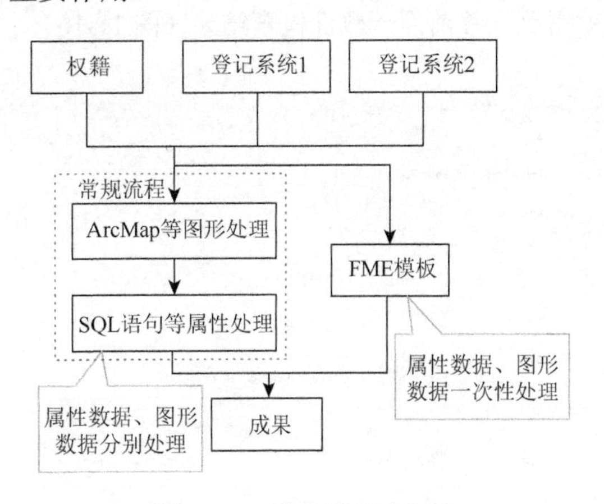

图 11-14　模型思路示意图

FME 利用 500 多个转换器，通过设计流程化的数据处理过程，对数据的图形和属性进行变换和处理，比如，图属挂接、空间分析、属性处理、坐标转换、统计分析、制图等。通过流程搭建，能实现不动产数据预处理等功能。

通过多次数据整合和技术积累，本书已形成一套完整的 FME 模板，根据不同地区需求，进行细微调整，以适应于不同地区的情况。

11.3　不动产数据库标准检查模型

11.3.1　背景与目标

根据自然资源部与广东省自然资源厅的要求，需要把多个登记系统迁到一个不动产登记成果库中，以发布的数据库标准为前提，对不动产登记成果库的数据进行质检，从而得到每个区（县）的数据情况；再判断数据是否合格，能否迁入不动产登记成果库。

11.3.2　模型建立实践

因数据是来自不同的登记系统，所以为了保持数据的准确性，进行了迁移前后一致性检查、必填与值域检查，以及逻辑关系检查。

在进行迁移前后一致性检查时，由于是两个不同的数据库，涉及到跨库问题，所以我们需要跨库进行关联，这里就用到 FME 的 SQLCreator 转换器（图 11-15），它里面含有丰富的库源，如 MySQL、SQL Server、Oracle、PostgreSQL 等。对两个库中字段进行 SQL 脚本、去前缀、条件判断等一系列的数据预处理，通过两个库的关联字段进行关联就得到迁移前后一致性检查结果（图 11-16）。

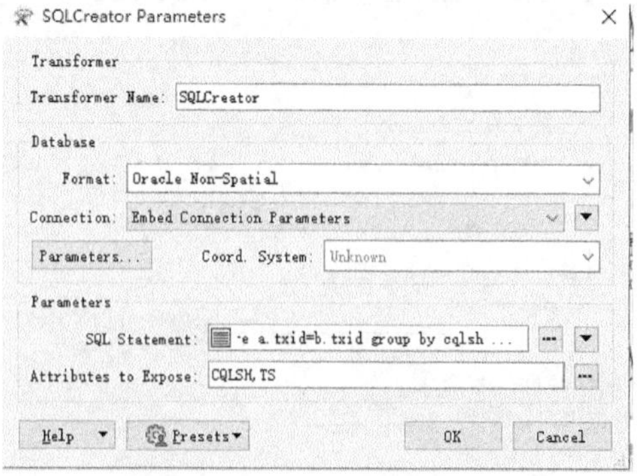

图 11-15　SQLCreator 转换器

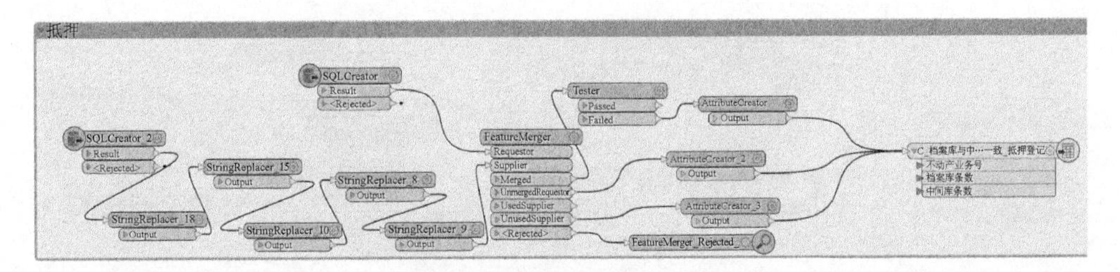

图 11-16　前后一致性检查

必填与值域检查时，由于里面涉及到的表与字段众多，所以在读模块时创建好一些数据库的参数（图 11-17），在质检不同区（县）时，就不用逐次改参数，只需要改一个地方的参数，其他的也随之改变；再用 AttributeCreator 转换器（图 11-18）来判断一张表里的多个必填与值域，就得到了必填与值域的检查结果（图 11-19）。

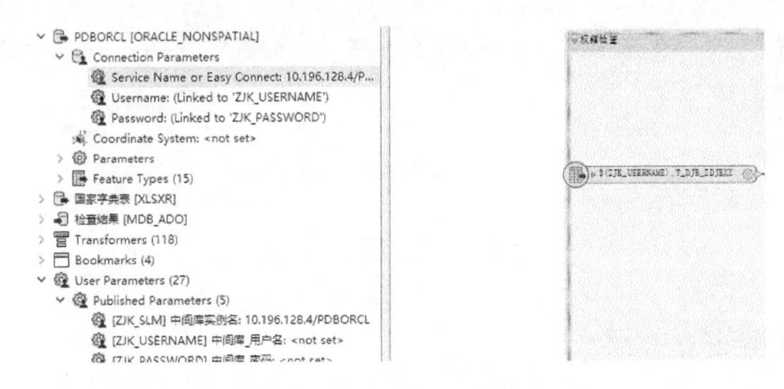

图 11-17　读模块创建参数

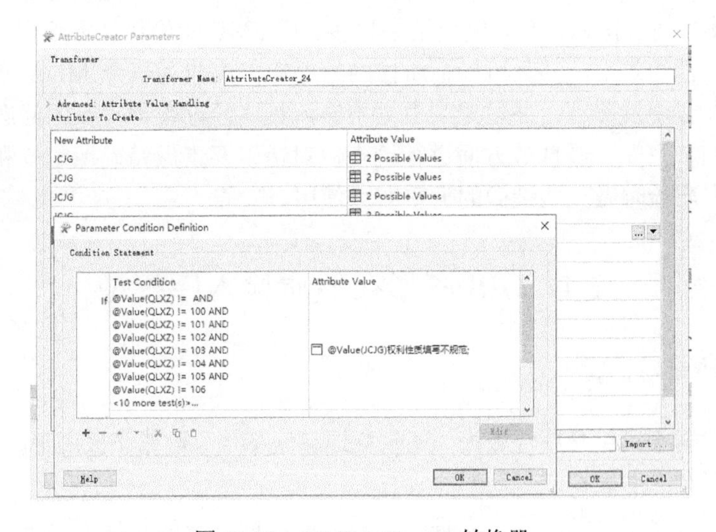

图 11-18　AttributeCreator 转换器

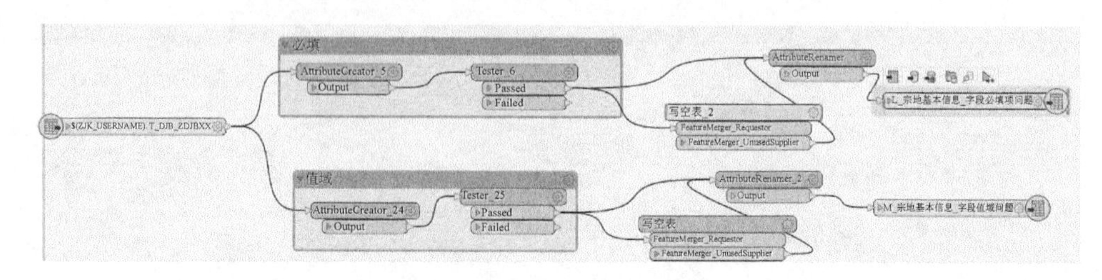

图 11-19　必填与值域检查

逻辑关系检查时，根据业务关系用 SQLCreator 转换器来找到各产权的数据与业务之间的关联字段进行匹配，再判断之间的关联情况（图 11-20）。

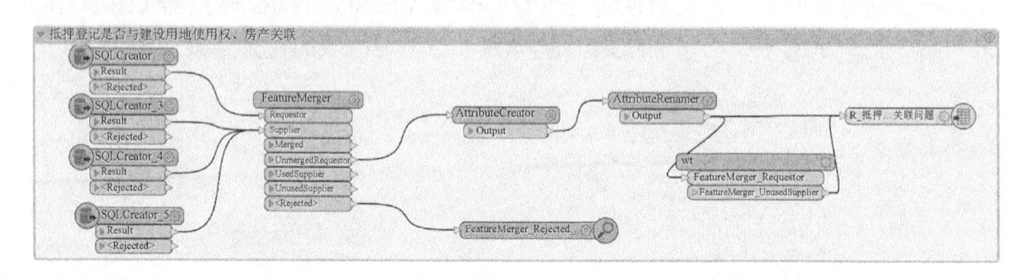

图 11-20　逻辑关系检查

11.3.3　模型建立效果

通过属性预处理及关联处理，发现若用 SQL 脚本进行质检，里面所涉及的字段及关系多，而且操作烦琐，输出结果也多。用 FME 能简化许多烦琐的步骤，大大提高了质检的效率，并且可以把质检的结果输出集成为一个 MDB 格式，使质检成果更加方便及美观。通过定制数据检查流程，验证数据存在的问题，对数据的组织结构、空间、属性等方面进行检查，对错误要素做精确地定位和描述。对应不同地方质检时做一些细微的调整即可使用。

11.4　GIS 图形在线质检入库模型

11.4.1　背景与目标

登记数据不只包含属性数据，还包括地籍区图形、地籍子区图形、宗地图形、自然幢图形等图形数据。

不过图形数据来源广泛、管理也比较分散，而且成果管理规范也不一致。图形存储格式也不一致，虽然大部分使用 ArcMap 软件中的 SHP 格式，但是也有使用其他 GIS 数据格式的图形数据。

不同年代、不同坐标系的成果未作统一转换处理，宗地权属测绘成果空间压盖问题严重。还可能存在宗地、楼栋空间入库数据不全，属性数据不完整或缺失，未能全面满足不动产登记空间数据利用要求等情况。

通过人工梳理、翻阅档案、外业测绘等措施，整理图形数据，经过图形质检后，将成果导入系统中，以供业务使用。

11.4.2 模型建立实践

通过翻阅档案厘清宗地历年来变化情况，是否存在分割、合并等情况，根据具体情况分析宗地是否存在问题。

确定宗地范围后并不能直接入库，需要经过多次质检，确定图形自身是否存在问题、与其他图形之间是否存在问题等等。

图形数据来源广泛，图形数据通过多种图形软件绘制，导致图形存储格式也是多样的。但 FME 模板无须转换，可直接读取多种 GIS 数据格式，例如 Esri Shapefile、Autodesk、AutoCAD、DWG、DXF 等 GIS 数据格式（图 11-21）。

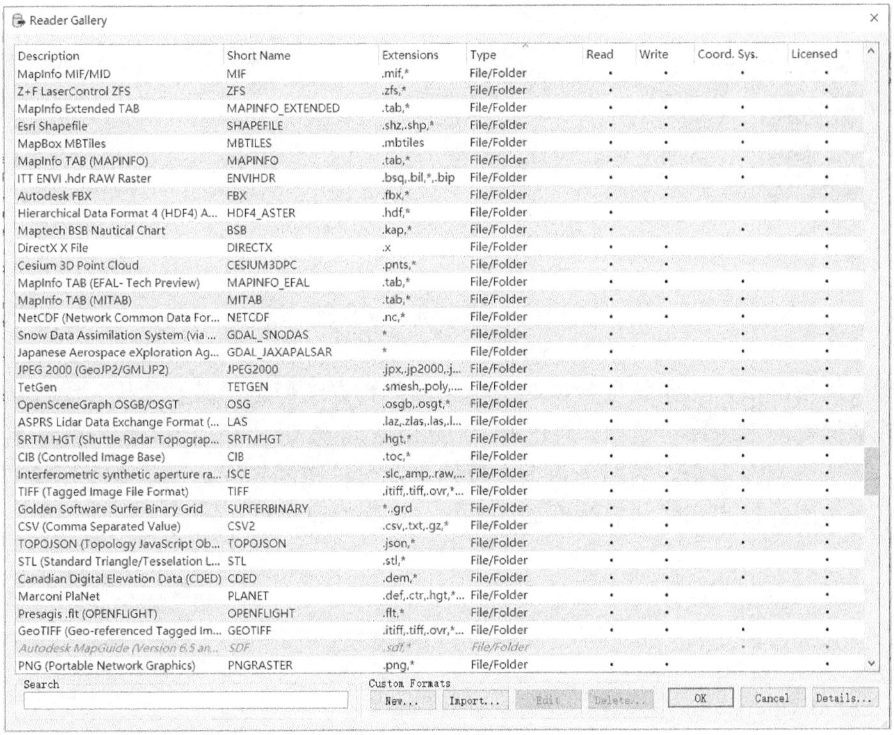

Reader Gallery

Description	Short Name	Extensions	Type	Read	Write	Coord. Sys.	Licensed
MapInfo MIF/MID	MIF	.mif,*	File/Folder	•	•	•	•
Z+F LaserControl ZFS	ZFS	.zfs,*	File/Folder	•			•
MapInfo Extended TAB	MAPINFO_EXTENDED	.tab,*	File/Folder	•	•	•	•
Esri Shapefile	SHAPEFILE	.shz,.shp,*	File/Folder	•	•	•	•
MapBox MBTiles	MBTILES	.mbtiles	File/Folder	•	•	•	•
MapInfo TAB (MAPINFO)	MAPINFO	.tab,*	File/Folder	•	•	•	•
ITT ENVI .hdr RAW Raster	ENVIHDR	.bsq,.bil,*,.bip	File/Folder	•	•	•	•
Autodesk FBX	FBX	.fbx,*	File/Folder	•	•		•
Hierarchical Data Format 4 (HDF4) A...	HDF4_ASTER	.hdf,*	File/Folder	•			•
Maptech BSB Nautical Chart	BSB	.kap,*	File/Folder	•		•	•
DirectX X File	DIRECTX	.x	File/Folder	•	•		•
Cesium 3D Point Cloud	CESIUM3DPC	.pnts,*	File/Folder	•	•		•
MapInfo TAB (EFAL- Tech Preview)	MAPINFO_EFAL	.tab,*	File/Folder	•	•	•	•
MapInfo TAB (MITAB)	MITAB	.tab,*	File/Folder	•	•	•	•
NetCDF (Network Common Data For...	NETCDF	.nc,*	File/Folder	•	•	•	•
Snow Data Assimilation System (via ...	GDAL_SNODAS	*	File/Folder	•		•	•
Japanese Aerospace eXploration Ag...	GDAL_JAXAPALSAR	*	File/Folder	•		•	•
JPEG 2000 (GeoJP2/GMLJP2)	JPEG2000	.jpx,.jp2000,.j...	File/Folder	•	•	•	•
TetGen	TETGEN	.smesh,.poly,....	File/Folder	•	•		•
OpenSceneGraph OSGB/OSGT	OSG	.osgb,.osgt,*	File/Folder	•	•		•
ASPRS Lidar Data Exchange Format (...	LAS	.laz,.zlas,.las,.l...	File/Folder	•	•	•	•
SRTM HGT (Shuttle Radar Topograp...	SRTMHGT	.hgt,*	File/Folder	•		•	•
CIB (Controlled Image Base)	CIB	.toc,*	File/Folder	•	•	•	•
Interferometric synthetic aperture ra...	ISCE	.slc,.amp,.raw,...	File/Folder	•	•	•	•
TIFF (Tagged Image File Format)	TIFF	.itiff,.tiff,.ovr,*...	File/Folder	•	•	•	•
Golden Software Surfer Binary Grid	SURFERBINARY	*,.grd	File/Folder	•	•	•	•
CSV (Comma Separated Value)	CSV2	.csv,.txt,.gz,*	File/Folder	•	•		•
TOPOJSON (Topology JavaScript Ob...	TOPOJSON	.json,*	File/Folder	•	•	•	•
STL (Standard Triangle/Tesselation L...	STL	.stl,*	File/Folder	•	•		•
Canadian Digital Elevation Data (CDED)	CDED	.dem,*	File/Folder	•	•	•	•
Marconi PlaNet	PLANET	.def,.ctr,.hgt,*...	File/Folder	•	•		•
Presagis .flt (OPENFLIGHT)	OPENFLIGHT	.flt,*	File/Folder	•	•		•
GeoTIFF (Geo-referenced Tagged Im...	GEOTIFF	.itiff,.tiff,.ovr,*...	File/Folder	•	•	•	•
Autodesk MapGuide (Version 6.5 an...	SDF	.sdf,*	File/Folder			•	•
PNG (Portable Network Graphics)	PNGRASTER	.png,*	File/Folder	•	•		•

Search　Custom Formats　New...　Import...　Edit　Delete...　OK　Cancel　Details...

图 11-21　FME 读取源格式

当阅览各种格式的图形数据时，发现图形数据的坐标系并不统一。在得到统一转换坐标系和投影该坐标系的准确参数后，通过 FME 的 AffineWarper 转换器，将图形数据批量投影到正确的坐标系中，转换器和图形坐标系投影分别如图 11-22 和图 11-23 所示。

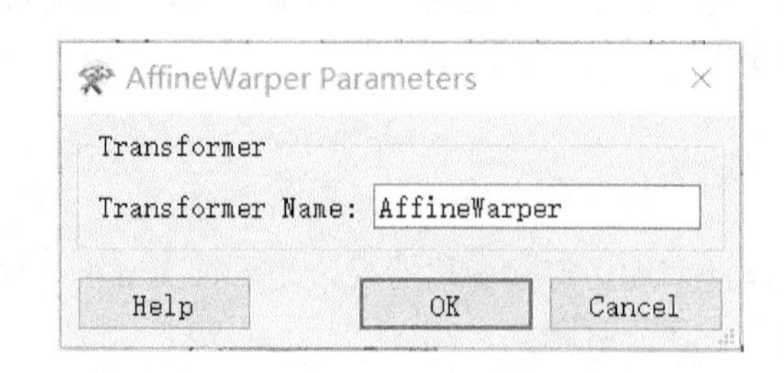

图 11-22　AffineWarper 转换器

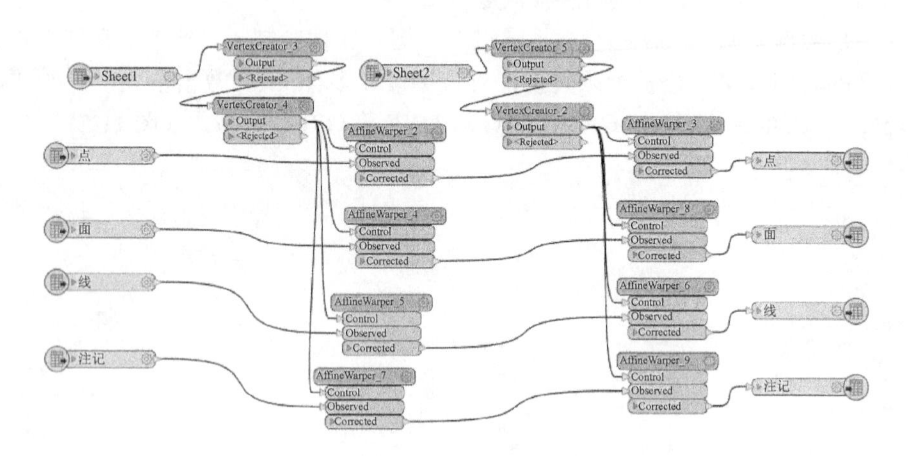

图 11-23　图形坐标系投影

一般情况下，一条属性数据对应一个图形数据。但出于某种原因，造成一条属性数据对应多个图形数据。通过 FME 的 StatisticsCalculator 转换器、Tester 转换器，筛选出存在多个面的图形数据，反馈未通过检查的数据问题，并重新检查修改，检查图形过程和转换器分别如图 11-24 和图 11-25 所示。

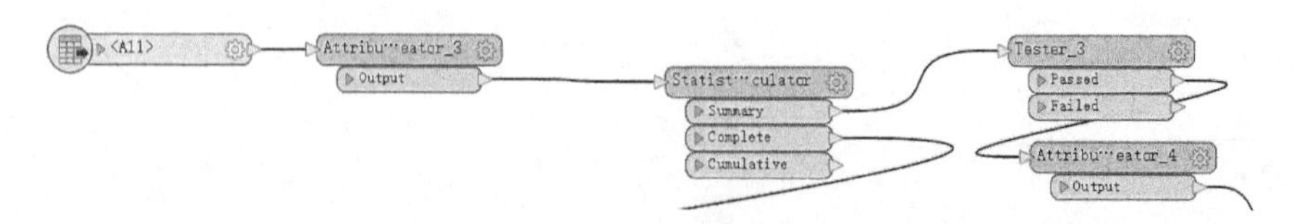

图 11-24　检查图形是否存在多个面

StatisticsCalculator Parameters

Transformer

Transformer Name: StatisticsCalculator

Group By: No items selected.

Parallel Processing: No Parallelism

Group By Mode: Process At End (Blocking)

Attributes to Analyze

Attributes to Analyze: No items selected.

Prepend Output Attribute Names: For multiple results only

Statistics

Minimum Attribute:

Maximum Attribute:

Total Count Attribute:

Sum Attribute:

Mean Attribute:

Additional Statistics

Compute Histograms

Help　Presets　OK　Cancel

图 11-25　StatisticsCalculator 转换器

图形数据自身内部应该不会出现相交的情况，但可能在某种因素的干扰下，导致数据内部出现问题。当图形数据通过多个面检查后，对图形数据自身问题进行检查，检查是否存在自相交等情况。使用 FME 的 GeometryValidator 转换器，检查包括自相交等错误。反馈未通过检查的数据问题，并重新检查修改，检查图形过程和转换器分别如图 11-26 和图 11-27 所示。

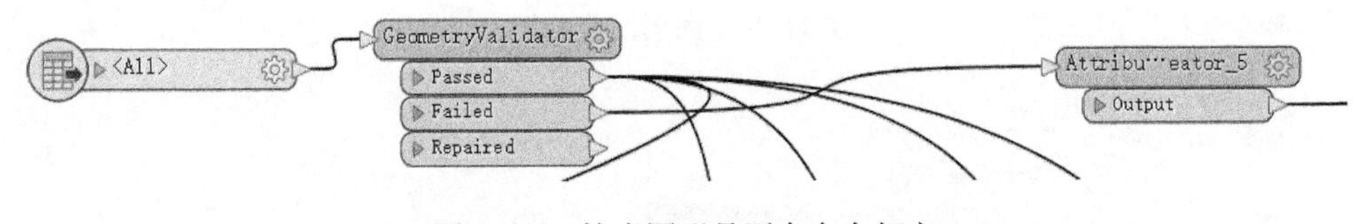

图 11-26　检查图形是否存在自相交

图形数据不应该存在重叠、压盖的情况，但在图形数据中，由于各种原因，导致现有的图形数据相互重叠、压盖。通过关于多个面、自身问题的检查，再与现有图形进行压盖分析，使用 FME 的 PointOnAreaOverlayer 转换器，检查图形数据之间是否相互压盖，将会造成图形压盖的数据提取出来，并反馈、重新检查修改，图形压盖分析和转换器分别如图 11-28 和图 11-29 所示。

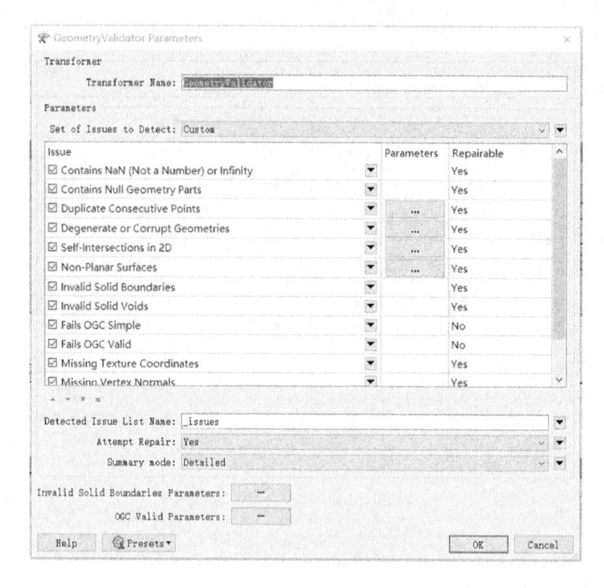

图 11-27　GeometryValidator 转换器

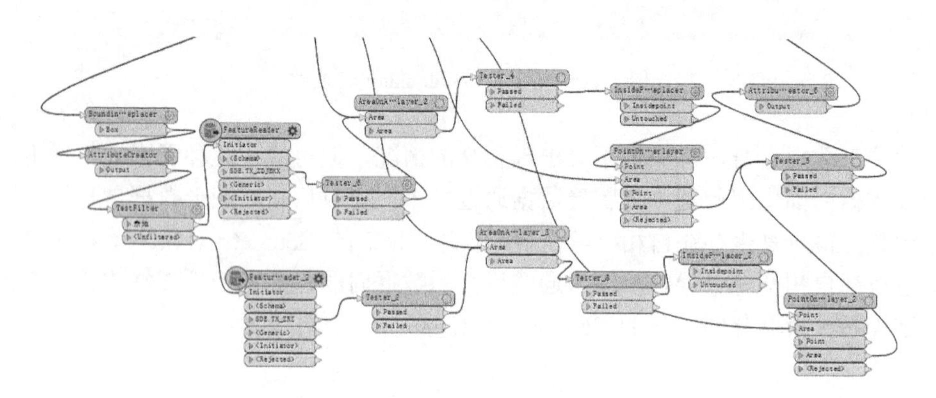

图 11-28　图形压盖分析

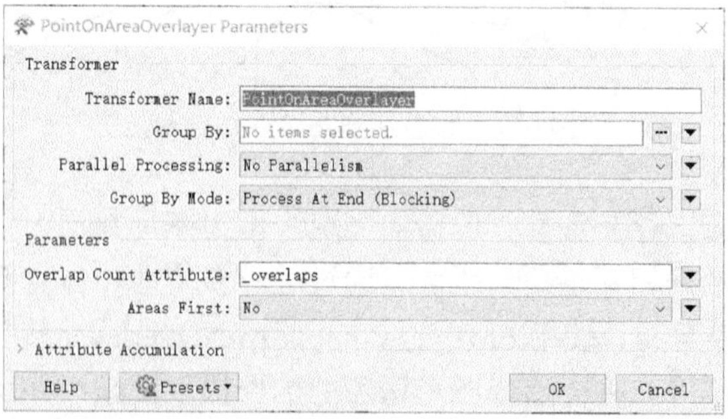

PointOnAreaOverlayer Parameters
Transformer
Transformer Name: PointOnAreaOverlayer
Group By: No items selected.
Parallel Processing: No Parallelism
Group By Mode: Process At End (Blocking)
Parameters
Overlap Count Attribute: _overlaps
Areas First: No
Attribute Accumulation
Help Presets OK Cancel

图 11-29　PointOnAreaOverlayer 转换器

完成多个图形质检后、全部无问题的图形数据就可以导入图形数据库中。FME 模板入库，无须重新提取通过质检的图形数据。当图形数据通过全部的质检后，可自动将图形数据导入图形数据库中，如图 11-30 所示。而没有通过全部质检的数据，将通过调用 FME 模板接口的系统，直接反馈到系统界面上，方便用户获取。

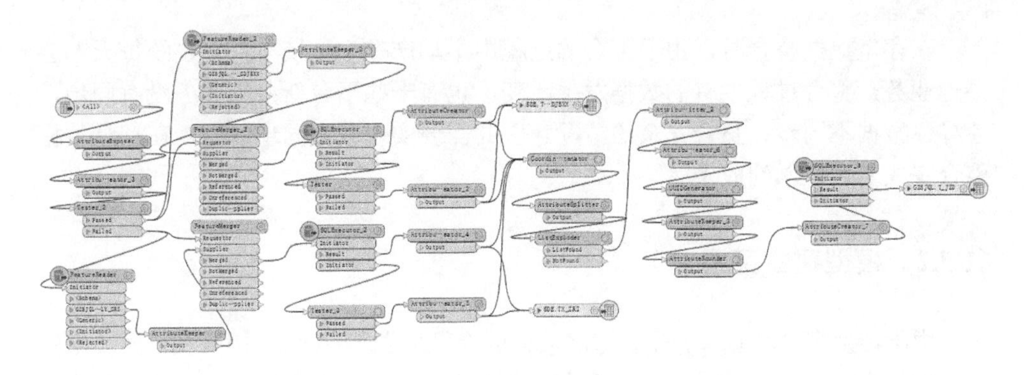

图 11-30　图形入库

11.4.3　模型建立效果

FME 支持 300 多种数据格式间相互转换，数据类型包括 CAD（AutoCAD、Microstation、南方 CASS）、GIS（ArcGIS、MapGIS、Geomedia）、数据库（Esri ArcSDE、Oracle Spatial 读取、SQL Server Spatial 读取、DB2 读取）、栅格、点云、BIM、3D、XML/GML/Web、大数据（Amazon DynamoDB 读取、Google BigQurey 读取）等。对需要质检的图形数据，也无须转换格式，可直接使用。

FME 内置 2000 多种坐标系，支持自定义坐标系，提供多种坐标转换模型（布尔莎、莫洛金斯基、四参数、六参数、七参数、网格插值等），能够完成北京 54、西安 80、CGCS2000 及地方坐标系之间的相互转换。不同坐标系的图形数据也可通过 FME 模板或自定义坐标系提供的准确参数，在质检的同时，一次性全部投影至正确坐标系上，无须额外再做投影转换。

针对问题数据的反馈，系统可通过调用 FME 模板的接口，直接将图形数据的结果反馈至系统界面上。相较于调用 ArcMap 软件需要重新开发程序等工作，调用 FME 接口，不仅简单便捷，而且无须系统重新编写程序。

不仅可以使用 FME 模板完成对图形的检查，也可以使用 ArcMap 等图形处理软件。FME 模板相较于其他软件，对图形的检查不仅可以实现一体式检查、入库，还可以将存在的问题直接通过系统调用接口反馈给用户。在速度、效率上都优于其他软件。

11.5　多库联动更新检查模型

11.5.1　背景与目标

在存量数据整合时，由于整合的过程中不动产登记系统与权籍系统每天都会办理业务，整合过程中有的数据发生改变，也有一些平台新办的业务没有同步，会导致数据不同步、整合冗余的情况。因此需要实现数据同步问题，在存量数据整合完成之后存入到成果库。

11.5.2　模型建立实践

由于涉及多个数据库，需要考虑数据的交互问题，因此能利用 FME 做数据的预处理，再配合 SQL 脚本使流程变得更加简单。若是因办案导致产权或业务状态发生改变，利用它们系统之间的关联关系，以及 DatabaseUpdater 转换器来进行属性及状态的更新；若是有新增业务时，利用读模块来进行新增，就得到了多库联动更新模型，如图 11-31 和图 11-32 所示。

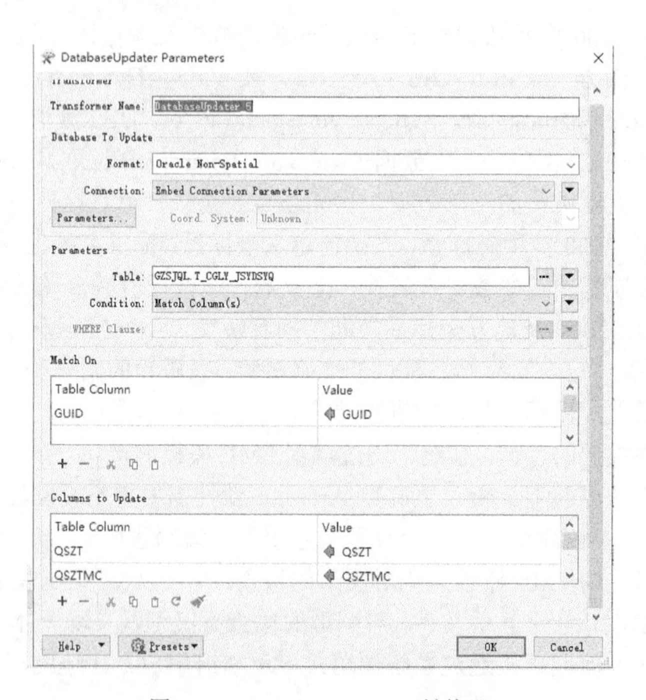

图 11-31　DatabaseUpdater 转换器

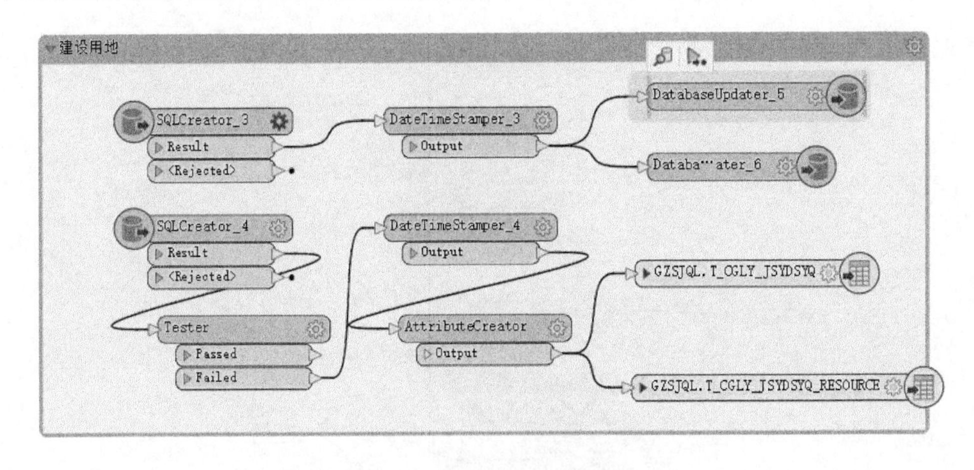

图 11-32　多库联动更新模型

在存量数据整合完成之后，需要把清理的成果入库，其中涉及到空间与属性入库。

但在数据量庞大、数据关系复杂的成果系统中，可能存在权籍权利数据关联问题、权籍权利数据质量问题、字段映射问题等多种问题。

例如，权籍数据入库需要进行属性预处理（图 11-33）、检查关键字段是否重复（图 11-34）、检查空间图形是否重复（图 11-35），从而实现成果入库。

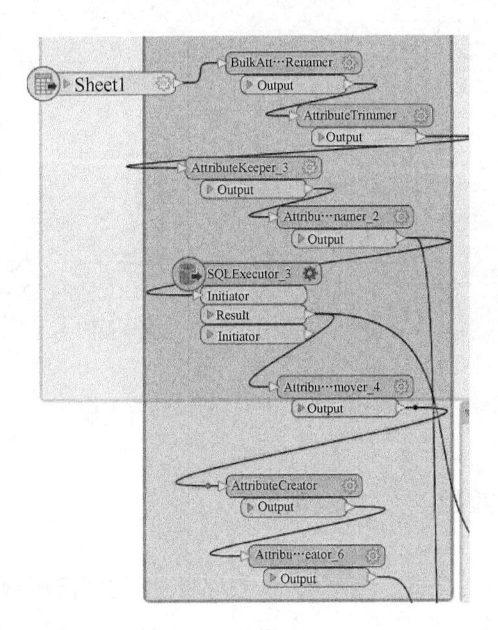

图 11-33　属性预处理

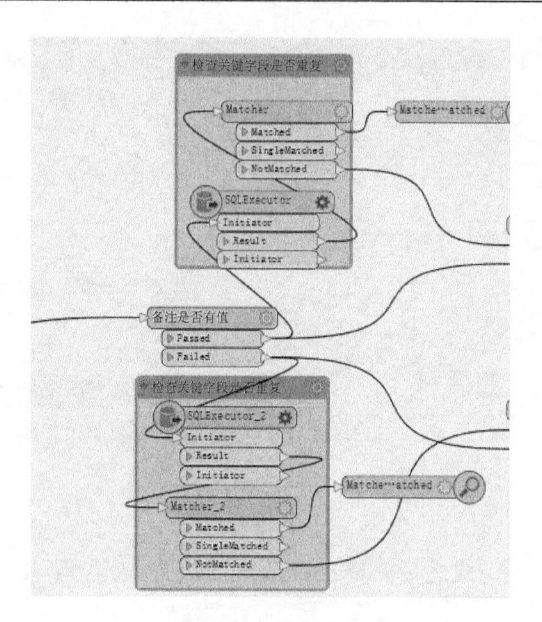

图 11-34　检查关键字段是否重复

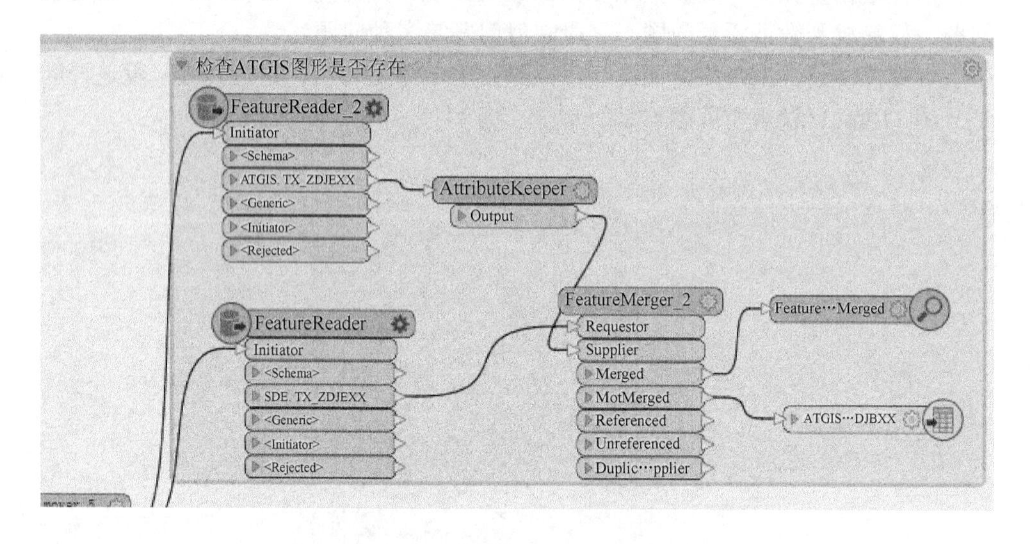

图 11-35　检查空间图形是否重复

11.5.3　模型建立效果

通过对比处理属性数据、图形数据，发现使用常规流程效率远低于使用 FME 模板，而且 FME 把多种步骤集成一个模型，省掉许多烦琐的操作步骤；也可根据各地区不同情况调整使用。FME 对数据库的插入、删除、更新动作，能对数据库进行快速更新，更新模式包括主动更新、被动更新、全量更新、增量更新等模式。利用 FME 对多源数据支持的特点，完成文件到数据库的更新、数据库到数据库的更新。

11.6 自动构建楼盘表模型

11.6.1 背景与目标

不动产统一登记之前，不动产登记是分散的，分散登记的缺点是行业垄断、多头管理、成本高、效率低、登记的认可度和公信力下降。统一登记后的不动产测绘管理具有跨行业、跨部门的特点，分散登记时各管理部门机构建立的测绘基准、测绘方法、成果精度、楼盘表信息的建立、测绘成果表达方式和信息平台应用等方面没有统一的标准，不能满足不动产统一登记的需求。长期形成的管理模式也使各行业管理的出发点和管理内容不同、侧重点不同，管理模式也各有千秋，更谈不上测绘成果信息、楼盘信息的共享。这些问题势必造成重复测绘、重复调查。

楼盘表是不动产登记业务的核心基础数据，是不动产权籍信息系统中各子系统内部联系的关键桥梁。楼盘表各项参数的填写使用规则应统一规范，便于业务办理，以及数据统计。

11.6.2 模型建立实践

楼盘表由楼栋、房屋、房屋信息三部分组成。

楼盘表的构建是对楼栋和房屋的物理属性，以及相互关系的描述，是表现房屋物理状态信息（包括每套房屋面积、户型、层数、坐落等）和房屋上权利信息（包括权属状态、是否有现势查封登记、抵押登记、预告登记等）而形成的一个二维变化的直观展现形势，局部截图如图 11-36 所示。

图例	物理层	1	2	3	4	5	6	7	8
无权利	第9层	901房间	902房间	903房间	904房间	905房间	906房间	907房间	908房间
在办	第8层	801房间	802房间	803房间	804房间	805房间	806房间	807房间	808房间
[illegible] [illegible]	第7层	701房间	702房间	703房间	704房间	705房间	706房间	707房间	708房间
抵押	第6层	601房间	602房间	603房间	604房间	605房间	606房间	607房间	608房间
产权	第5层	501房间	502房间	503房间	504房间	505房间	506房间	507房间	508房间
预告	第4层	401房间	402房间	403房间	404房间	405房间	406房间	407房间	408房间
预抵 [illegible]	第3层	301房间	302房间	303房间	304房间	305房间	306房间	307房间	308房间
更正	第2层	201房间	202房间	203房间	204房间	205房间	206房间	207房间	208房间
[illegible]	第1层	101房间	102房间						

图 11-36 楼盘表局部截图

楼盘表的行为户号、列为层号，以二维表格形式存在。通过楼盘表上各户颜色、标注等的变化，可以直观地看出该房屋的现势业务数据，以及楼栋上是否有房屋缺失。在办理业务时能直观、便捷地找到对应房屋数据。

二维平面楼盘表虽然能够准确表达属性信息，但是在房屋平面轮廓及空间拓扑关系方面表达存在不足，因此，可以将二维平面楼盘表通过一系列方式转化为三维实景楼盘。

11.6.3　模型建立效果

楼盘表的构建有利于直观展现楼栋与房屋之间关系、表达房屋上各权利的状态；还可以对房屋数据进行规范化管理，提高数据质量。

楼盘表将各类业务系统串联在一起，可以查询到关于房屋有关的所有业务数据。在办理业务时能够清晰直观地获取需要的信息，加快业务办理速度、减少问题。

第12章　模型共享与发布

12.1　FME Server 基础知识

12.1.1　FME Server 概述

1. 基本概念

FME Server 是 Safe Software 公司推出的基于互联网的 Spatial ETL 产品，它将数据转换和处理能力赋予服务器，并通过 Web 服务方式，向网络应用程序提供数据访问。FME 产品结构如图 12-1 所示。

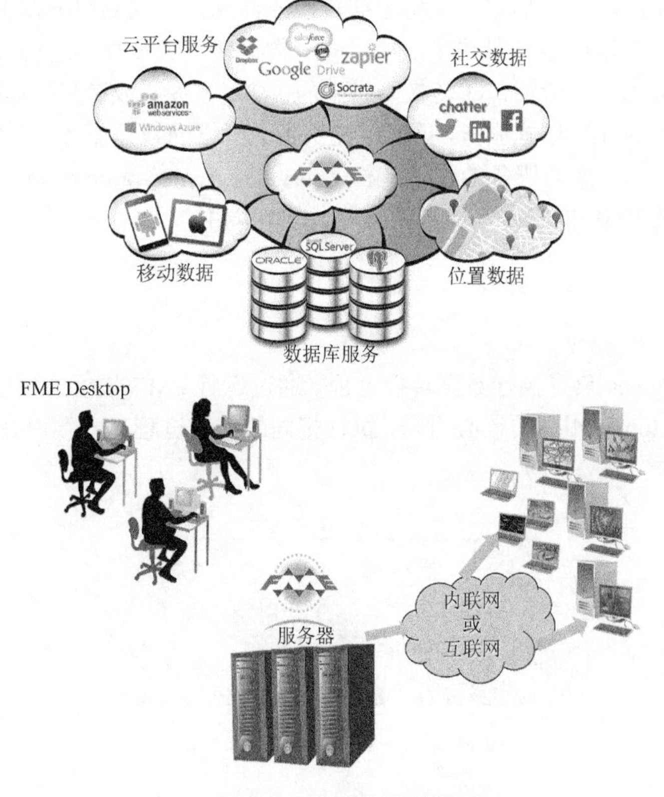

图 12-1　FME 产品结构

FME Server 有三个核心特点：自助化、实时化和自动化。

1）自助化

自助化是指让终端用户以他们要求的方式和结构，选择和下载数据，或者上传数据进行处理的能力。这个特点让数据管理员/分析师不用再手动进行数据任务分发。

2）实时化

实时化是指响应实时事件和传感器数据，进行实时更新，以及实时通知的能力。它使得订阅者可以接收最新消息，从而作出商业决策。

3）自动化

自动化是指按照特定任务计划执行数据处理，以及在不同的系统和 Web 服务（包括移动平台和设备）之间自发地移动数据的能力。

基于上述三个特点，采用 FME Server 在实际工程项目应用中将极大发挥 Web 移动互联网架构优势：①FME Server 可以极大地扩展数据共享能力，通过 Web 服务所提供的 ETL 使得任意数据源能被任意客户端抽取、转换和加载；②灵活的 ETL 特征使空间数据挖掘成为可能，通过定制流程化的数据转换模板，可以实现多源异构数据的转换和抽取；③将数据转换的计算任务放到服务器上，使得数据转换的功能可以通过服务器共享，从而改变数据转换的软件部署模式，具备了软件即服务（SaaS）的特征；④转换网络中的 WFS 服务，或者其他标准的 Web 服务为自己需要的任意格式服务，更好地提供基于网络的数据服务。总体而言，FME Server 提供了一个面向服务的体系结构（service-oriented architecture，SOA），这可以让所有的 FME 的平台功能应用到服务器环境中。

2. FME Server 核心组件

1）FME Engines

FME Engines 负责执行数据转换过程，通过运行 FME 模板处理任务请求。它与 FME Desktop 有相同的核心引擎，执行相同的处理过程。一个 FME Server 可以安装多个引擎（图 12-2）。

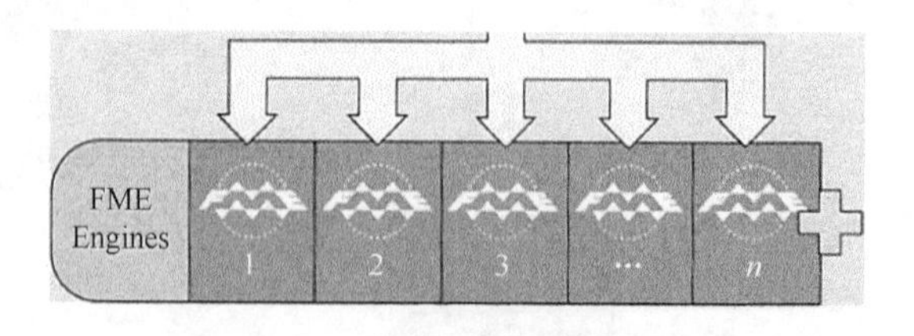

图 12-2　多个引擎的 FME Engines

在同一台计算机或者多个独立的计算机（分布式 FME Server 环境）中增加 FME Engines 可以提高 FME Server 的处理能力。

2）FME Server Core

FME Server Core 负责队列任务、处理计划任务和管理负载平衡，管理和分发任务请求（排队、请求路由、计划任务）、模板库内容（FME 模板、自定义格式、自定义转换器、数据），以及通知请求。

FME Server Core 包含软件负载均衡器（SLB），用于分发任务到 FME Engines。

3）Web 服务

Web 服务负责处理网络请求，大部分的 FME Server 网络处理功能都是通过“服务”来实现的。“服务”是软件，其接口提供服务器和客户端之间的通信。

FME Server 拥有一批“服务”。

（1）数据下载（data download）。

（2）数据上传（data upload）。

（3）数据流（data streaming）。

（4）任务提交（job submitter）。

（5）KML 网络链接（KML network link）。

（6）目录（catalog）。

（7）安全性令牌（security token）。

（8）Web 连接（SOAP）。

（9）REST。

（10）通知（notification）。

数据下载是执行数据“转换”（transformation）的服务；而其他的服务，比如，目录服务，是非转换“工具”（utility）服务。

3. FME Server 与 FME Desktop 的关系

FME Server 因其转换的规范是以模型的形式表示的，所以被称为模型驱动架构。在 FME 中，这些模型被称为 FME 模板。

用 FME Desktop 创建（创作）FME 模板。FME Workbench 是 FME Server 的客户端，因此它们构成了客户端—服务器这样的组合。它们拥有同样的核心引擎及数据处理方式。

12.1.2　FME Server 模型

FME Workbench 是 FME Server 的客户端，所以 FME 模板可以转移到 FME Server 模板库（repository），或者是从 FME Server 模板库转移出 FME 模板。

1. FME 模板创建流程

在 FME Server 上创建和使用 FME 模板的 4 个基本步骤如下。

（1）在 FME Workbench 中创建 FME 模板。

（2）将 FME Workbench 中的 FME 模板发布到 FME Server 上。

（3）在 FME Server 上运行 FME 模板。

（4）通过从 FME Server 下载 FME 模板，在 FME Workbench 上做所需要的更新，并且重新将 FME 模板上传发布到 FME Server 上，来完成 FME 模板的维护。

2. FME Workbench 操作

FME Workbench 有如下功能（图 12-3）。

（1）模型开发（上传到 FME Server 并发布）。

（2）模型发布（上传之前已发布的 FME 模板）。

（3）模型下载（从 FME Server 中读取）。

这三个功能均在 FME Workbench 的菜单栏中。

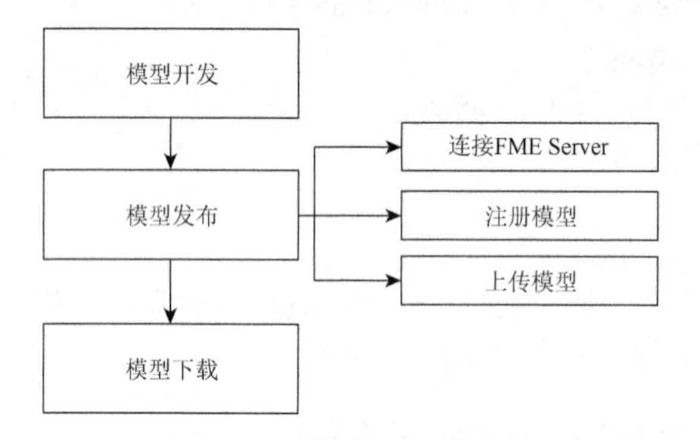

图 12-3　FME Workbench 模型

12.1.3　FME Server 资源管理

几乎每个 FME 模板都是从读取源数据集的要素开始的。某些情况下，源数据集可能是基于网络的，比如，地震实时 GeoJSON feed。其他情况下，源数据集一般不是基于网络的，但是可能存储在被他人共享的、可以访问的文件夹中。通常，在 FME Desktop 中运行正常的 FME 模板，能发布到 FME Server 上，能在 FME Server 上运行，则不必担心源数据集的管理问题。这使得创建 FME 模板的任务变得更加简单。

但是，大多数创建者（author）发现，有必要对源数据集的访问进行管理，并且 FME Server 也提供了多种方法让他们实现访问管理。

（1）数据库连接。

（2）发布数据集。

（3）临时上传。

（4）资源文件夹。

1. 数据库连接

通过连接参数，包括数据库服务器、端口号、用户名、密码，以及由数据库类型决定的其他参数，即可对接数据。

数据库连接的两个主要优势如下。

（1）连接参数不再嵌入到 FME 模板中，减少了安全风险。比如，用户的参数不会暴露给任何下载 FME 模板的人。

（2）连接参数可以在多个 FME 模板中重复使用。比如，连接相同数据库的两个 FME 模板可以使用相同的连接(connection)。数据库连接可以连同 FME Desktop 的 FME 模板一起发布，或者直接添加到 FME Server 里。

FME Server 目前支持所有的数据库连接方式。

2. 发布数据集

当转换程序的源数据是文件（不是网络数据或数据库）时，它可以通过 FME 模板发布到 FME Server 上。当发布 FME 模板时，发布向导允许我们同时发布数据文件，只需简单检查 Upload data files 前的勾选框是否被选中。FME 会自动上传它认为的运行转换所需要的文件。如果用户想上传一些其他的文件，或者 FME 选择的文件不是用户想上传的文件，Select Files 按钮允许作出改变，FME 允许选择将文件上传到哪个位置。发布向导完成，这些文件被上传到 FME Server 上，并和 FME 模板绑定使用。

3. 临时上传

和 FME 模板一起发布数据到 FME Server 是可以的，但是，当终端用户想要对某些数据集进行转换的时候，这就不是一个好方法了。因此，FME Server 有让终端用户在运行时上传数据的功能。

4. 资源文件夹

“Resources”是内建的文件管理系统，它允许数据（其他文件）发布到一个

FME Server 实例上，并且能被所有的 FME Server 操作使用。它可以通过 Web 界面菜单下的 Resources 访问。

使用 Resources 的好处是，数据可以上传且被 FME 模板引用，省去了每次运行时上传数据的麻烦。这种方式在文件系统访问受限时（就像 FME Cloud）特别有用。如果 FME 模板的创建者能访问文件系统，Resources 依然有用，因为资源文件夹能够映射成物理驱动器且被多个用户共享。

在 FME Server 的 Web 界面里，当运行 FME 模板时，我们可以轻易地从资源文件夹中选择需要的数据。在某些情况下，虽然终端用户并未作出选择，但创建者需要从资源文件夹中读取数据。

12.1.4　FME Server 自助化

FME Server 自助化的特点是能够允许终端用户执行自己的数据转换和变换。这种方式把常规的数据管理任务从工作人员交到了用户手上。被授权的用户，能够随时执行这个过程。

12.1.5　FME Server 实时化

FME Server 中的实时化主要通过通知（notifications）服务体现。

1. 什么是通知服务

所谓通知服务，是一种以短消息的形式给 FME Server 推送或从 FME Server 接收数据的方式。通知服务是 FME Server 用来监听从 FME 外部传入的消息，而触发特定的响应动作；或者用来发送一个警告，响应在 FME Server 上发生的事件。支持包括邮件、Websockets，以及苹果和安卓设备的通知（图 12-4）。

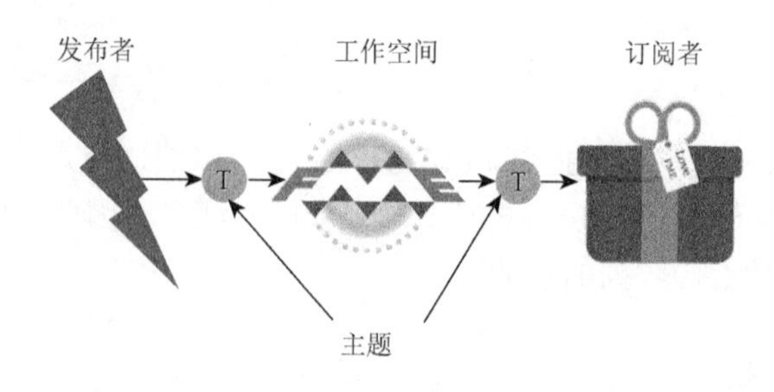

图 12-4　通知服务

在这种方式下，FME Server 能够响应一个事件通知，或者用户能够响应来自 FME Server 的通知。通知服务是 FME Server 的一部分，它用来处理传入或传出的通知。

2. 何时使用通知服务

当用户想要触发 FME Server 对 FME 外部的事件作出响应，用户需要使用通知。该事件不能是一个连续的消息序列。如果每秒有多于一个的消息，用户应该考虑使用消息流技术替代通知。

通知还用于将在 FME Server 上事件发生的消息发送给外部订阅者。同样地，如果每秒有多于一个的消息，应该考虑使用消息流技术。无论是哪种情况，通知通常是发送简短消息，触发接收者的一个动作；并不是用来传输大量空间数据的。最多能使用通知获得一个地理要素，比如，点位置。

12.2　FME Server API 开发知识

1. 模板服务

从普通用户的角度，FME Server 把 FME 模板变成了可执行的 Web 程序；从开发者的角度，FME Server 把 FME 模板变成了可以调用的各类功能服务。FME Server 服务采用 HTTP 协议，最大程度上满足和第三方程序交互的需求。FME Server 模板服务包括以下三点。

1）数据下载服务

数据下载服务 URL 地址：http://IP:port/fmedatadownload/repository/workspace.fmw。

2）数据流服务

数据流服务 URL 地址：http://IP:port/fmedatastreaming/repository/workspace.fmw。

3）数据提交服务

数据提交服务 URL 地址：http://IP:port/fmejobsubmitter/repository/workspace.fmw。

2. FME Server API 服务

FME Server API（图 12-5）是 FME Server（图 12-6）对外的开发接口，包含几乎所有能在 FME Web 界面中看到的功能，都可以使用 FME Server API 进行访问。不仅仅包含调用 FME 模板服务，还包括调用计划（schedules）任务，创建用户、角色等操作。

Overview　API　Migrating From REST API V2　Published Parameter Data Model　FME Server Documentation　Other Resources

Hide Advanced Calls

cleanup : Cleanup Manager	Show/Hide | List Operations | Expand Operations | Raw
healthcheck : Health check on FME Server	Show/Hide | List Operations | Expand Operations | Raw
info : Information about FME Server	Show/Hide | List Operations | Expand Operations | Raw
licensing : FME Server Licensing	Show/Hide | List Operations | Expand Operations | Raw
migration : Backup and Restore FME Server Configuration	Show/Hide | List Operations | Expand Operations | Raw
notifications : Notification Manager	Show/Hide | List Operations | Expand Operations | Raw
projects : Projects Manager	Show/Hide | List Operations | Expand Operations | Raw
repositories : Repository Manager	Show/Hide | List Operations | Expand Operations | Raw
resources : Resource Manager	Show/Hide | List Operations | Expand Operations | Raw
schedules : Task Scheduling Manager	Show/Hide | List Operations | Expand Operations | Raw
security : FME Server Security	Show/Hide | List Operations | Expand Operations | Raw
transformations : Transformation Manager	Show/Hide | List Operations | Expand Operations | Raw
user : User Settings	Show/Hide | List Operations | Expand Operations | Raw

图 12-5　FME Server API

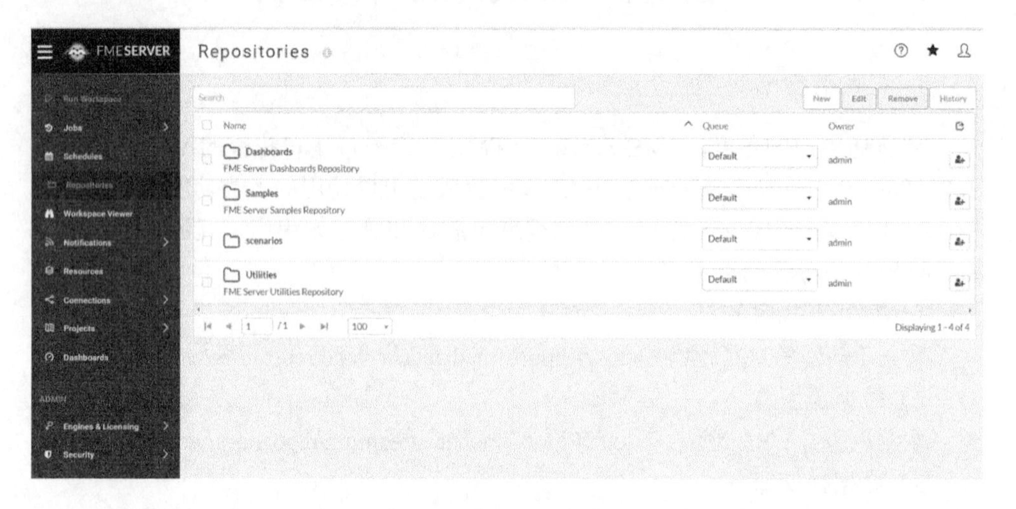

图 12-6　FME Server 界面

FME Server REST API 是 FME Server API 中的一类，基于 HTTP 协议遵循 REST 风格。其他 FME Server API 包括 C++、C#、Java 接口。FME Web 界面可以对 FME Server REST API 进行查看。

FME Server REST API 采用交互的方式，十分方便查阅和测试。用户可以根据分类快速查到需要的 API，并且直接在页面上测试这个接口是否符合预期的要求。

12.3　FME Server 模型共享

12.3.1　模型共享

在国土、规划等行业，FME 在各类工程项目中应用颇广，利用 FME 自身强大的数据 ETL 能力，众多 FME 用户针对实际需求制作出一批批优秀的 FME 模板。所谓模型，即具备可复制、可推广价值，在数据标准日益健全的当前社会更为重要。这些模型与数据一样，均为无形资产。

12.3.2　模型共享目标

1. 运算速度突破

单机的处理运算有限，当面临时间紧张、计算量大的数据处理工作时，最好的方法是分而治之。通过模型共享，实现计算逻辑一致性；同样地，处理代码在不同的实例上相互独立地进行，实现多引擎并行处理。总而言之，是先把整个处理工作拆分成一个个小任务执行，再合并这些任务的结果得到最终结果。

2. 知识资产积累

与发明专利、软件著作、商标、文字著作一样，城市定量分析模型也是一种知识资产，通过 FME 模板将数据预处理、ETL、空间分析等过程保存为可视化模型，固化知识，形成知识资产。

特别是在技术人员综合素质较强的团队，不同专业知识背景的技术人员开发出来的不同模型在实现模型共享后，多专业融合可以产生更多的应用。

3. 敏感数据保护

在数字化全面推进过程中，敏感数据保护是每个企业都要面临和解决的问题，特别是从事地理信息行业的企业单位，保护数据安全是日常必要工作。

基础地理信息数据保护主要有几种方式：数据加密、数据脱敏，以及通过模型共享达到的数据解耦。数据加密是通过安全厂商提供的数据加密软件对数据进行算法加密修改；数据脱敏则是通过空间坐标偏移、属性信息隐藏等脱敏规则进行数据的变形；而通过模型共享达到的数据解耦则是通过模型层对数据进行封装。这样一来，面向用户的是共享模型所提供的有限可选参数，达到了应用数据的效果。

模型共享流程图如图 12-7 所示。

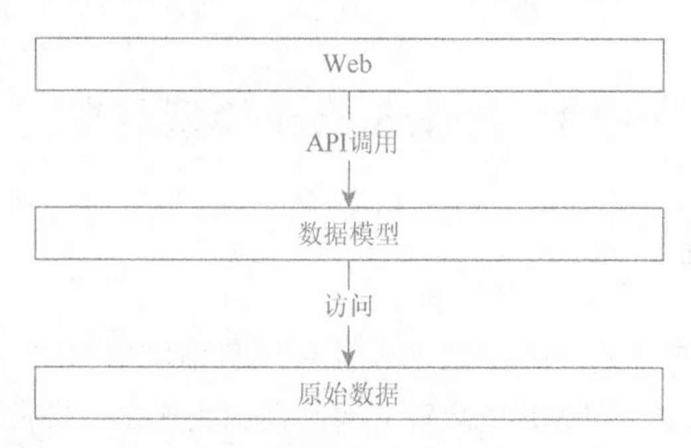

图 12-7 模型共享流程图

12.3.3 模型共享实现

模型共享的实施采用 FME Server 实现。FME Server 作为一款可扩展的空间 ETL 平台，提供了数据提取、转化、加载等功能服务和 OGC 网络要素服务、OGC 网络地图服务等数据服务，为空间数据的格式转换、坐标系转化、拓扑处理、属性操作、数据的转移与整合、地址信息空间化等繁杂的数据在线处理和异构数据的交换共享提供了一条解决途径。

12.4 FME Server 应用案例

12.4.1 建设背景

长期以来，各地勘测院、规划院在数据坐标转换、格式转换、数据对外提供方面多是依靠人工操作处理生产数据，工作烦琐、工期较长。同时，国土数据涉及不同时间、不同生产单位，导致数据格式及字段属性等各有不同，利用不同数据做相关分析会造成很大的不便，导致生产效率不高。为解决上述问题，迫切需要建立内部数据交换系统，实现地理信息数据更为方便和自动化地交换。自 2019 年起，广州市城勘院开始建立面向院内部服务的时空信息数据中台，并与院内部门户进行集成。系统功能主要是面向院内部提供内网的数据在线申请审批服务，实现从提供数据的传统方式到提供加密在线服务方式地理信息数据的转变。

12.4.2 建设思路

传统模式下，不同数据格式之间的转换及不同坐标系之间的转换都是使用现有的成熟软件或者自己开发的相应程序实现的，但是成熟软件支持的转换格式及坐标系有限；如果自己开发，则需要考虑同一格式、不同版本的兼容性，工作量大，且转换效率不高。因此基础信息平台的数据层采用 FME 来对数据进行操作。

数据格式方面，FME 拥有超过 500 个不同功能的转换器，能够灵活应对各种数据重组和内容变换任务，并将处理后的信息输出到要求的格式中去，使信息在格式与应用之间自由迁移（图 12-8）。

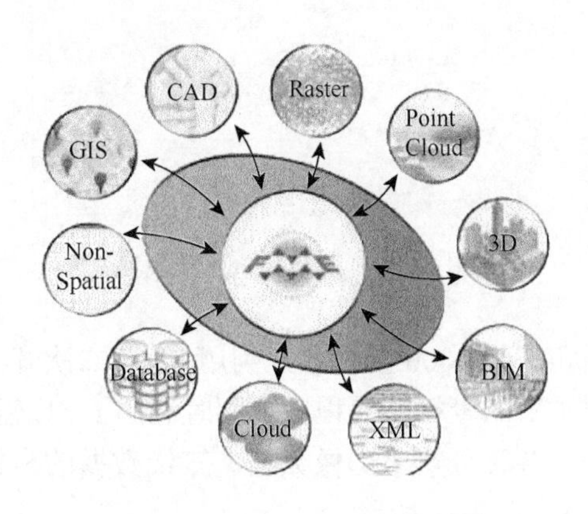

图 12-8　FME 支持的部分格式

坐标系方面，FME 自身内置了世界各地共 2000 多种坐标系（图 12-9），其中包含北京 54、西安 80、WGS84、CGCS2000 等常用坐标系；同时，FME 支持扩展自定义坐标系，对于各个城市的城市独立坐标系，在 FME 中可以轻松定义转换，然后利用 Reprojector、PythonCaller 转换器即可进行任意坐标系之间的转换（图 12-10）。

Coordinate System Gallery

Name	Description	Group	Datum	Ellipsoid	Projection	Units
AZMEA	Dynamic Reprojection ...		WGS84		AZMEA	METER
AZMED	Dynamic Reprojection ...		WGS84		AZMED	METER
Abidjan1987.LL	Abidjan 1987 [EPSG #4...	LL	Abidjan...	CLRK80	LL	DEGREE
Abidjan1987.TM-5NW	Abidjan 1987 / TM 5 N...	AFRICA	Abidjan...	CLRK80	TM	METER
Abidjan1987.UTM-29N	Abidjan 1987 / UTM zo...	AFRICA	Abidjan...	CLRK80	UTM	METER
Abidjan1987.UTM-30N	Abidjan 1987 / UTM zo...	AFRICA	Abidjan...	CLRK80	UTM	METER
Accra1929.GhanaNational	Accra / Ghana National...	AFRICA	Accra1929	WAROFFICE	TM	GOLDC...
Accra1929.LL	Accra [EPSG #4168]	LL	Accra1929	WAROFFICE	LL	DEGREE
Accra1929.TM-1NW	Accra / TM 1 NW [EPS...	AFRICA	Accra1929	WAROFFICE	TM	METER
AdamsWI-F	Wisconsin Adams, US F...	OTHR-US	HPGN	GRS1980	TM-WCCS	FOOT
AdamsWI-IF	Wisconsin Adams, Int. ...	OTHR-US	HPGN	GRS1980	TM-WCCS	IFOOT
AdamsWI-M	Wisconsin Adams, Met...	OTHR-US	HPGN	GRS1980	TM-WCCS	METER
Adindan.LL	Adindan Lat/Long, Deg...	LL	ADINDAN	CLRK80	LL	DEGREE
Adindan.UTM-35N	Adindan / UTM zone 3...	AFRICA	ADINDAN	CLRK80	UTM	METER
Adindan.UTM-36N	Adindan / UTM zone 3...	AFRICA	ADINDAN	CLRK80	UTM	METER
Adindan.UTM-37N	Adindan / UTM zone 3...	AFRICA	ADINDAN	CLRK80	UTM	METER
Adindan.UTM-38N	Adindan / UTM zone 3...	AFRICA	ADINDAN	CLRK80	UTM	METER
ADOS714.LL	ADOS714.LL Automatic...	WKTSU...	ADOS714	INTNL	LL	DEGREE
Afgooye.LL	Afgooye Lat/Long, Deg...	LL	Afgooye	KRASOV	LL	DEGREE
Afgooye.UTM-38N	Afgooye / UTM zone 3...	AFRICA	Afgooye	KRASOV	UTM	METER
Afgooye.UTM-39N	Afgooye / UTM zone 3...	AFRICA	Afgooye	KRASOV	UTM	METER
AFRICA-LM-CONIC	Lambert Conformal Co...	WORLD	WGS84	WGS84	LM	METER
AGD66-Tas.LL	AGD66-Tas.LL Automati...	AUSNZ	AGD66-...	ANS66	LL	DEGREE
AGD66-Vic/NSW.LL	AGD66-Vic/NSW.LL Aut...	AUSNZ	AGD66-...	ANS66	LL	DEGREE
AINELABD.AramcoLambert	Ain el Abd / Aramco La...	MIDEAST	AinElAbd	INTNL	LM	METER

Show Coordinate Systems:

Where Any Column contains　Options...　Properties...　OK　Cancel

图 12-9　FME 内置的坐标系

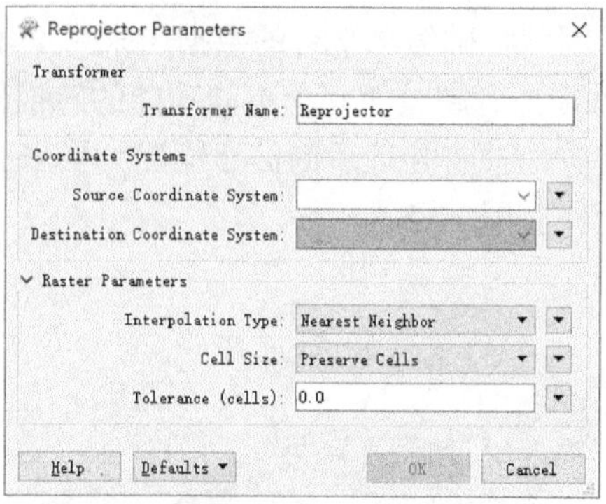

Reprojector Parameters
Transformer
Transformer Name: Reprojector
Coordinate Systems
Source Coordinate System:
Destination Coordinate System:
Raster Parameters
Interpolation Type: Nearest Neighbor
Cell Size: Preserve Cells
Tolerance (cells): 0.0
Help　Defaults　OK　Cancel

图 12-10　Reprojector 转换器

对于广州坐标系和广州 2000 坐标系，利用 FME 二次开发功能和我院开发的坐标转换程序，开发了新的坐标转换程序；同时利用 FME 强大的数据转换功能，实现了支持矢量数据、各种分辨率影像数据、三维数据的坐标系转换。广州城市坐标系转换器示意图如图 12-11 所示。

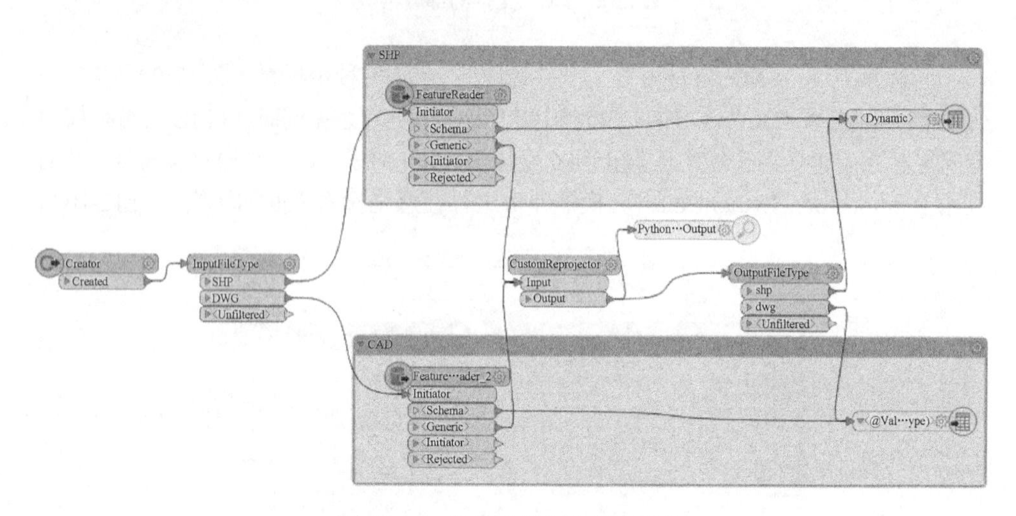

图 12-11　广州城市坐标系转换器

12.4.3　建设效果

本专题最终达到如下效果。

1. 数据共享

提供院内部的数据在线上传、下载服务，形成数据在线交换体系，将数据交换系统部署在内网，并与院 OA 网站集成。可以在上传、下载数据的同时制定坐标系、数据格式，并发起审批。

2. 坐标转换

提供满足内网使用的在线坐标转换。实现地方坐标系、CGCS2000、WGS84、西安 80 坐标系等数据的在线坐标转换，用户通过浏览器登录权限控制即可申请使用。转换后的数据可以通过浏览器下载。

3. 格式转换

提供满足内网使用的在线数据裁剪，支持 DWG、SHP、MapInfo 等矢量数据、影像栅格数据、OSGB 等三维数据之间的格式转换。用户通过浏览器登录权限控制即可申请使用，转换后的数据可以通过浏览器下载。

4. 在线审批

平台需与院 OA 网站的工作流对接，申请人在院数据共享交换平台发起业务请求，同时向审核人发起消息提醒，审核人可在院 OA 网站中直接进行审核，申请人也可在院数据共享交换平台中浏览当前审批进度，以及审批状态。

第13章 系统开发与集成

13.1 FME Integration 概述

13.1.1 FME Integration 整体介绍

数据处理项目涉及的测绘、规划数据种类多，除了基础地形图、数字影像图和数字高程模型，还有土地利用规划、土地变更调查成果、地籍、不动产、地理国情普查和监测等数据，文件格式主要是 ArcGIS 的 SHP、MDB、GDB，以及 tiff 等格式。数据建库首先要进行数据清洗，建立统一的地理坐标框架，对多源异构数据进行规整入库。

基于 FME Server 提供在线数据服务，企业内多个部门、用户对数据有定制化数据分发需求，需要利用 FME Integration 平台接口对数据裁剪、坐标转换、模型管理、数据加密等核心业务进行二次开发集成。

13.1.2 FME Integration 主要功能特点

1. 概述

FME Integration 是一个基于 FME Server 的集成和管理平台，将单一功能的 FME Service 集成到一起，以方案配置的形式进行集成和管理，形成能独立完成数据转换、融合、分发等任务的模块。实际应用过程中可解决多层 FME 服务嵌套、并发控制、权限安全控制等技术难题，并可在此之上构建服务应用程序。同时提供标准 Web 服务接口，能实现跨平台接口调用，支持第三方系统进行功能集成。主要功能点是以下三个模块。

（1）任务模块：包括创建任务和任务列表。

（2）资源模块：包括用户资源和共享资源。

（3）管理模块：包括解决方案管理、资源管理、用户配置、权限管理、系统迁移和 FME 服务器管理。

2. 任务模块

任务模块可以创建任务、启动任务、停止任务、查看正在进行的任务列表、查看历史执行过的任务列表。主要通过该模块来管理任务生命周期。

3. 资源模块

资源模块主要功能点是上传资源、管理资源。FME Integration 将资源分为用户资源与共享资源。

所谓用户资源是指当前用户可以上传只能自己查看的数据；而共享资源是指查看权限在管理-资源管理中设置，大家的共享资源。

在进行数据处理前，需要先将数据上传到资源目录（保存在服务器才能进行相关数据处理），并且当处理多个文件格式时（如 GDB、SHP）需要压缩成 ZIP 格式进行上传，选择进行任务或通过在服务器上拷贝文件和文件夹到用户目录（默认 C:\ProgramData\orangeweb\data\user）或者共享资源目录下。共享资源目录在管理-资源管理处可以进行添加，如图 13-1 所示。

图 13-1　共享资源管理

4. 管理模块

主要有解决方案管理、权限管理、FME 服务器管理等。

1）解决方案管理

点击“管理-解决方案配置”可以将 FME Server 发布的服务（模板）进行集成配置。点击“新增”按钮可以新增一个解决方案。建立好解决方案后，点击进去可以进一步设置。点击“新增”按钮，设置 FME 服务器，选择模板所在的 FME

Server 服务器名称（之前配置的）；设置资料库，对应 FME Server 的模板资源库；设置服务，对应 FME Server 的模板，选择需要集成的模板。

2）权限管理

该模块主要是对用户与角色的权限进行管理。在没有新增用户和授权时，首先我们要建立用户和相应的角色，如图 13-2 所示。

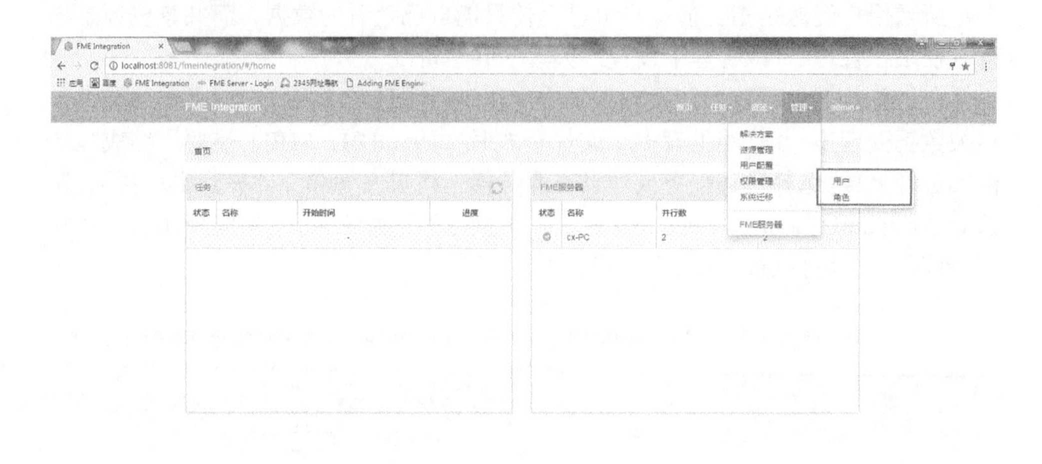

图 13-2　建立用户和相应的角色

角色：点击管理-权限管理-角色。系统默认只有管理员角色，角色代表了可以选择的解决方案和可以访问的资源目录。

用户：点击管理-权限管理-用户。我们可以在此界面新增用户（登录用），并且把相应的角色权限赋值过去。

3）FME 服务器管理

FME Integration 后台使用 FME Server 作为模型处理引擎，因此登录后首先需要设置好 FME 服务器相关配置。

首先点击“管理-FME 服务器”，在弹出的窗口点击“新增”按钮新建一个 FME 服务器，按说明设置各项参数，参数示例如下。

名称：FME 服务器名称，可以任意设置一个名称。

地址：FME Server 的网址（http://（主机名或 IP）:（端口）/fmeserver/）。

令牌：FME Server 的 TOKEN，可以登录 FME Server 后通过点击 admin-manage token 查看。

并行数：可以并发执行服务的并发数量，建议设置小于或等于 FME Server 的引擎数量，当大于 FME Server 的引擎数量时也会进行排队。

13.2 数据中台

13.2.1 建设背景

数据中台基于统一数据资源池成果基础上，以微服务架构建立在线服务、数据超市、数据挖掘分析、数据管理各个子系统。随着数据中台的推广使用，用户逐渐认识到具备数据汇聚交换的系统平台在日常业务中的重要性，除了使用数据中台已有数据，还期望可以借助数据中台实现内部数据的接入与共享。同时，数据中台可以基于空间 BI 和模型提供更高效便捷的数据 API 接口服务，实现敏捷数据产品供应。

13.2.2 建设目标

对数据中台将从以下三个目标进行研究：数据资源管控能力、在线服务支撑能力、综合数据模型应用能力。

1. 数据资源管控能力：通过数据中台实现空间数据治理

数据作为基础性战略资源的地位正日益凸显。特别是在“山水林田湖草”的生命共同体思想指引下，无论是国土空间规划还是自然资源管理，均正在步入大数据时代，数据类型不断延展、数据量持续增加。数据融合、数据运营、数据挖掘等问题日益受到关注，成为行业信息化建设一个新的热点、重点。相应地，在数据中台建设中，必须把多源异构数据管理能力作为一个重要技术指标。

通过数据超市提供安全受控流程环境下现状数据和规划管控数据的提取、数据质检、数据入库、数据更新和历史数据管理功能，对空间数据的转换入库、集成管理和共享应用。

同时，通过记录元数据、打标签，对数据质量、数据安全、隐私保护、流通管控、共享开放实现对数据生命周期的完善管理，形成数据血缘，为业务应用提供高质量的数据输入，最终提高空间数据的质量、信息含量和应用层次，提供有力的空间数据服务基础。

2. 在线服务支撑能力：通过在线服务支撑国土空间规划系列业务

数据中台为整个国土空间的业务提供底图、底板的作用，通过数据中台不仅提供数据资源的查询浏览、统计分析，更要同具体的业务衔接起来，通过平台向外提供在线服务。

数据中台可采用微服务架构建立敏捷、灵活的资源服务支撑，从而满足业务应用的多变性。根据具体应用场景构造适合的服务化体系，系统中的各个微服务仅关注于完成一件任务并可被独立分布式部署。降低系统的复杂度和耦合度，提升组件的内聚性和敏捷性，提升服务的响应效率和能力，使得系统得以快速响应需求变化，继续保持高可用性。

3. 综合数据模型应用能力：面向规划辅助决策提供城市定量研究综合数据模型深度应用

数据中台通过各类空间数据资源整合，构建数据空间，提供城市定量研究综合数据模型快速组装搭建方案，完成指标统计计算、规则预警、模型评估、辅助决策等应用，不仅能解决可视化需求，还能解决数据实际应用分析计算需求。借助数据汇集与模型分析能力，可以将空间管控向多维度深化，辅助空间规划提供科学合理决策，提升城市规划、建设、管理的综合品质。

13.2.3 整体框架与内容

数据中台基于微服务架构搭建，微服务架构针对特定服务发布，影响小、风险小、成本低；支持频繁发布版本、快速交付需求、低成本扩容，根据业务需求进行弹性伸缩。利用数据仓库技术、高性能大数据技术、BI 数据挖掘技术，为数据中台提供基础数据来源。数据中台通过数据技术对数据统一标准和口径形成标准数据存储，形成大数据资产层，为内部和外部提供高效服务；业务中台则是将业务与业务逻辑进行隔离，通过制定标准和规范清晰描述用户拥有的各类服务、数据和功能，减少沟通成本，提升协作效率，让各条业务线都具备整个数据中台的核心能力，向各业务方提供能够快速、低成本创新的能力。数据中台架构如图 13-3 所示。

引入智能网关技术，通过对发布的 API 服务及用户身份进行管理与认证，使用 API 网关使内部系统服务间的相互调用得到有效治理，清晰地展示各服务间调用关系。对来访的 PC 端接入内部网络时，可设定账户权限，通过 Web 浏览器输入账号密码进行身份认证，并对账户的访问时间、登录 IP、登录注销等进行日志审计。

最终为前端业务各层次、不同角色、不同专业的人员需求，提供经过二次封装的、更贴合实际业务的数据应用，同时满足个性化数据产品打造的要求。

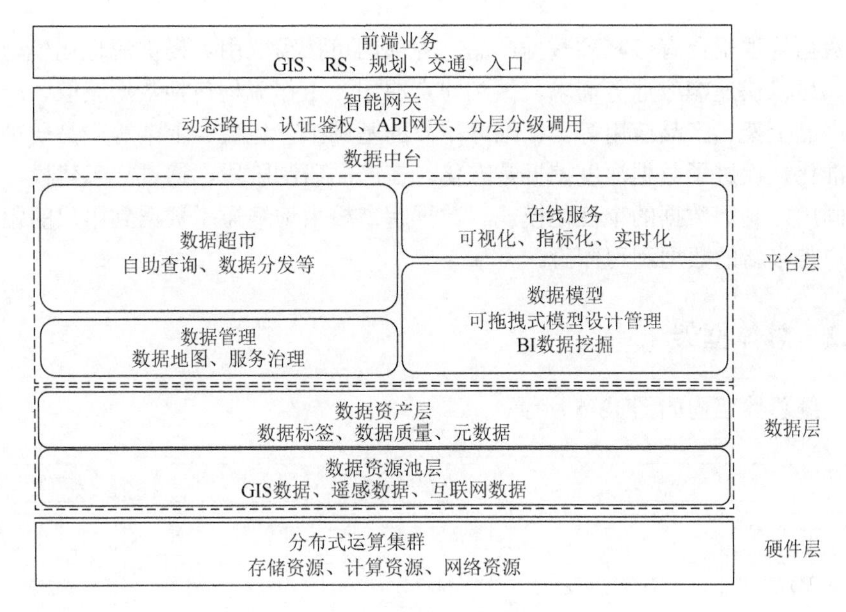

图 13-3　数据中台架构

13.3 数据超市

13.3.1 总体目标

以基础地理信息数据、空间规划数据、人口、公共服务设施、企业等多源数据集作为数据基础，从大数据汇聚整理入手，形成院内部的数据库底板，通过平台开发提供在线数据抽取、格式转换、坐标转换等功能；通过研究分布式数据检索及分析技术，提供规划专题数据输出服务，最终形成数据超市（图 13-4）。

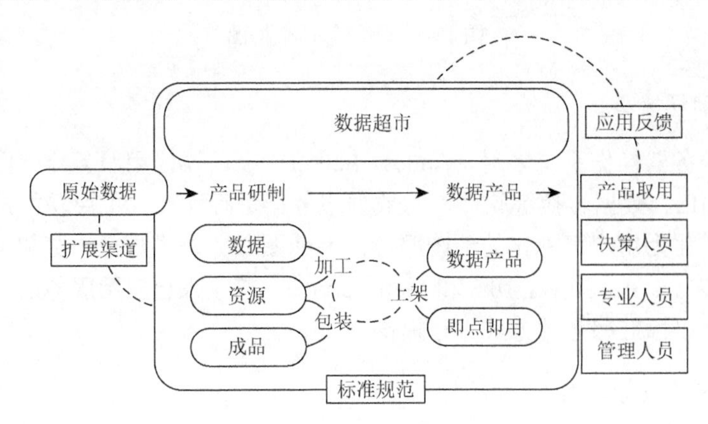

图 13-4　数据超市理念

数据管理平台有序陈列数据产品，各部门可按需取用。提供流程化模型设计方式，可以快速响应业务需求，做到即点即用。工作流程包括数据获取、产品研制、产品上架、产品应用等。在细分用户的基础上，包装、上架等产品研制过程的标准化，促进了数据深度挖掘常态化。在产品研制阶段，通过加工建模，提供了不同用户利用数据的个性化模式。数据超市极大地缩短了数据到用户的距离，为用户带来新的数据利用体验。

13.3.2　总体框架

系统总体架构如图 13-5 所示。

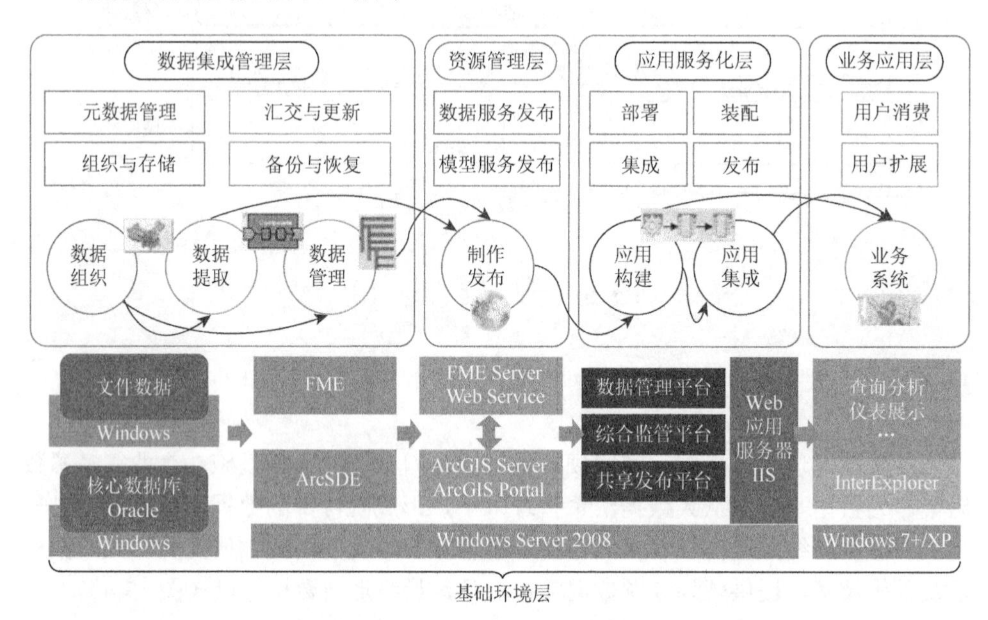

图 13-5　系统总体架构图

1. 基础环境层

应用服务器操作系统采用 Window Server，在前端应用服务器上面分别安装 FTP、ArcGIS、数据转换等软件，与数据服务器进行连接。主要功能是将数据库中的数据转化为用户可视化的地图服务，为地图服务提供数据浏览和下载。地图服务器安装 ArcGIS Server 10.3 和 Web Service，接收来自应用服务器对服务的请求，将数据以标准服务的方式进行提供。

2. 数据集成管理层

数据类型包括空间数据和非空间数据，其中空间数据保存在空间数据库中，非空间数据以文件方式保存在 FTP 服务器和数据库中，数据库采用 Oracle，数据库服务器操作系统采用 Windows Server。在数据集成的过程中，利用 FME 和 ArcSDE 的强大二次开发能力提供入库的质量检查、格式转换、规整入库等工作。

3. 资源管理层

利用 FME Server、ArcGIS Server、Web Service 等对入库的数据进行制作发布。FME Server 可以对设计好的模型保存为 fmw 格式工作空间，发布到 FME Server 上进行集中管理。ArcGIS Server 可以发布二维矢量地图、三维倾斜模型、三维精细模型、BIM 模型、卫星影像数据等。Web Service 可以对文件进行发布管理。

4. 应用服务层

主要包含部署、装配、集成、发布功能，这里实现三个系统平台，分别是数据管理平台、综合监管平台、共享发布平台。数据管理平台提供数据管理、用户体系管理、日志管理等功能。共享发布平台提供资源的搜索、资源的调用、资源的消费策略等功能。综合监管平台提供指标管理、数据的报表展示、自定义报表、预警监控等功能。

5. 业务应用层

系统总体架构采用浏览器/服务器模式（B/S）与客户端/服务器模式（C/S）相结合的方式。通过访问平台发出任务请求，也可以根据用户进行定制拓展，进行仪表盘的系统运行状态统计。

13.3.3　数据资源更新汇聚

本节数据汇聚系统基于 FME 实现多源数据进行汇聚、更新、交换。功能包括用户管理、资源管理、汇聚任务管理、日志管理等。

1. 用户管理

用户管理通过集成统一用户体系，实现各类用户登录退出，并对用户权限读取验证，加载系统功能。提供用户登录窗口，输入用户登录名、密码登录。

2. 资源管理

资源目录按照数据类型、来源等进行组织，并进行权限过滤。普通用户和部门管理员只能看到自己上传的资源和自己所在的部门目录，超级管理员可以看到所有人上传的资源和所有的部门目录。功能包括加载数据列表、上传资源、删除资源等。

3. 汇聚任务管理

汇聚任务管理提供新建任务、删除任务、汇交状态管理（启动、禁用、编辑）、任务搜索和任务状态更新等功能。

4. 日志管理

日志主要记录用户对工作空间的操作（上传、删除、运行等）。记录工作空间的名称、访问路径、用户的 IP 地址、用户名称、操作类型、开始时间、操作结果等功能。

13.3.4　实现数据按需提供

数据按需提供是数据超市的基本需求，是项目建设的出发点，为能实现数据自定义坐标、自定义格式的系统自动化响应，分别实现订单信息调用、空间数据裁剪、空间数据转换，后文将具体介绍如何通过 FME 实现数据按需提供。

数据超市将每次数据申请视为一个订单，每个订单有特定的坐标系、数据格式等需求，同时一次申请也会包含多个数据源。数据申请整体流程如图 13-6 所示。

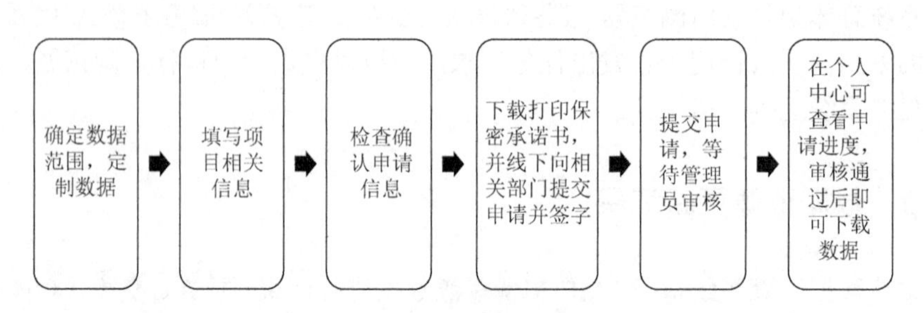

图 13-6　数据申请整体流程

13.3.5　设置在线审批流程

数据申请流程通常会设置在线审批流程，规范数据使用管理。常用的审批事务可通过单位已有的 OA 系统或开源工作流 BPM 系统实现审批流设计，对接 OA 用户体系并通过 REST API 调用就可实现数据申请的在线审批流程（图 13-7）。

常用 BPM 系统提供界面定制、各种流程定制功能，具体主要包括表单、流程、规则，以及报表、配置等。数据审批流程示意图如图 13-8 所示。

首页 > 流程管理 > 信息管理类 > 基础地理信息数据使用申请流程

已办结

基础数据平台-数据使用申请-[illegible] 20210602

基础地理信息数据使用申请			
申请人	[illegible]	申请部门	地理信息中心
联系方式	13[illegible]30	项目编号	[illegible]602
项目名称	广州白云区[illegible]	项目甲方	白云[illegible]
项目阶段	实施中		
信息类型	☐地形图 ☐影像图 ☐三维模型 ☑地理信息 ☐地下管线 ☐坐标转换 ☐其他	比例尺或规格	☐1：500 ☐1：2000 ☐1:5000 ☑其他
数据格式	☐DWG ☐DGN ☐EDB ☐TIF ☐PNG ☐ASC ☐IMG ☐MAX ☑SHP ☐MDB ☐GDB ☐CSV ☐GeoJSON ☐KML ☐MIF ☐GML ☐其它	提供方式	☑加密数据 ☐定量分析 ☐专用工作机 ☐其他
数据范围或定量分析需求	数据名:2019年广州市电子地图政务版,数据范围:白云区20km2数据		
收费标准	☐对外服务 ☐项目甲方 ☐院内服务 ☐免费 ☐合同签订后另行商议	结算方式	☐甲方支付 ☐产值划拨 ☐费用
数据范围是否超限	◉是　○否	专业	测量
附件			

图 13-7　数据申请审批单

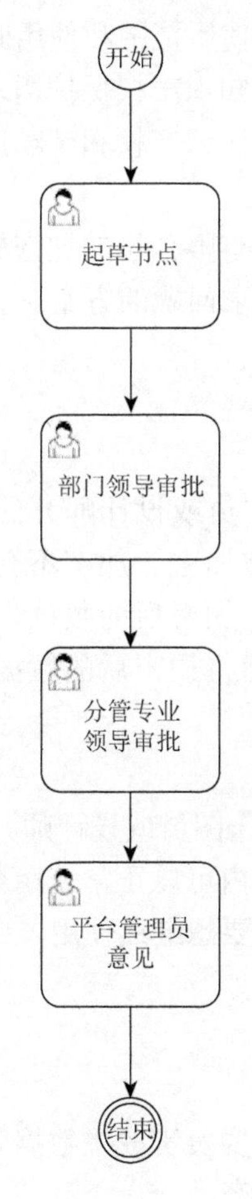

图 13-8　数据审批流程示意图

13.3.6 保障数据安全分发

数据安全需求和知识产权保护需求是地理信息行业重点关注的事情，数据超市也需要解决这些问题。目前行业内已有对地理信息数据进行加密的厂家和解决方案。比如，国内的武汉圆周率软件科技有限公司、南京吉印信息科技有限公司、上海绿建信息科技有限公司。地理信息项目涉及数据加密需求普遍。

地理信息数据涉密及敏感数据种类多，除了基础地形图、数字影像图和数字高程模型，还有土地利用规划、土地变更调查成果、地籍等数据，文件格式主要是 ArcGIS 的 SHP、MDB、GDB，以及 tiff 等格式。

部分项目需要外协队伍参与才能按期完成，因此如果要将涉密或敏感数据交给外协队伍使用，需要控制数据使用范围和使用时间。

此外，还有数据安全需求和知识产权保护需求。有时要把设计方案发出进行比稿或先行展示方案，需要保护知识产权和劳动成果不泄漏，也需要防止数据被误修改。

本节以武汉圆周率软件科技有限公司的加密软件为例，阐述数据超市如何结合此类加密软件解决数据安全需求问题的方案。

1. 加密效果

1）数据的防拷贝控制

在数据生产人员（包括作图员或设计师）的计算机上安装加密模块并授权后，保存在硬盘上的数据都会被加密。加密不会影响数据的正常使用，作图员或设计师可以在其计算机上使用加密后的数据，但没有解密权限，无法将硬盘上的数据解密。作图员或设计师将加密后的数据拷贝到其他地方也是没有办法正常使用的。

2）成果数据到期失效

可以在数据生产人员（包括作图员或设计师）的计算机上设置授权时间期限，作图员或设计师在该时间期限之内可以正常使用数据；超期之后，数据生命也就终止了，无法再使用该数据了。要想继续使用，必须向管理部门申请授权延期。

2. 使用方式

1）管理端

管理端由管理部门掌控，主要负责成果数据管控，包括授权文件的设置、数据加密、授权文件延期、数据解密。

2）客户端

客户端由数据分发下来的用户安装，用户需要导入授权文件，在规定时间内则可以打开加密数据。

3. 与 FME 结合

主要是通过与加密软件厂家沟通，提供接口调用实现 FME 结合。

13.3.7　关键模型建立

1. 数据清洗汇聚

基于 FME 解决数据互操作问题的空间 ETL 能力实现。互操作可以理解为通信（communication），通过共享和分发数据，以及使用数据的能力。

ETL 工具是处理非空间数据库或系统中的各种字段类型，空间 ETL 工具必须具备空间运算、改变空间数据结构和重新进行表达的能力，将数据从一个空间数据库或 GIS 数据库迁移到另外的空间数据库或 GIS 数据库的能力。

FME 的核心是一个支持多种数据类型和格式的软件，支持的数据格式覆盖 GIS、CAD、BIM、点云、XML、栅格、数据库及其他更多。可以将技术人员从编程实现一个个具体的数据转换功能中解放出来，将关注重点放在具体的数据流、业务流的搭建上，只要搭建好流程、定义好规则，即可开展相应的数据处理工作。并且，它的执行效率非常高。

2. 城市地方坐标转换

由于各市拥有属于城市的自定义坐标系，不在 EPSG 等全球坐标系数据库列表中，因此需要自定义转换器来实现转换，图 13-9 为 CustomReprojector 转换器，主要利用坐标转换算法，使用 FME 中的 PythonCaller 转换器来调用 DLL 中的转换函数来完成操作。

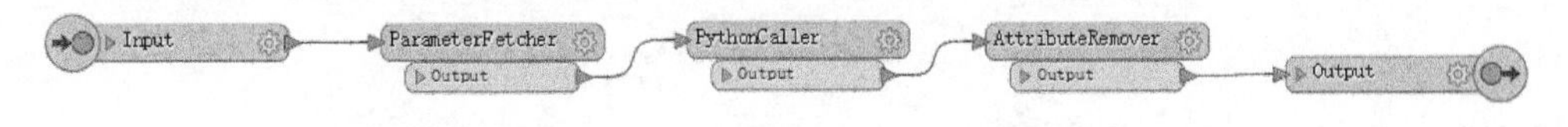

图 13-9　CustomReprojector 转换器

FME 是基于 OGC 的语义转换原则开发的，因此我们只需要对 FME 的每条 Feature 的 x、y、z 进行转换，无须考虑其源数据格式，只需要在制作模板的时候区分即可。

模板制作中用到的转换器及其主要功能如表 13-1 所示，输入项及其说明如表 13-2 所示。

表 13-1　城市地方坐标转换模板制作中的转换器及其功能

转换器	主要功能
PythonCaller	执行一个 Python 脚本对要素进行操作。Python 脚本可以对要素几何图形、属性和坐标系执行指定的、复合的操作。
ParameterFetcher	添加一个属性并用先前发布的参数赋值。
AttributeRemove	移除要素的属性和列表属性。

表 13-2　城市地方坐标转换模板制作中的输入项及其说明

输入项	输入项说明
Input	坐标转换前的 FMEobjects、FMEFeature。
源坐标系	支持广州、广州 2000、WGS84、CGCS2000、西安 80 等坐标系。
Output	坐标转换后的 FMEobjects、FMEFeature。
目标坐标系	支持广州、广州 2000、WGS84、CGCS2000、西安 80 等坐标系。

用户在 FME Desktop 中直接将自定义转换器拖入到 FME Workbench 中，然后将分别将 Reader 与 Writer 转换器分别与 Input 与 Ouput 端口相连接，点击运行输入源坐标系和目标坐标系即可。自定义转换器示例如图 13-10 所示，XSL 处理器参数设置如图 13-11 所示。

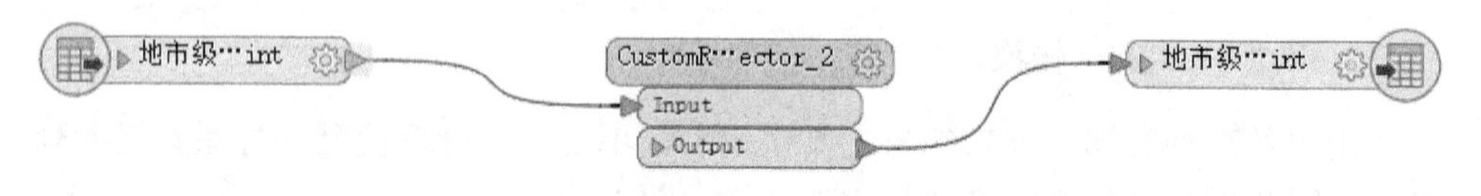

图 13-10　自定义转换器示例

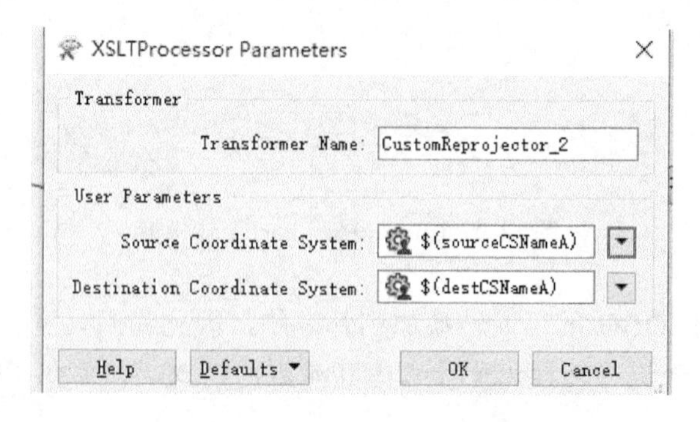

图 13-11　XSL 处理器参数设置

3. 空间数据按需提取

数据超市在面向用户时提供了一个简洁的界面入口，用户可根据项目需求按需下载不同坐标系、不同数据格式的数据集，完成这些的前提就是上传项目范围线，以及填写坐标系与数据格式要求即可。

数据提取的流程图如图 13-12 所示。

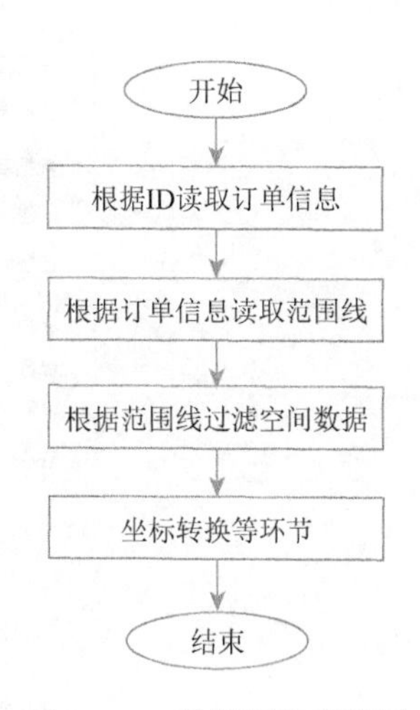

图 13-12　数据提取流程图

1）读取订单信息

前端用户可上传项目范围线或直接在地图上绘制项目范围线，同时输入所需要的数据名称、数据格式、空间坐标系和其他项目信息，系统根据该订单生成一个唯一 UUID，同时将范围线空间数据保存，并关联订单 UUID 为外键。数据申请界面如图 13-13 所示。

图 13-13　数据申请界面

读取订单数据库使用 SQLExecutor 转换器，SQL 伪代码为 SELECT * FROM 订单表 where UUID = '$（formID）'，formID 是 FME 设置的发布参数。通过该转换器来获取用户的订单信息，包括坐标要求、格式要求和范围线 ID。数据申请订单表查询界面如图 13-14 所示。

2）根据范围线 ID，读取项目范围红线数据

读取项目范围红线采用 FeatureReader 转换器。使用 FeatureReader 转换器的好处在于可以方便地读取特定数据集，数据集的范围包括空间数据库及文件型数据集。

图 13-14　数据申请订单表 SQL 查询参数设置界面

为适应项目范围红线能支持多个要素,“输出端口”设置为“单一输出端口”(图 13-15)。

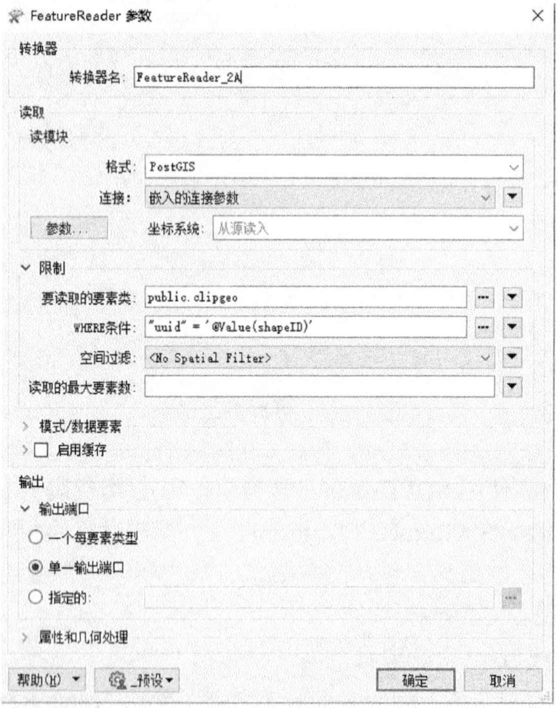

图 13-15　读取范围线

到了这一步，FME 已可以获取 SHP、GDB、CAD、空间数据库等来源的完整项目范围红线信息。

3）空间相交分析，读取范围线内数据

空间相交分析常采用 SpatialFilter 转换器。SpatialFilter 转换器根据空间关系过滤点、线、面或文字等要素。每个输入的候选要素与所有过滤要素进行比较，基于给定的空间测试条件来判断是否满足。能通过任何或所有测试的要素从“Passed”端口输出；其他要素通过“Failed”端口输出。

但 SpatialFilter 转换器在某些应用场景存在读取效率上的问题，从图 13-16 可以看出该转换器有 Filter 和 Candidate 两个入口，其中一个入口存放的是待过滤的原始数据，这就意味着必须先有一个全范围的数据读取过程，才能到空间过滤的这个步骤。因此我们这里仍推荐采用 FeatureReader 转换器。

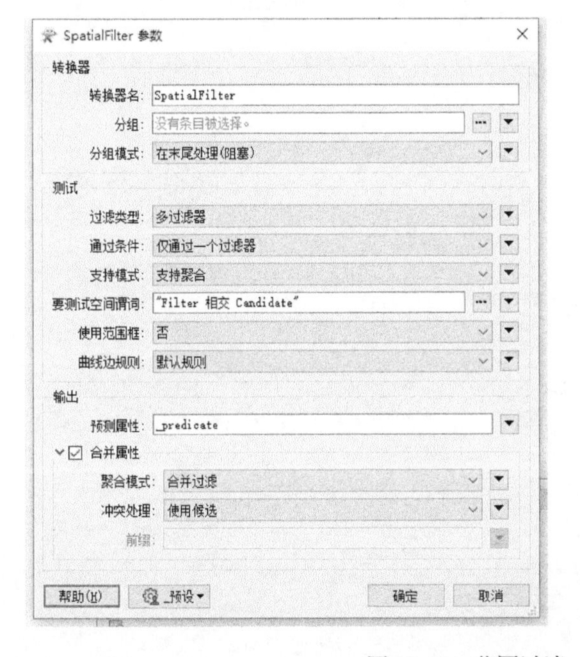

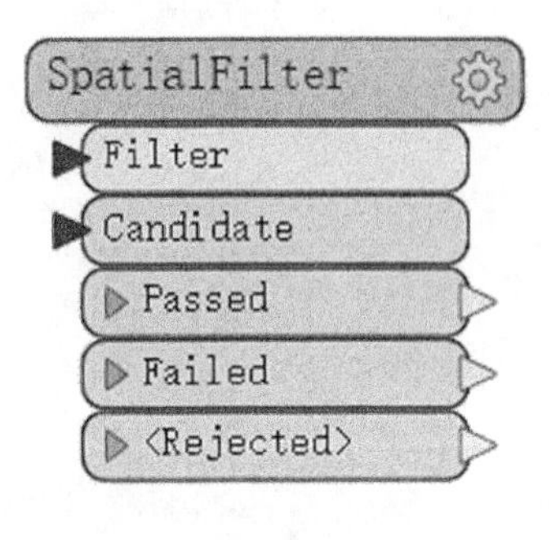

图 13-16　范围过滤

FeatureReader 转换器具有高级使用技巧：将“空间过滤”设置为“启动器相交结果”；将“读取的要素”设置为“模式和数据要素”；将“输出端口”设置为“单一输出端口”；将“<Generic>端口”设置为暴露属性“fme_feature_type”。

在 FME 中，fme_feature_type 是要暴露的属性，在动态输入和输出时使用特别方便（图 13-17）。

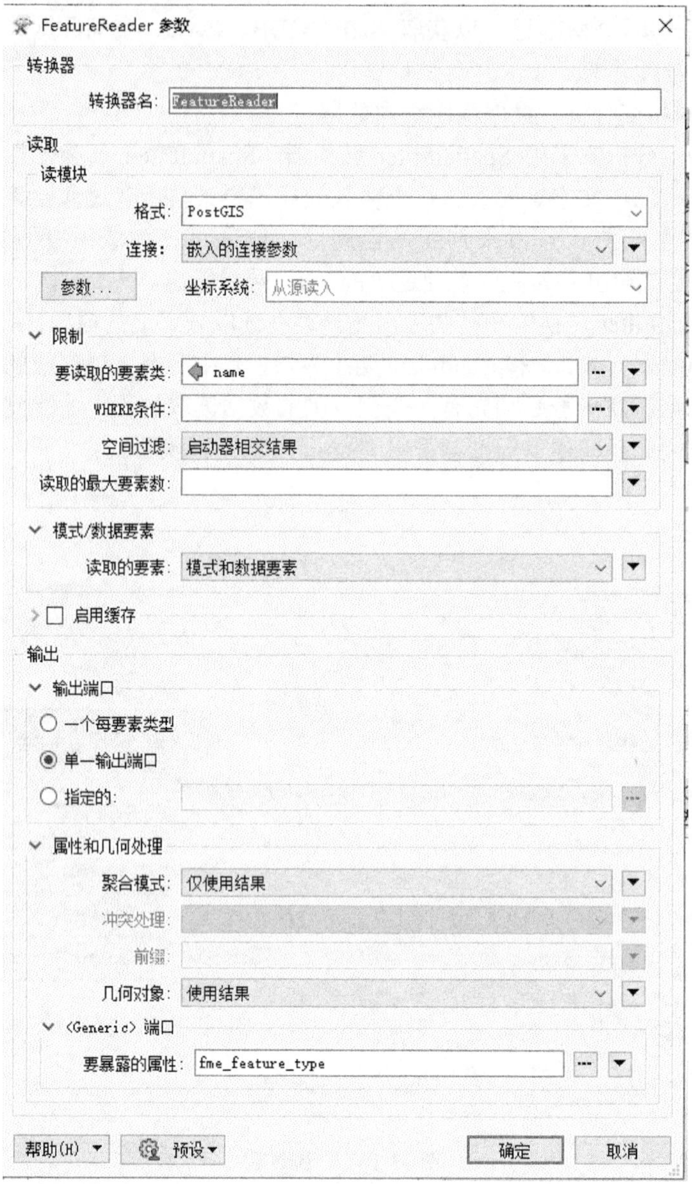

FeatureReader 参数

转换器

转换器名: FeatureReader

读取

读模块

格式: PostGIS

连接: 嵌入的连接参数

参数...　坐标系统: 从源读入

限制

要读取的要素类: name

WHERE条件:

空间过滤: 启动器相交结果

读取的最大要素数:

模式/数据要素

读取的要素: 模式和数据要素

启用缓存

输出

输出端口

一个每要素类型

单一输出端口

指定的:

属性和几何处理

聚合模式: 仅使用结果

冲突处理:

前缀:

几何对象: 使用结果

<Generic> 端口

要暴露的属性: fme_feature_type

帮助(H)　预设　确定　取消

图 13-17　动态输入和输出

4. 矢量通用坐标转换

首先利用 FME 中的 Reader 转换器将数据转换为 FMEFeature；然后利用 CustomerReproject 转换器进行坐标转换（图 13-18）；最后再利用 FME 中的 Writer 转换器输出数据。

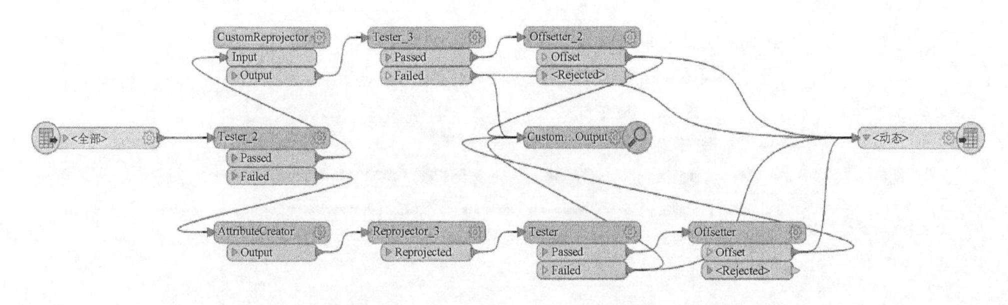

图 13-18　CustomerReproject 使用说明

模板制作中用到的转换器及其功能和输入项及其说明如表 13-3 和表 13-4 所示。

表 13-3　矢量通用坐标转换模板制作中的转换器及其功能

转换器	功能
TestFilter	通过测试条件过滤要素到一个或多个输出端口。
FeatureReader	从外部数据库读取要素，并基于原始要素和数据库要素之间的空间关系形成匹配。
PythonCaller	执行一个 Python 脚本对要素进行操作。Python 脚本可以对要素几何图形、属性和坐标系执行指定的、复合的操作。
ParameterFetcher	添加一个属性并用先前发布的参数赋值。
AttributeRemove	移除要素的属性和列表属性。
Reader	读取矢量数据（GDB、SHP 等格式）。
Writer	将要素以指定格式保存（可以进行格式转换）。

表 13-4　矢量通用坐标转换模板制作中的输入项及其说明

输入项	说明
源格式	待转换的数据格式，支持 SHP、GDB 等。
目标格式	转换后的数据格式，支持 SHP、GDB 等。
源数据	待进行坐标转换的数据。
目标数据	坐标转换后的数据。
源坐标系	支持广州、广州 2000、WGS84、CGCS2000、西安 80 等坐标系。
目标坐标系	支持广州、广州 2000、WGS84、CGCS2000、西安 80 等坐标系。

用户可在平台中下载该 FME 模板，在 FME Workbench 中打开，点击运行，按照图 13-19 中的提示，点击 OK 即可进行完成操作。

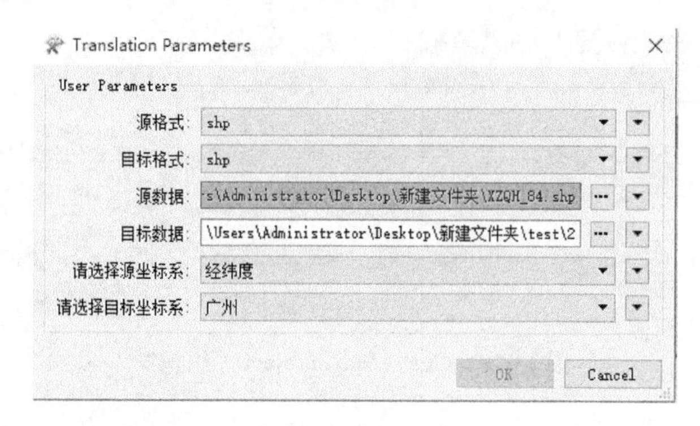

图 13-19　Translation Parameters 使用说明

5. 栅格通用坐标转换

利用 FME 中的 Reader 转换器将数据转换为 FMEFeature，对于栅格影像来说，很难直接进行坐标系转换，因此先利用 CoordinateSystemRemover 转换器将栅格影像的坐标系删除，只保留栅格基本信息；然后利用 CustomerReproject 转换器进行坐标转换；最后再利用 FME 中的 Writer 转换器输出栅格影像。使用说明如图 13-20 所示。

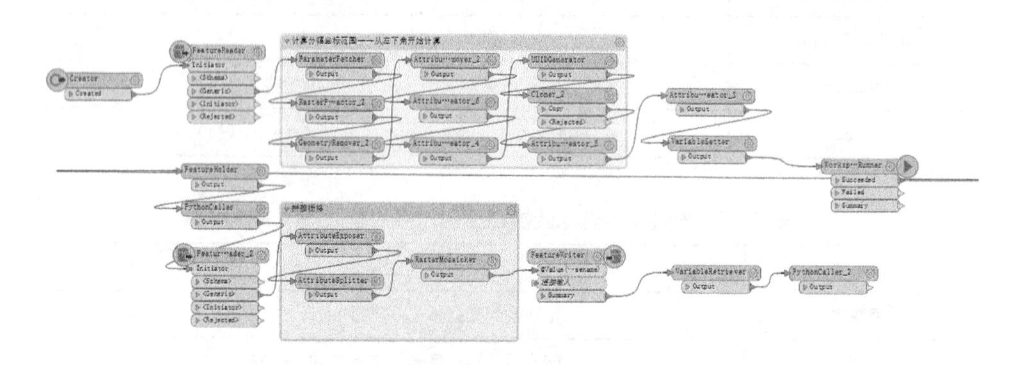

图 13-20　栅格通用坐标转换使用说明

模板制作中用到的转换器及其功能与输入项及其说明如表 13-5 和表 13-6 所示。

表 13-5　栅格通用坐标转换模板制作中的转换器及其功能

转换器	功能
TestFilter	通过测试条件过滤要素到一个或多个输出端口。
CoordinateSystemRemover	移除所有输入要素的坐标系。这个转换器不对要素进行重投影，也不以其他方式修改它们的几何图形。

续表

转换器	功能
PythonCaller	执行一个 Python 脚本对要素进行操作。Python 脚本可以对要素几何图形、属性和坐标系执行指定的、复合的操作。
ParameterFetcher	添加一个属性并用先前发布的参数赋值。
Reprojector	把要素从一个坐标系重投影到另一个坐标系。
Reader	读取栅格影像。
Writer	将要素以指定格式保存。

表 13-6 栅格通用坐标转换模板制作中的输入项及其说明

输入项	说明
源栅格文件	待进行坐标转换的栅格文件，tiff 格式。
源坐标系	支持广州、广州 2000、WGS84、CGCS2000、西安 80 等坐标系。
输出目录	转换后的栅格影像存放目录。
输出文件名	转换后的栅格影像文件名。
目标坐标系	支持广州、广州 2000、WGS84、CGCS2000、西安 80 等坐标系。

用户可在平台中下载该 FME 模板，在 FME Workbench 中打开，点击运行，按照图 13-21 中的提示，点击确定即可进行完成操作。

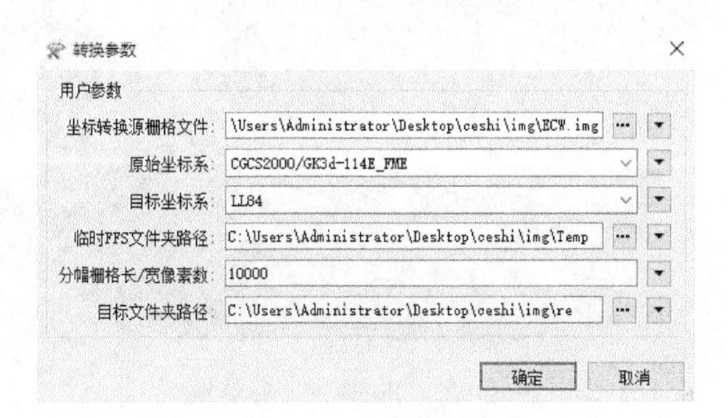

图 13-21 转换参数使用说明

6. 三维模型坐标转换

近年来，随着我国从“数字城市”向“智慧城市”的不断转型升级，以二维矢量数据为主的 GIS 应用已经难以满足当前的需求，以 OSGB 为主流的倾斜摄影测量，因其所见即所得、更加直观的特点逐渐成为大众热衷的表达方式。目前，OSGB 已成为三维基础地理信息系统的重要数据载体。

该技术有效融合了常规航空摄影测量与近景摄影测量技术的优势，但与常规航空摄影测量只能拍摄地面俯视信息不同的是，它通过在飞行平台上搭载 5 个镜头相机和先进的定姿、定位系统，能同时从 1 个垂直方向和 4 个倾斜角度来采集地面影像，其中垂直于地面的正片用于制作传统的 4D 产品，4 组斜片可用于获取到地物侧面的纹理信息。所拍摄的倾斜影像再借助于全自动高性能后处理系统，可快速构建出具有地物准确位置和清晰纹理的高分辨率真三维场景，相较于传统三维模型庞大的数据量，倾斜摄影测量的数据格式可兼容多种 GIS 应用，并可快速进行网络发布，实现应用共享。

本小节将介绍如何通过 FME 实现 OSGB 的坐标转换（图 13-22）。我们可以通过 FME Data Inspector 来观察 OSGB 结构。本质上，OSGB 就是由 *n* 个三角网组成带有实拍照片纹理的一种三维模型格式。使用 ContextCapture 软件生成的 OSGB 模型的坐标原点是模型的中心，即（0, 0），模型中其余的点是相对于（0, 0）记录的；模型中心对应的实际坐标存储在 metadata.xml 中。在 ContextCapture 生成 OSGB 的时候，需要定义投影坐标系。因此三维模型的坐标转换也是针对其三角网的每个顶点进行点坐标转换，重新构建为 OSGB 模型，不丢失其纹理，就是转换成功。

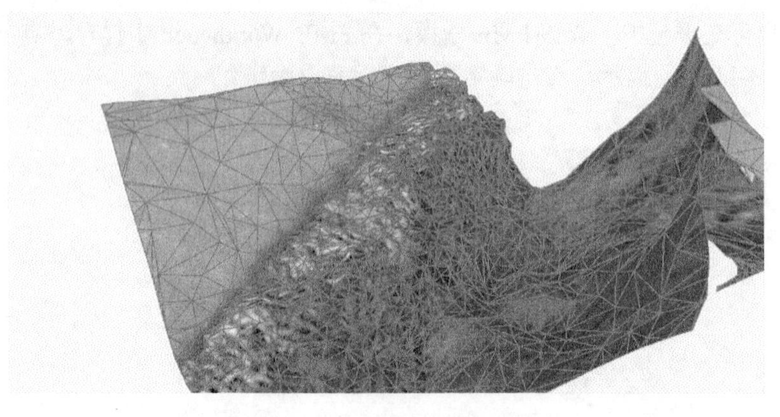

图 13-22　OSGB 的坐标转换

首先是读取 OSGB 文件，通过 OSG Reader 可以以文件夹方式批量化读取整个路径的所有数据，格式为\Data**.osgb。“几何对象”中“保留层次结构”的参数选择为“是”（图 13-23）。数据读取结果如图 13-24 所示。

由于 OSGB 数据是可以通过 metadata.xml 配置文件确定空间坐标系和原始坐标原点的，因此对于单个 OSGB 而言，可以通过 Offsetter 转换器实现 OSGB 文件的绝对坐标偏移（图 13-25）。

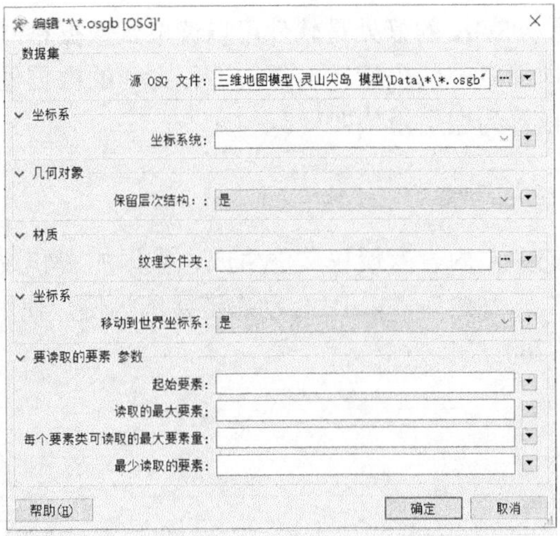

编辑 '**.osgb [OSG]'

数据集

源 OSG 文件：三维地图模型\灵山尖岛 模型\Data**.osgb"

坐标系

坐标系统：

几何对象

保留层次结构：：是

材质

纹理文件夹：

坐标系

移动到世界坐标系：是

要读取的要素 参数

起始要素：

读取的最大要素：

每个要素类可读取的最大要素量：

最少读取的要素：

帮助(H)　确定　取消

图 13-23　数据读取

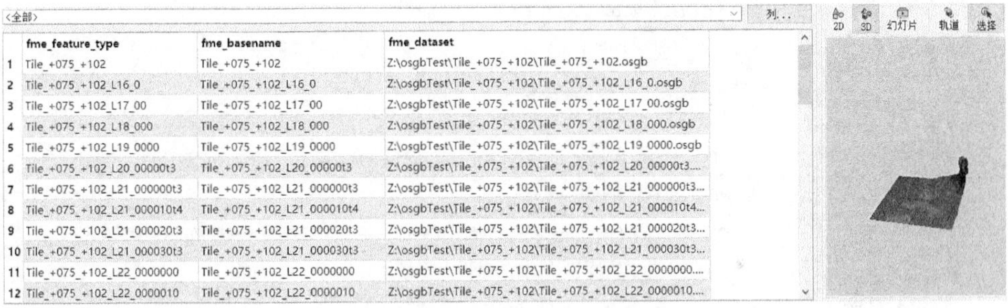

<全部>　列...　2D　3D　幻灯片　轨道　选择

	fme_feature_type	fme_basename	fme_dataset
1	Tile_+075_+102	Tile_+075_+102	Z:\osgbTest\Tile_+075_+102\Tile_+075_+102.osgb
2	Tile_+075_+102_L16_0	Tile_+075_+102_L16_0	Z:\osgbTest\Tile_+075_+102\Tile_+075_+102_L16_0.osgb
3	Tile_+075_+102_L17_00	Tile_+075_+102_L17_00	Z:\osgbTest\Tile_+075_+102\Tile_+075_+102_L17_00.osgb
4	Tile_+075_+102_L18_000	Tile_+075_+102_L18_000	Z:\osgbTest\Tile_+075_+102\Tile_+075_+102_L18_000.osgb
5	Tile_+075_+102_L19_0000	Tile_+075_+102_L19_0000	Z:\osgbTest\Tile_+075_+102\Tile_+075_+102_L19_0000.osgb
6	Tile_+075_+102_L20_00000t3	Tile_+075_+102_L20_00000t3	Z:\osgbTest\Tile_+075_+102\Tile_+075_+102_L20_00000t3....
7	Tile_+075_+102_L21_000000t3	Tile_+075_+102_L21_000000t3	Z:\osgbTest\Tile_+075_+102\Tile_+075_+102_L21_000000t3....
8	Tile_+075_+102_L21_000010t4	Tile_+075_+102_L21_000010t4	Z:\osgbTest\Tile_+075_+102\Tile_+075_+102_L21_000010t4....
9	Tile_+075_+102_L21_000020t3	Tile_+075_+102_L21_000020t3	Z:\osgbTest\Tile_+075_+102\Tile_+075_+102_L21_000020t3....
10	Tile_+075_+102_L21_000030t3	Tile_+075_+102_L21_000030t3	Z:\osgbTest\Tile_+075_+102\Tile_+075_+102_L21_000030t3....
11	Tile_+075_+102_L22_0000000	Tile_+075_+102_L22_0000000	Z:\osgbTest\Tile_+075_+102\Tile_+075_+102_L22_0000000....
12	Tile_+075_+102_L22_0000010	Tile_+075_+102_L22_0000010	Z:\osgbTest\Tile_+075_+102\Tile_+075_+102_L22_0000010....

图 13-24　数据读取结果

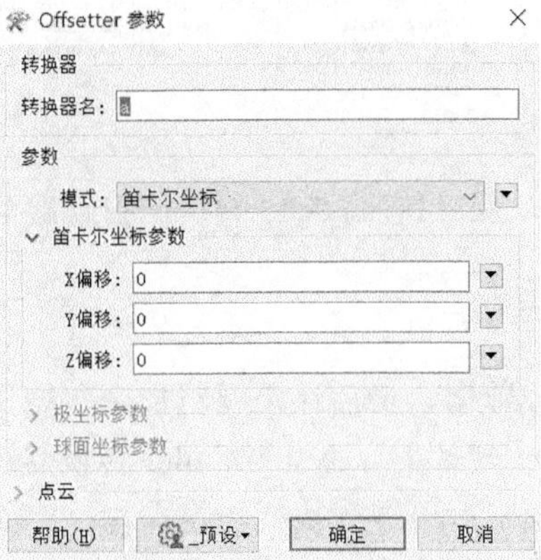

Offsetter 参数

转换器

转换器名：

参数

模式：笛卡尔坐标

笛卡尔坐标参数

X偏移：0

Y偏移：0

Z偏移：0

极坐标参数

球面坐标参数

点云

帮助(H)　预设▾　确定　取消

图 13-25　绝对坐标偏移

在 FME 中读取 OSGB 的好处是软件可以读取到数据格式，因此三维模型的坐标转换可以基于前面章节的坐标转换方式进行方便的数据处理。经过坐标转换后，将输出写模块设置为通用模块即可。

7. *原始数据加密与授权*

数据安全分发的主要内容有授权文件生成、数据加密和数据解密。通常数据安全厂家会提供二次开发接口，以 DLL 动态链接库为例，使用 PythonCaller 转换器进行开发（图 13-26）。

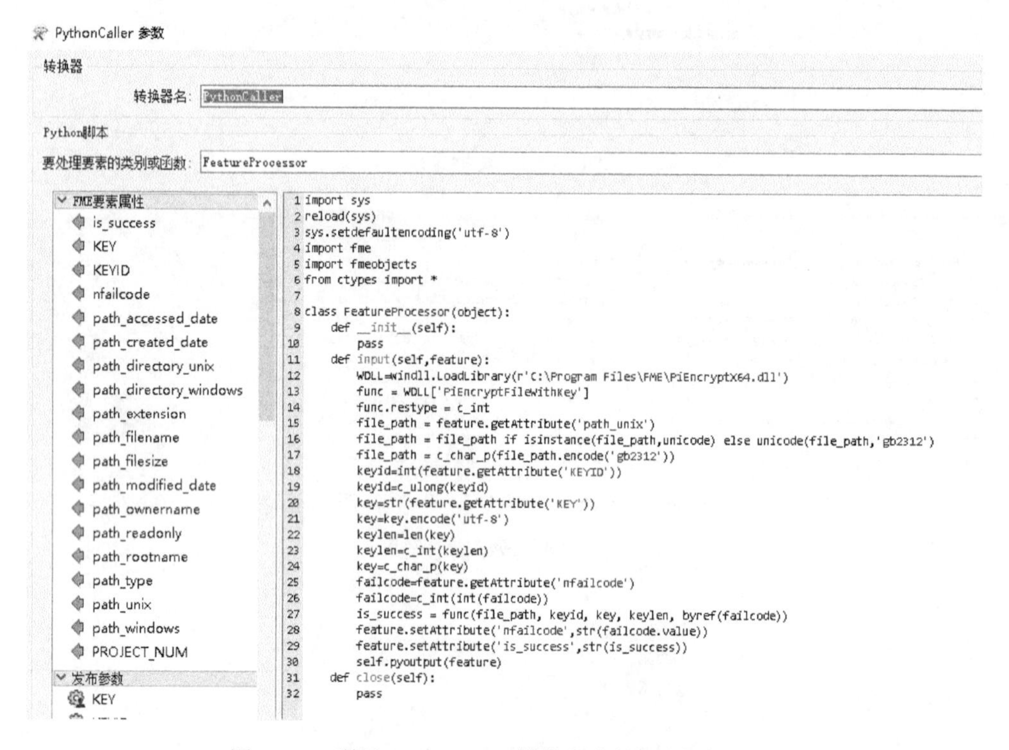

图 13-26　利用 PythonCaller 转换器进行加密软件调用

8. *加密数据压缩打包*

为方便平台用户下载数据，最后还需要对加密数据进行压缩打包处理。主要运用 FME 的 SystemCaller 转换器。SystemCaller 转换器运行一个程序或执行系统命令，等其运行结束并退出后可继续执行转换操作。比如，利用 WinRAR 程序，在系统环境变量里设置 WinRAR 的程序路径，使用 SystemCaller 转换器执行“rar a –r –epl –or”待压缩的文件夹路径并输出压缩包的文件夹路径。如图 13-27 所示。

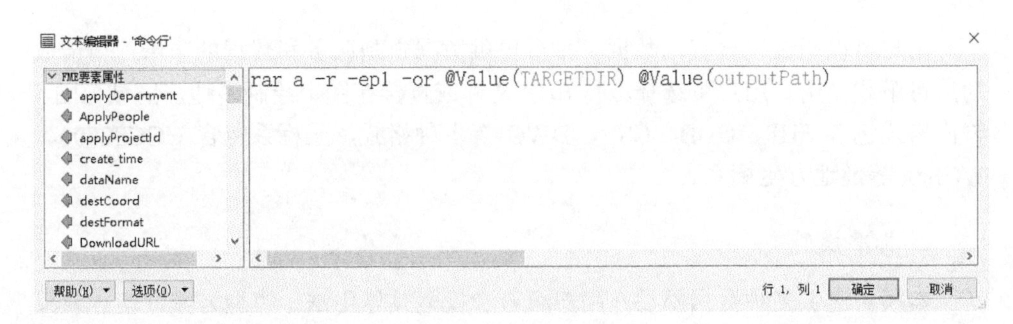

图 13-27　打包压缩

13.3.8　系统集成

城市研究基础数据平台系统模型主要分为 4 个模块，分别是原始数据、标准模型、数据产品和工具集，分别提供加密数据服务、标准模型服务、数据产品服务及一些常用的功能性工具（如坐标转换、格式转换、地名匹配等）。系统模型如图 13-28 所示。

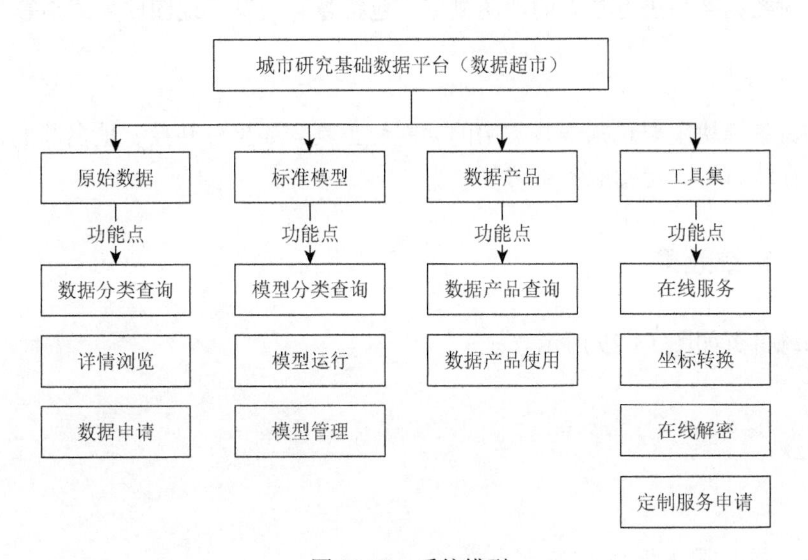

图 13-28　系统模型

1. *原始数据*

原始数据模块通过数据汇聚系统对汇聚得到的数据分门别类陈列，供用户选择，按数据类别分为基础时空数据、国土空间规划数据、公共专题数据、物联网感知数据和互联网在线抓取数据。

用户可以通过平台查询数据，平台提供数据定制服务和数据的申请，申请成功后可下载使用。用户可选择上传 SHP 文件或直接在图上绘制多边形区域范围，输出格式包含 SHP、GDB、CSV、DWG 等多种格式，坐标系包含 CGCS2000、WGS84 等及地方坐标系。

2. 标准模型

本模块提供多种数据模型，用户可查看模型具体用法、模型方案、运行效果等，并可下载使用。用户可通过关键字查找查询，也可以通过类型和种类导航栏查找到所需的模型。

3. 数据产品

本模块主要向用户提供数据经模型处理后的数据产品成果的展示，用户能够在线浏览数据产品并生成报告。用户同样可使用关键字搜索或者通过导航栏搜索数据产品。

点击数据产品进入后，用户可查看数据产品的简介和具体信息，用户还可在页面上对数据产品进行基本的地图浏览，包括查看图例、地图放大缩小等。

4. 工具集

工具集模块主要包括一些常用的功能性工具，如坐标转换、地名匹配、在线地图、在线解密、定制服务申请等。

13.3.9　系统效果

系统首页如图 13-29 所示。

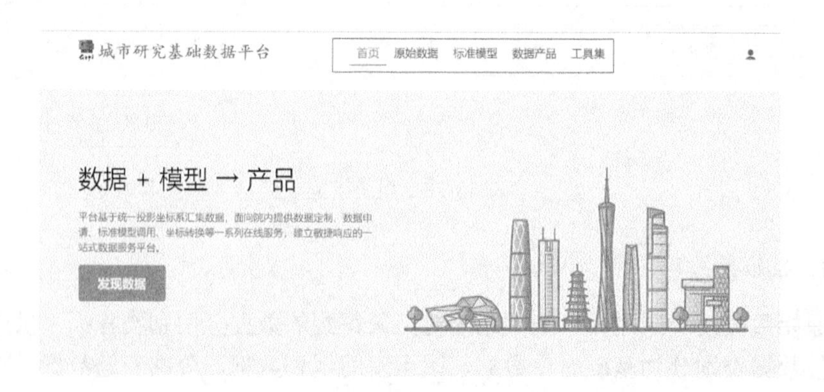

图 13-29　系统首页

1. 资源中心

资源中心汇聚了所有注册成功的多源地图服务，通过运维服务系统可以定义目录和元数据，进行数据标准定制和数据入库。在资源中心模块中，点击左侧行业分类进行数据筛选，右侧出现相应的数据详情信息。还可进行关键字搜索。资源中心界面如图 13-30 所示。

图 13-30　资源中心界面

2. 数据申请

数据申请是为了实现 GIS 数据内部安全分发而设置的工作审批流程。通过 Web 在线这种灵活的申请方式，实现数据分发自动化。数据申请界面如图 13-31 所示。

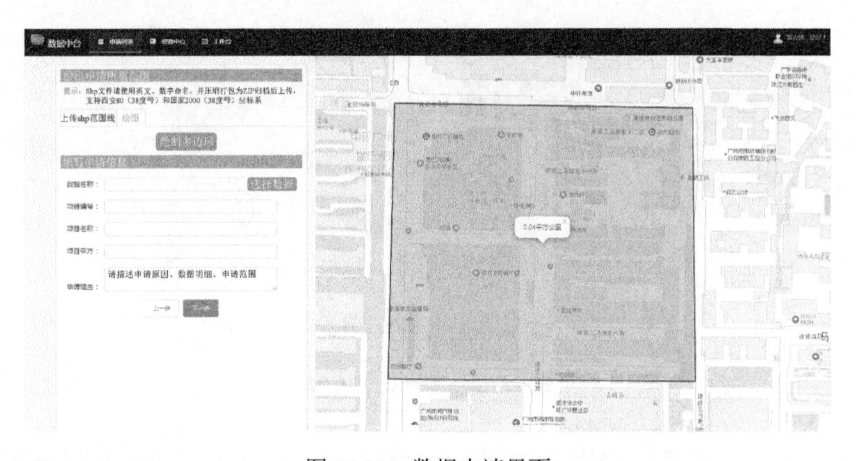

图 13-31　数据申请界面

1）选择范围

支持多种方式选择项目范围，可以上传 Shapefile 格式的范围线，也可以上传 CAD 格式的范围线；支持在线绘制范围，也支持通过联级选择的方式选择行政边界。

2）选择数据

选择数据资源中心的数据，支持多个数据图层选择。

3）选择坐标

支持通用坐标系和地方坐标系输出。通用坐标系如 CGCS2000、西安 80 坐标系、北京 54 坐标系、WGS84 和横轴墨卡托坐标系等。基于自定义模型支持城市地方坐标系转换。

4）选择格式

基于 FME 开发的坐标转换模型支持超过 300 种数据类型输出。例如，矢量数据支持常用的 Shapefile 格式、GDB 格式、MDB 格式、CSV 格式、GeoJSON 格式、WKT 格式等，栅格数据支持 JPG 格式、GeoTiff 格式、IMG 格式、ECW 格式。

3. 共享模型

共享模型可提供多种数据分析模型，如图 13-32 所示。用户可查看模型具体用法、模型方案、运行效果等，并可下载使用。用户可通过关键字查找，也可以通过类型和种类导航栏查找到所需的模型。

图 13-32　共享模型界面

模型开发主要依靠 FME 自身强大的功能实现。FME 建立数据处理模型无须编程，使用拖拽形式进行数据汇交融合，各专业在较低门槛情况下快速建立模型，不断汇入系统以丰富院内模型库。

4. 数据产品

数据产品提供数据分析后的成果展示，用户能便利地浏览数据产品并生成报告（图 13-33）。

图 13-33　数据产品界面

5. 工具集

工具集包括一些常用的辅助工具，如在线服务、在线解密、GIS 矢量数据坐标转换（图 13-34）、TIFF 栅格数据坐标转换、定制服务申请等（图 13-35）。

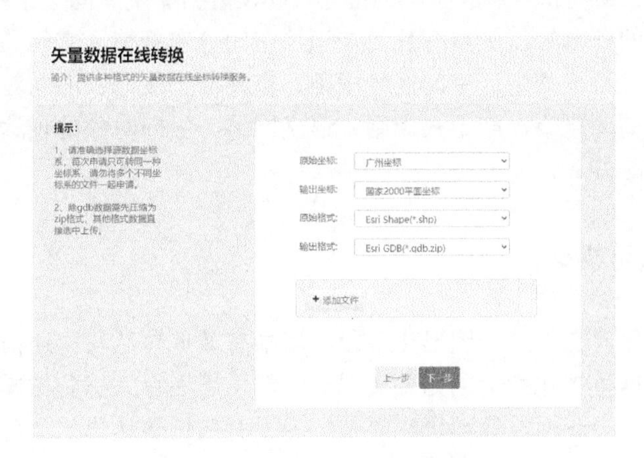

图 13-34　GIS 矢量数据坐标转换

图 13-35　工具集界面

13.4　可视化与挖掘

空间数据挖掘是为了解决因当下空间数据的种类、数量、大小和复杂性都在飞快增加所带来的难题。国内专家提出了从 GIS 数据库中发现知识，认为从 GIS 数据库中可以发现包括几何特征、空间关系和面向对象的多种知识，能够把 GIS 有限的数据变成无限的知识，可以精练和更新 GIS 数据，使 GIS 成为智能化的信息系统。

挖掘的空间知识主要包括空间的关联、特征、分类和聚类等规则。一般表现为概念、规则、法则、规律、模式、方程和约束等形式的集合，是对数据库中数据属性、模式、频度和对象簇集等的描述。GIS 数据库是空间数据库的主要类型，从中可以发现的基本知识类型有几何知识、空间分布规律、空间关联规则、空间聚类规则、空间特征规则、空间区分规则、空间演变规则、面向对象的知识等，可用特征表、谓词逻辑、产生式规则、语义网络、面向对象的表达方法和可视化等方式表达 GIS 知识。

13.4.1　数据可视化

数据可视化旨在借助于图形化手段，清晰有效地传达与沟通信息。但是，这并不意味着数据可视化就会因为要实现其功能用途而令人感到枯燥乏味，或者是为了看上去绚丽多彩而设计得极端复杂。为了有效地传达思想观念，美学形式与功能需要齐头并进，通过直观地传达关键的信息与特征，实现对于相当稀疏而又复杂的数据集的深入洞察。然而，设计人员往往并不能很好地把握设计与功能之间的平衡，从而创造出华而不实的数据可视化形式，无法达到其传达与沟通信息的目的。

数据可视化与信息图形、信息可视化、科学可视化，以及统计图形密切相关。当前，在研究、教学和开发领域，数据可视化乃是一个极为活跃而又关键的方面。数据可视化实现了成熟的科学可视化领域与较年轻的信息可视化领域的统一。

目前在GIS行业里，较著名的数据可视化工具（B/S架构）有Kepler.gl、ECharts、MapV、DeckGL、L7。下文重点介绍两种。

1. Kepler.gl

Kepler.gl 是由 Uber 开发的、进行空间数据可视化的开源工具，是 Uber 内部进行空间数据可视化的默认工具。Kepler.gl 支持 3 种数据格式，分别是：CSV、JSON、GeoJSON，部分地图种类只支持 GeoJSON 格式的数据。由于其炫酷的可视化效果和简易上手的操作步骤，Kepler.gl 拥有许多忠实的用户。图 13-36 是一些基于 Kepler.gl 的可视化效果。

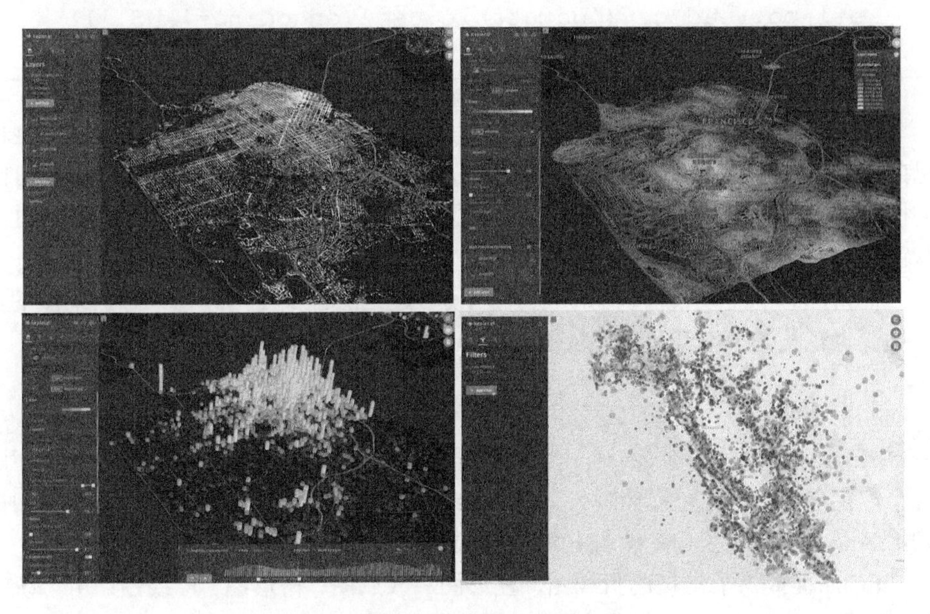

图 13-36　可视化效果（后附彩图）

除了直接使用以外，Kepler.gl通过其面向Python开放的接口包，可以在jupyter notebook 中通过书写 Python 代码的方式传入多种格式的数据，在其嵌入 notebook 的交互窗口中使用其内建的多种丰富的空间数据可视化功能。

首先我们需要在 Python 中安装 Kepler.gl 的 Python 接口包，只需要简单的 pip install Kepler.gl 命令即可，如果安装过程中遇到与 geopandas、fiona 相关的错误，只需要重装 GDAL 模块即可。安装完成且在 jupyter notebook 中运行完代码后，会出现 Kepler.gl 的操作窗口。代码如下所示。

```
from Kepler.gl import Kepler.gl
#创建一个 Kepler.gl 对象
map1=Kepler.gl(height=500)
#激活 Kepler.gl 对象到 jupyter 的窗口中
```

利用 add_data（）方法进行传入，它有两个参数，data 用于传入所有要传入图层的数据信息（具体的格式下文会做具体介绍）；name 传入字符串类型的变量，用于给当前图层命名，默认为'unnamed'。

```
import pandas as pd
df1=pd.read_csv('datatable.csv',encoding='ANSI')
map1.add_data(df1, name='layer1')
```

Kepler.gl 会对 CSV 格式的文件的字段类型进行推断，一定要在代表经纬度信息的字段名称中加上对应的 lat、lng 部分，否则导入数据后无法自动识别为可能的图形对象；接着用手动的方式来调整显示哪些对象、以什么格式显示，通过一些简单的手动调整我们得到预期的图像。

值得注意的是，目前 Kepler.gl 官方版本是无法替换使用其他来源的地图的，数据源也默认是 WGS84 的 OpenStreetMap，因此不一定符合我国国情。

2. ECharts

ECharts 是一款基于 JavaScript 的数据可视化图表库，提供直观、生动、可交互、可个性化定制的数据可视化图表。ECharts 最初由百度团队开发，并于 2018 年初捐赠给 Apache 基金会，成为 ASF 孵化级项目。

ECharts 提供了常规的折线图、柱形图、散点图、饼形图、K 线图；用于统计的盒形图；用于地理数据可视化的地图、热力图、线图；用于关系数据可视化的关系图、树状图、旭日图、多维数据可视化的平行坐标，还有用于 BI 的漏斗图、仪表盘等，并且支持图与图之间的混搭。

ECharts 内置的 dataset 属性（4.0+）支持直接传入包括二维表、key-value 等多种格式的数据源，通过简单地设置 encode 属性就可以完成从数据到图形的映射，这种方式更符合可视化的直觉，省去了大部分场景下数据转换的步骤，而且多个组件能够共享一份数据而不用克隆。

为了配合大数据量的展现，ECharts 还支持输入 TypedArray 格式的数据，TypedArray 在大数据量的存储中可以通过增量渲染技术（4.0+），配合各种细致的优化。ECharts 能够展现千万级的数据量，并且在这个数据量级依然能够进行流畅的缩放、平移等交互。上千万的地理坐标数据就算使用二进制存储也要占用上百兆（MB）的空间，因此 ECharts 同时提供了对流加载（4.0+）的支持，用户可以使用 WebSocket 或者对数据分块后加载，加载多少渲染多少，不需要漫长地等待所有数据加载完再进行绘制。占用更少的内存、对 GC 友好等特性也可以大幅度提升可视化应用的性能。

图 13-37 是一些基于 ECharts 的使用效果。

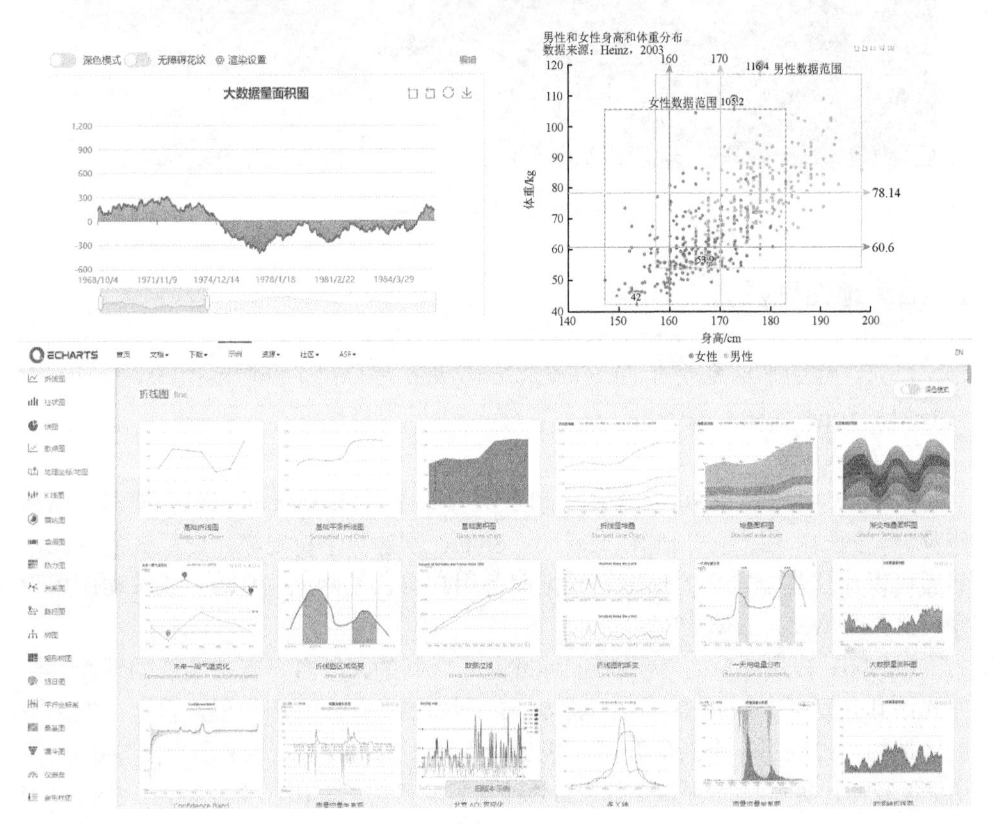

图 13-37　基于 ECharts 的使用效果

ECharts 团队还提供了基于 WebGL 的 ECharts GL，可以跟使用 ECharts 普通组件一样轻松地使用 ECharts GL 绘制出三维的地球、建筑群、人口分布的柱形图

（图 13-38）。在这个基础之上，ECharts GL 还提供了不同层级的画面配置项，几行配置就能得到艺术化的画面。

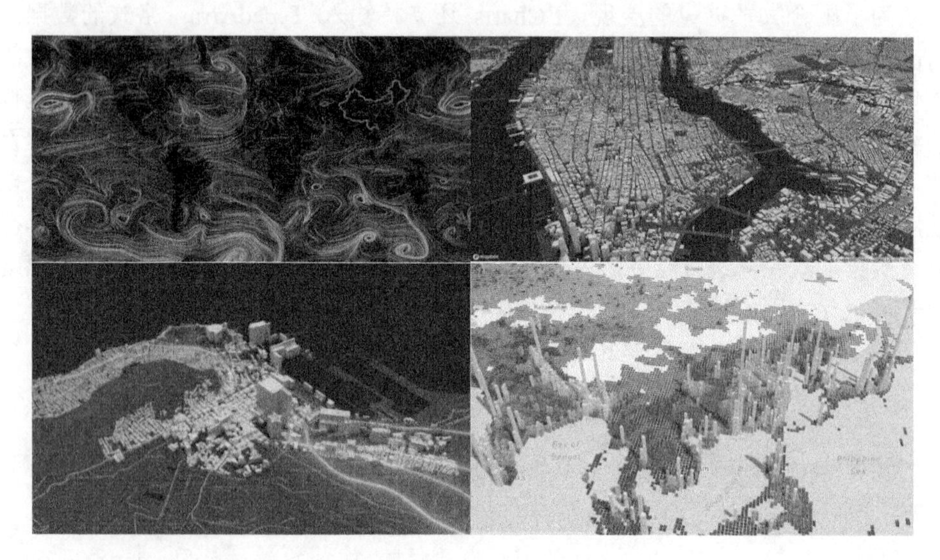

图 13-38 三维统计地图效果

13.4.2 地图可视化

目前，地图平台企业有 Mapbox、SuperMap 等公司，开源地图 JavaScript 库有 leaflet、openlayer、cesium。

1）Mapbox

Mapbox 公司于 2010 年 6 月 1 日在美国成立。Mapbox 是一个很棒的地图制作及分享网站，用户可以使用 Mapbox Studio 创建一个自定义、交互式的地图，然后可以让这些自定义的地图和数据服务用户自己的网站（Web）或移动应用程序（Mobile Web/Android/IOS）。

Mapbox 公司起草的 MBTiles 标准是一个新的跨平台、支持离线的地图存储格式；其开发了 CartoCSS 样式描述语言（类 CSS），允许用户根据自定义数据来创建地图；推出了一个新的开源矢量瓦片规范，应用到 Mapbox 所有的 Web 地图中。矢量瓦片提供了一种超快速、高效的格式，强化了地图在交互特性、GeoJSON 数据流、移动端渲染等方面的性能。目前，设计迭代一个地图可以在几秒钟内完成，在几分钟内就可以得到一个完整的全球矢量地图。Mapbox GL 是一个新的可交互的、响应式地图的渲染库，也是基于 OpenGL ES 的、非常强大且使用硬件加速的制图库，它可以完全控制每个地图样式的元素。

2）SuperMap

SuperMap 是国内优秀的 GIS 平台，面向地图可视化开发推出了两个产品线，分别是 SuperMap iClient JavaScript 和 SuperMap iClient 3D for WebGL。

SuperMap iClient JavaScript 是面向 Web 端 GIS 软件的开发平台，基于现代 Web 技术栈构建，是 SuperMap GIS 和在线 GIS 平台系列产品的统一。SuperMap iClient JavaScript 的产品特点是：集成常用的地图库和图表库，如 leaflet、openlayer、maboxgl 等；支持 Vue/React 框架下的组件式开发，包括地图组件、丰富的地理可视化组件、图表类组件和基础 GIS 组件等；支持丰富的时态和静态的可视化效果，包括散点图、热力图、蜂巢图、轨迹图、OD 图、流向图、三维建筑图、风图等；基于 leaflet 地图库，提供灵活方便的二维动态标绘功能；支持 MVT 矢量瓦片；支持 Web Mercator、WGS84、CGCS2000、地方坐标系等。

SuperMap iClient 3D for WebGL 是三维客户端开发平台，是基于 WebGL 技术实现的三维客户端开发平台，可用于构建无插件、跨操作系统、跨浏览器的三维 GIS 应用程序。iClient 3D 的产品特点是支持影像、地形、地图、矢量、手动建模数据、地下管线、倾斜摄影三维模型、BIM、激光点云、三维场数据等海量三维数据的高性能加载与显示；支持三维空间分析及分析结果输出，包括通视分析、可视域分析、天际线分析、日照分析、剖面分析、开敞度分析等；支持体元栅格的高效可视化；支持海量实时动态数据的高效绘制；支持经过缓存流加密的地形影像服务加载等。

13.4.3　空间数据挖掘

ArcGIS Insights 是易智瑞信息技术有限公司开发的在空间数据挖掘与可视化方面的一个集成，以下简称为 Insights。总体而言，Insights 是一个数据分析工作台，可提供空间和非空间分析功能以探索数据并提供全面详细的结果。Insights 通过提供丰富的可视化和空间分析工具，并以其简便的操作方式，为用户带来了全新的、便捷地洞悉数据的体验。Insights 具备以下特点。

（1）综合利用多种来源的空间数据和非空间数据，包括在线 ArcGIS REST 服务、数据库连接、CSV 格式文件，可充分发挥 ArcGIS Server 的自身能力。

（2）拖拽操作便捷，交互性强，提供丰富多样的地图、统计图、图表对数据进行可视化展示，极大提升用户体验。

（3）通过地图、图表的联动显示，更便捷地发现数据的规律。

（4）解决各种空间分析相关的问题。

（5）可在完全离线环境中使用，数据保密性得到保障，方便共享数据、分析结果、工作流到组织中。

数据挖掘应用场景如图 13-39 所示。

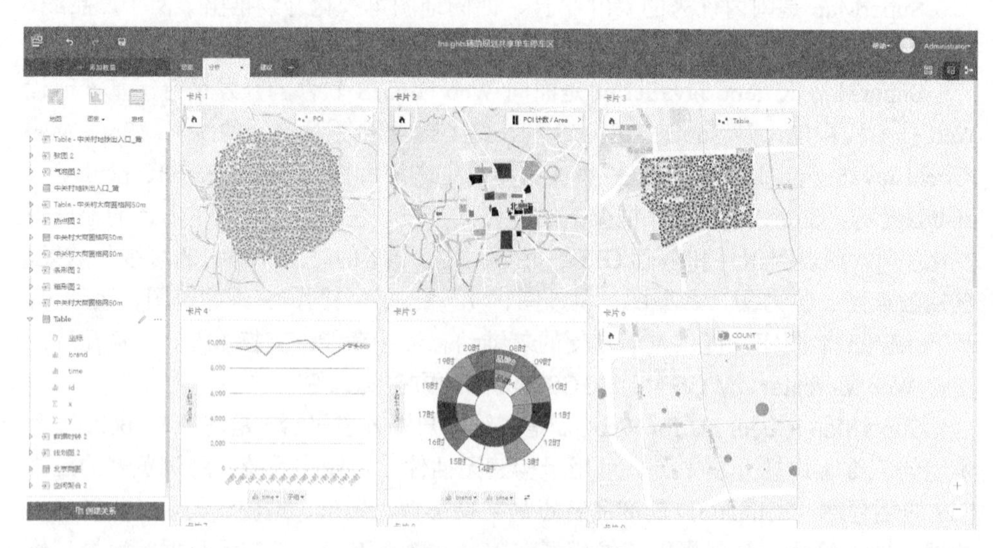

图 13-39　数据挖掘应用场景

1. 工作簿概念

在 Insights 的使用流程中，工作簿是组织数据和进行分析的工具，可存储数据集、连接包含空间或非空间数据的卡片和分析工作流。可以编辑、刷新和与其他用户共享工作簿。主要流程如图 13-40 所示。其中，重要部分将展开介绍。

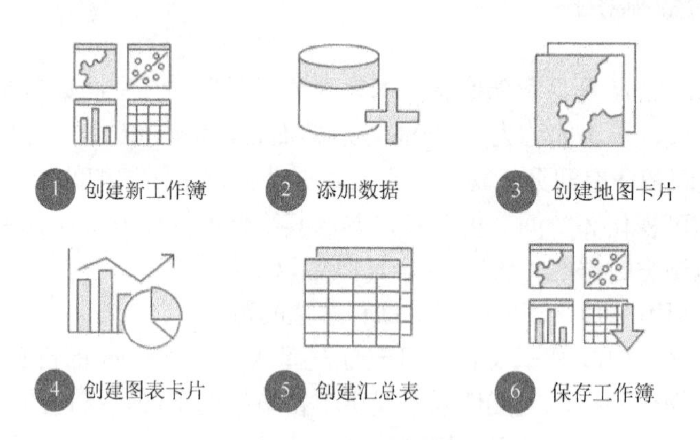

图 13-40　Insights 使用流程

1）添加数据

Insights 可以通过以下 5 种方式管理数据源。

（1）Living Atlas：ArcGIS Online 精选的要素图层。

（2）上传文件：直接添加到用户的工作簿（Excel 工作簿、CSV 文件、Shapefile 和 GeoJSON 文件）上。

（3）ArcGIS 平台：来自 ArcGIS Online 组织的数据，可通过 ArcGIS 连接访问数据源。

（4）SharePoint：Microsoft SharePoint 中存储的数据集。

（5）OneDrive：Microsoft OneDrive 中存储的数据集。

2）创建地图卡片

空间数据可在 Insights 中显示为地图。可以创建显示多个数据集的地图，或者创建多个地图，然后进行并排比较。使用多个地图并且链接范围可以更好地了解数据。

3）创建图表卡片

图表是显示数据并对其进行非空间分析的一种方法。图表在与显示相同数据集的地图配对时特别有用。空间和非空间数据均可显示为图表。

4）创建汇总表

表格可用于汇总分类数据，并查看统计数据（如总和和平均值）。表格也可用于对类别进行分组，从而帮助用户进一步了解数据。

2. 拖拽建立图表

Insights 支持数据拖拽可视化分析，拖拽操作极为便捷，可交互性非常强，极大提升用户体验。

1）更新卡片

执行快速数据可视化是 Insights 的优势之一。可以拖动字段来更改样式，或者向地图添加新图层，向图表、表格添加新字段或在图表、表格中更新字段。

2）执行分析

Insights 可提供执行分析。Insights 中的地图卡片最常用的分析功能包括空间聚合和空间过滤器。执行分析的操作很简单，只需拖动数据集到画布，设置参数，然后单击运行即可。

卡片信息配置如图 13-41 所示。

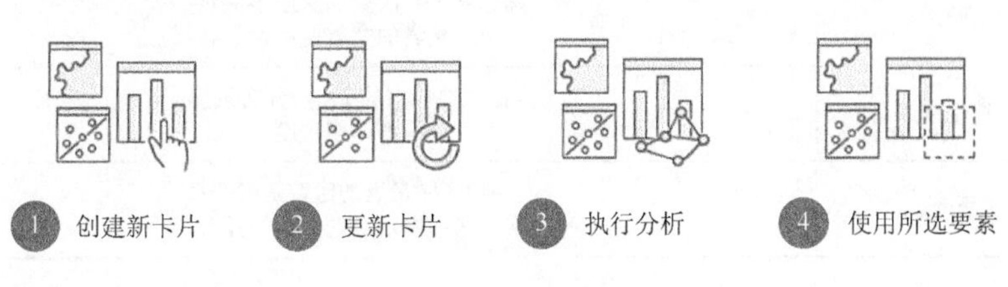

图 13-41 卡片信息配置

3. 空间数据分析

空间数据分析是 Insights 的强项，旨在通过提问题的方式，引导用户得到解决问题的思路，用空间数据分析结果回答问题（图 13-42）。

图 13-42　空间数据分析

1）问题提出

要解决空间问题，首先需要在了解问题的基础上提出有价值的问题。提出有价值的问题才能获得有意义的结果。包括以下问题。

（1）其分布方式如何？

（2）其相关方式如何？

（3）附近有什么？

（4）其变化方式如何？

2）空间分析

用户提出问题，Insights 即有对应的解决方法。Insights 空间分析工具及应用场景如表 13-7 所示。

表 13-7　Insights 空间分析工具及应用场景

工具	应用场景
缓冲区	分析公园 5km 的缓冲区内覆盖多少居民； 养老院 10km 缓冲区内覆盖多少老年人口。
空间聚合	统计各个区域内的犯罪事件数目； 统计各个区域内的人口密度。
空间筛选	筛选某一个区域的交通事故点； 筛选某省的空气监测站点。
计算密度	全国主要城市的 $PM_{2.5}$ 分布规律； 全国道路网密度。
寻找最近点	学校周围最近的医院是哪个； 居民区周围最近的学校是哪个。

4. 成果共享

Insights 支持多维度共享方法，从数据到分析统计结果，再到分析图表。均可通过 Insights 实现空间分析成果的共享。

1）共享数据

共享数据是最基础、最原始的方法。在 Insights 中共享数据是一种让其他用户访问网站的结果并设置其他内容（例如，页面和工作簿）的方式。当 Insights 共享结果数据集时，Insights 将创建一个可用于 Insights 或组织的新要素服务。

2）共享页面

使用共享页面便于与其他用户共享分析成果。可以更改地图样式，创建链接地图、图表和表格，添加描述，然后共享页面以供组织其他成员查看。组织的全部成员都可以查看共享页面，即使他们没有 Insights 许可，也可以将页面嵌入 Web 页面或故事地图，以供公众查看。

3）共享分析

使用 Insights 时，分析中的所有步骤都记录在模型中。可以共享模型，以便重新运行分析或供其他用户访问共享出来的工作流。可以向页面添加模型，并更新要引用的数据集，以重新运行精确的分析，或者重新运行具有不同数据集的分析。

4）共享工作簿

如果想要共享数据、页面和分析，最好的方式是通过共享工作簿。共享工作簿可在仅查看模式下打开，或在完全编辑权限下进行复制和打开。Insights 支持以 Iframe 嵌入的方式共享到其他的平台。

13.5　在线分析服务系统

13.5.1　建设目标

在线分析服务系统在国土空间规划数据、基础地理信息数据、物联网监测数据、互联网大数据等多源异构数据融合的基础上，结合地理信息、语义匹配、数据库技术、OLAP 技术、定量分析模型实现数据综合展示及地理信息空间数据在线挖掘分析，满足了广州市在城市规划编制、规划测量、城市更新等领域的数据导入、数据分析、成果输出等工作需求，提供地图图层管理、地图数据查询、底图风格切换、地图对比、城市定量分析模型在线计算、地理空间数据在线综合分析、大数据驾驶舱数据大屏，提高业务生产数据处理人员的工作效率。

13.5.2　系统功能

1. 地图

地图模块包含常用的 GIS 平台功能，如地图浏览、图层透明度调整、图层添加、要素查询、地图对比、底图风格切换、地图量测、数据上传等。

2. 数据分析

数据分析模块主要是对数据属性查询、指标分析和自定义 BI 分析。属性查询可以通过空间数据库或者借助企业级数据托管服务如超图 SuperMap Iserver 和易智瑞的 ArcGIS Enterprise 实现数据发布。

3. 模型计算

模型计算模块是基于 FME 实现的，将国土空间规划专题分析模型融合进系统，共分为城镇空间专题、农业空间专题、生态空间专题、空间扩张专题、网络化专题。

4. 数据大屏

数据大屏是基于数据分析成果实现自定义的拖拽布局，支持用户快速定制界面，可以让更多的人能方便地看到更多的内容，其中的数据会随着数据库而自动更新。

系统功能如图 13-43 所示。

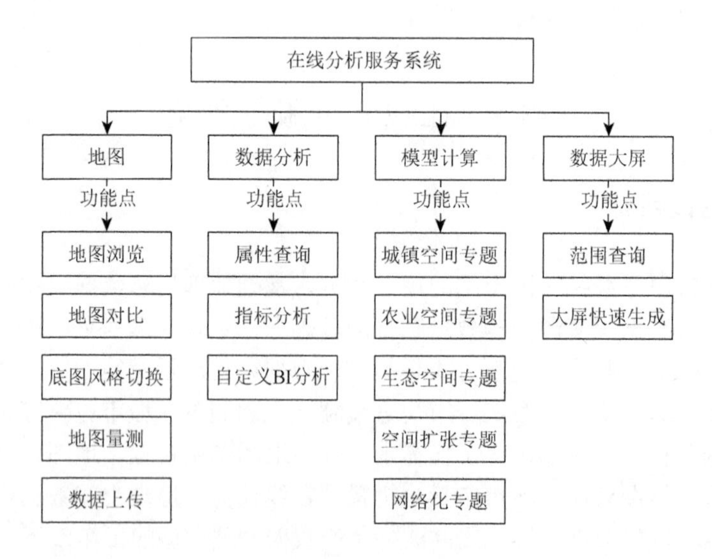

图 13-43　系统功能

13.5.3　实现效果

1. 数据浏览查询

在系统左侧菜单栏中点击添加图层。可以通过搜索，找到自己需要的数据源并进行图层添加。数据图层可以进行样式调整，如调整透明度；也可以查询数据属性，如实现点查询、线相交查询、面相交查询（图 13-44）。

图 13-44　图层搜索与添加

2. 数据指标分析

数据指标分析可选择区、街道（镇）、社区（村）作为要分析的区域，以选择指标作为分析的条件。选择完后点击“分析数据”，等待数据分析完成，会以数据表和统计图的形式显示在右侧。数据表的右下角有行业的总数量，可以上下页查看。统计表有柱形图、饼形图、区域图及折线图 4 种形式。数据属性查询和自定义数据挖掘分析如图 13-45 和图 13-46 所示。

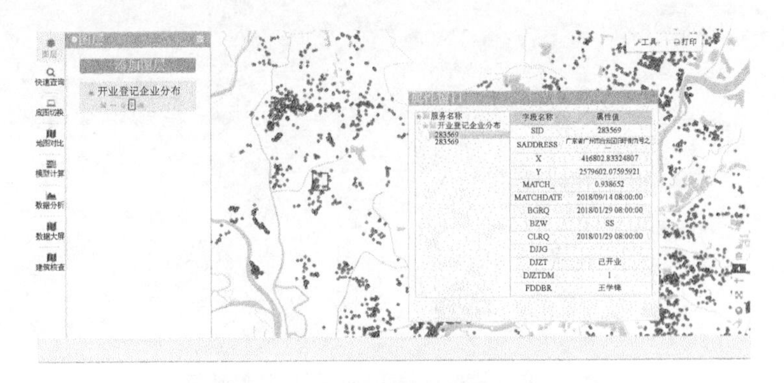

图 13-45　数据属性查询

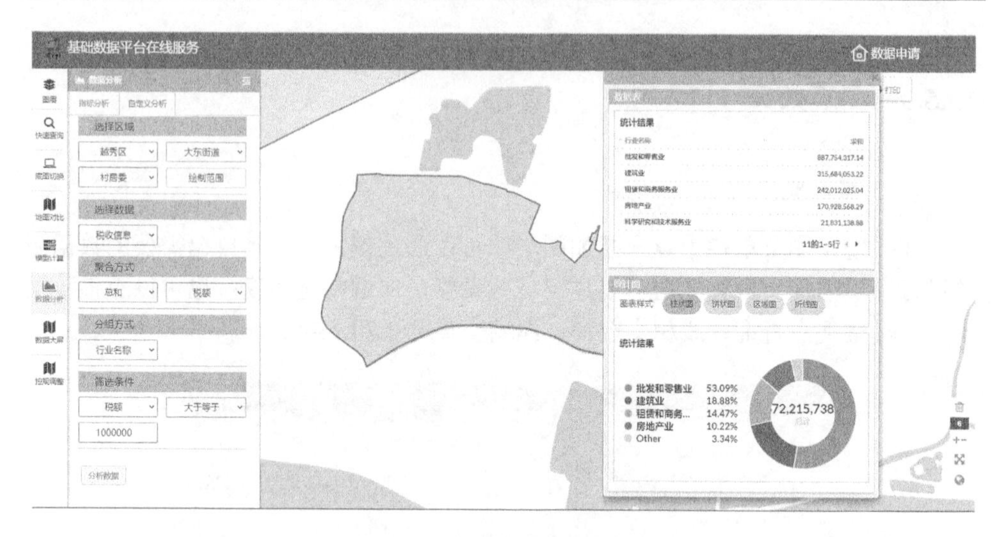

图 13-46　自定义数据挖掘分析

3. 模型计算

模型计算是基于 FME 模板并上传至平台的，实现在线模型计算功能。

点击“模型计算”，菜单栏滑出多个专题，通过点击不同的专题，弹出相应的模型计算分析框，选择想要计算的模型填写相应的参数（参数填写有手动输入、浏览、绘图三种形式），点击“运行”等待分析完成。

点击“浏览”会弹出可选择的文件，选中要填写的参数信息点击“确定”，即可完成参数填写。

模型计算如图 13-47 和图 13-48 所示。

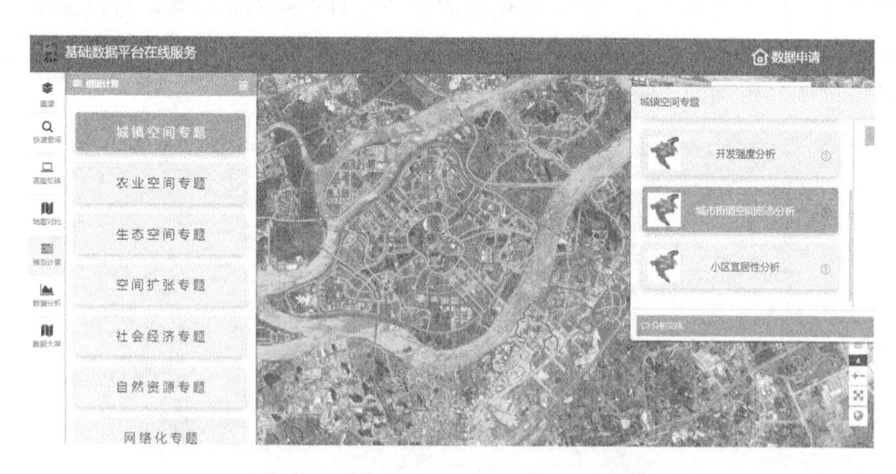

图 13-47　模型计算——街道贴线率计算

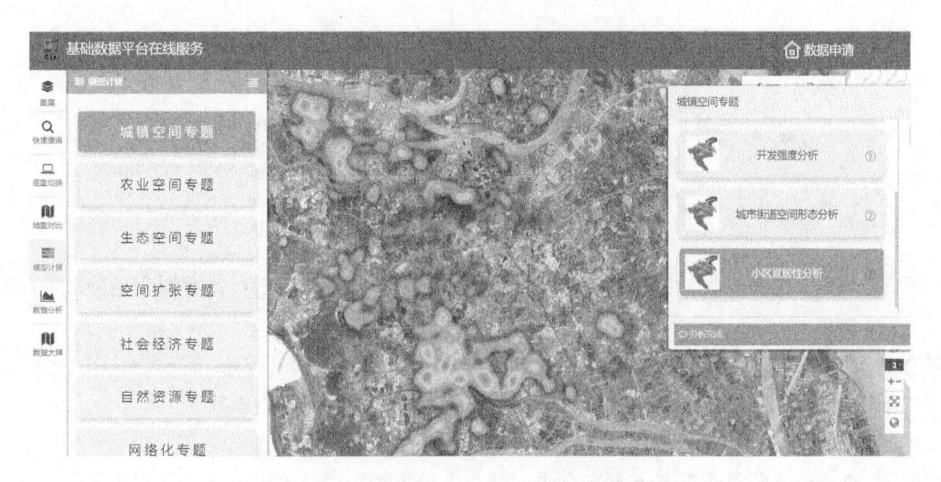

图 13-48　模型计算——小区宜居性计算

参 考 文 献

陈卓，金凤君，2016. 北京市等时间交通圈的范围、形态与结构特征[J]. 地理科学进展，35（3）：389-398.

储金龙，2007. 城市空间形态定量分析研究[M]. 南京：东南大学出版社.

邓书斌，2014. ENVI 遥感图像处理方法[M]. 2 版. 北京：高等教育出版社.

龚燃，2022. 2021 年国外民商用对地观测卫星发展综述[J]. 国际太空（2）：31-37.

胡腾云，2018. 基于遥感影像与开放数据的城市土地承载力评价[C]//2018 中国城市规划年会论文集，2018 中国城市规划学会，1-16.

黄晓春，何莲娜，程辉，等，2020. 城乡规划公共设施优化布置及选址模型建设与应用[J]. 建设科技（10）：47-50.

李霖，陈选，苏世亮，2020. 基于百度指数的生态文明关注度时空分析[J]. 地理信息世界，27（1）：20-25.

李苗裔，马妍，孙小明，等，2018. 基于多源数据时空熵的城市功能混合度识别评价[J]. 城市规划（2）：97-103.

龙瀛，罗子昕，茅明睿，2018. 新数据在城市规划与研究中的应用进展[J]. 城市与区域规划研究，10（3）：85-103.

龙瀛，张宇，崔承印，2012. 利用公交刷卡数据分析北京职住关系和通勤出行[J]. 地理学报，67（10）：1339-1352.

牟乃夏，2015. ArcGIS Engine 地理信息系统开发教程[M]. 北京：测绘出版社.

孙士玺，王秀凤，2019. 基于大数据的福州市城市效率体检[C]//2019 年中国城市规划年会论文集，2019 中国城市规划学会，1-11.

谭冰清，武书帆，苏世亮，等，2018. 城市公共绿地供给与居民健康的空间关联[J]. 城市建筑（24）：57-61.

汤国安，杨昕，2012. ArcGIS 地理信息系统空间分析实验教程[M]. 2 版. 北京：科学出版社.

腾讯位置服务，2017. 位置大数据之《北京交通等时圈选房指南》[OL]. TinyMind 专栏频道. https://www.tinymind.net.cn/articles/6e3fb277ee8b65 [2023-01-16].

王会，曾志铧，杨卫军，等，2021. 基于互联网大数据的城市等时交通圈研究[J]. 地理空间信息，19（8）：39-41，47.

王鹏，袁晓辉，李苗裔，2014. 面向城市规划编制的大数据类型及应用方式研究[J]. 规划师，30（8）：25-31.

伍笛笛，蓝泽兵，2014. 多时空交通圈的内涵、划分及其特征分析[J]. 西南交通大学学报：社会科学版，15（3）：16-21.

甄茂成，党安荣，许剑，2019. 大数据在城市规划中的应用研究综述[J]. 地理信息世界，26（1）：6-12，24.

周钰，2016. 街道界面形态规划控制之“贴线率”探讨[J]. 城市规划，40（8）：25-29，35.

Wang R，Helbich M，Yao Y，et al.，2019. Urban greenery and mental wellbeing in adults：Cross-sectional mediation analyses on multiple pathways across different greenery measures[J]. Environmental Research，176：108535.

附　录

附表 1　2021 年城市体检指标体系

目标	序号	指标	解释	指标类型
一、生态宜居（15）	1	区域开发强度（%）	市辖区建成区面积占市辖区总面积的百分比。	导向指标
	2	组团规模（km^2）	市辖区建成区内每一个组团的规模，有 2 个以上组团的应分别填报。组团指具有清晰边界、功能和服务设施完整、职住关系相对稳定的城市集中建设区块，组团规模不宜超过 50km^2。	导向指标
	3	人口密度超过 1.5 万人/km^2 的城市建设用地规模（km^2）	市辖区建成区内人口密度超过 1.5 万人/km^2 的地段总占地面积。人口密度是指城市组团内各地段单位土地面积上的人口数量。	底线指标
	4	新建住宅建筑高度超过 80m 的数量（栋）	当年市辖区建成区内新建住宅建筑中高度超过 80m 的住宅建筑栋数。建筑高度是指建筑物屋面面层到室外地坪的高度，新建住宅建筑高度控制在 80m 以下。	底线指标
	5	城市生态廊道达标率（%）	市辖区建成区内组团之间净宽度不小于 100m 的生态廊道长度，占城市组团间应设置的净宽度不小于 100m 且连续贯通生态廊道长度的百分比。生态廊道是指在城市组团之间设置的，用以控制城市扩展的绿色开敞空间。	底线指标
	6	单位 GDP 二氧化碳排放降低（%）	当年城市单位国内生产总值二氧化碳排放量，比上一年度城市单位国内生产总值二氧化碳排放量的降低幅度。	底线指标
	7	新建建筑中绿色建筑占比（%）	市辖区建成区内按照绿色建筑相关标准新建的建筑面积，占全部新建建筑总面积的百分比，应达到 100%。	导向指标
一、生态宜居（15）	8	城市绿道服务半径覆盖率（%）	城市绿道 1km 半径（步行 15min 或骑行 5min）覆盖的市辖区建成区居住用地面积，占市辖区建成区总居住用地面积的百分比。	导向指标
	9	公园绿地服务半径覆盖率（%）	市辖区建成区内公园绿地服务半径覆盖的居住用地面积，占市辖区建成区内总居住用地面积的百分比（5000m^2 及以上公园绿地按照 500m 服务半径测算；2000～5000m^2 的公园绿地按照 300m 服务半径测算）。	导向指标
	10	城市环境噪声达标地段覆盖率（%）	市辖区建成区内环境噪声达标地段面积，占建成区总面积的百分比。	导向指标
	11	空气质量优良天数比率（%）	全年环境空气质量优良天数占全年总天数的百分比，不宜小于 87%。	底线指标
	12	地表水达到或好于Ⅲ类水体比例（%）	市辖区建成区内纳入国家、省、市地表水考核断面中，达到或好于Ⅲ类水环境质量的断面数量，占考核断面总数量的百分比。	底线指标

续表

目标	序号	指标	解释	指标类型
	13	城市生活污水集中收集率（%）	市辖区建成区内通过集中式和分散式污水处理设施收集的生活污染物量占生活污染物排放总量的比例，不宜小于70%。	导向指标
	14	再生水利用率（%）	市辖区建成区内城市污水再生利用量，占污水处理总量的百分比，不宜小于25%。	导向指标
	15	城市生活垃圾资源化利用率（%）	市辖区建成区内城市生活垃圾中物质回收利用和能源转化利用的总量占生活垃圾产生总量的百分比，不宜小于55%。	导向指标
二、健康舒适（9）	16	完整居住社区覆盖率(%)	市辖区建成区内达到《完整居住社区建设标准（试行）》的居住社区数量，占居住社区总数的百分比。	导向指标
	17	社区便民商业服务设施覆盖率（%）	市辖区建成区内有便民超市、便利店、快递点等公共服务设施的社区数，占社区总数的百分比。	导向指标
	18	社区老年服务站覆盖率（%）	市辖区建成区内建有社区老年服务站的社区数，占社区总数的百分比。	导向指标
	19	普惠性幼儿园覆盖率(%)	市辖区建成区内公办幼儿园和普惠性民办幼儿园提供学位数，占在园幼儿数的百分比。	导向指标
	20	社区卫生服务中心门诊分担率（%）	市辖区建成区内社区卫生服务机构门诊量，占总门诊量的百分比。	导向指标
	21	人均社区体育场地面积（m^2/人）	市辖区建成区内常住人口人均拥有的社区体育场地面积。	导向指标
	22	社区低碳能源设施覆盖率（%）	市辖区建成区内配备充电站（桩）、换电站、分布式能源站等低碳能源设施的社区数量，占社区总数的百分比。	导向指标
	23	老旧小区改造达标率(%)	市辖区建成区内已改造老旧小区达标数量，占市辖区建成区已改造老旧小区总数的百分比。达标的老旧小区是指由建设单位组织工程竣工验收，并符合当地老旧小区改造工程质量验收标准的改造小区。	导向指标
	24	新建住宅建筑密度超过30%的比例（%）	市辖区建成区内新建住宅建筑密度超过30%的居住用地面积，占全部新开发居住用地面积的百分比。住宅建筑密度是指住宅建筑基底面积与所在居住用地面积的比例。	底线指标
三、安全韧性（7）	25	城市内涝积水点密度（个/km^2）	市辖区建成区内每平方千米土地面积上常年出现内涝积水点的数量。	导向指标
	26	城市可渗透地面面积比例（%）	市辖区建成区内具有渗透能力的地表（含水域）面积，占建成区面积的百分比，不宜小于45%。	底线指标
	27	城市道路交通事故万车死亡率（人/万车）	市辖区每年因道路交通事故死亡的人数，与市辖区机动车保有量的比例。	导向指标
	28	城市年安全事故死亡率（人/万人）	市辖区内每年因道路塌陷、内涝、管线泄漏爆炸、楼房垮塌、安全生产等死亡人数，与市辖区常住人口的比例。	导向指标
	29	人均避难场所面积（m^2/人）	市辖区建成区内应急避难场所面积与常住人口的比例，不宜小于1.5m^2/人。	底线指标
	30	城市二级及以上医院覆盖率（%）	市辖区建成区内城市二级及以上医院4km（公交15min可达）服务半径覆盖的建设用地面积，占建成区面积的百分比。	导向指标

续表

目标	序号	指标	解释	指标类型
三、安全韧性（7）	31	城市标准消防站及小型普通消防站覆盖率（%）	市辖区建成区内标准消防站（7km^{2}责任区/5min可达）及小型普通消防站（4km^{2}责任区）覆盖的建设用地面积，占建成区面积的百分比。	导向指标
四、交通便捷（7）	32	建成区高峰期平均机动车速度（km/h）	市辖区建成区内高峰期各类道路上各类机动车的平均行驶速度。	导向指标
	33	城市道路网密度（km/km^2）	市辖区建成区组团内城市道路长度与组团面积的比例，有2个以上组团的应分别填报。组团内道路长度不宜小于8km/km^2。	导向指标
	34	城市常住人口平均单程通勤时间（min）	市辖区内常住人口单程通勤所花费的平均时间。	导向指标
	35	通勤距离小于5km的人口比例（%）	市辖区内常住人口中通勤距离小于5km的人口数量，占全部通勤人口数量的百分比。	导向指标
	36	轨道站点周边覆盖通勤比例（%）	市辖区内轨道站点800m范围覆盖的轨道交通通勤量，占城市总通勤量的百分比。	导向指标
	37	绿色交通出行分担率（%）	市辖区建成区内采用轨道、公交、步行、骑行等方式的出行量，占城市总出行量的百分比，不宜小于60%。	导向指标
	38	专用自行车道密度（km/km^2）	市辖区建成区内具有物理隔离的专用自行车道长度与建成区面积的比例，不宜小于2km/km^2。	导向指标
五、风貌特色（6）	39	当年获得国际国内各类建筑奖、文化奖的项目数量（个）	当年市辖区内民用建筑（包括居住建筑和公共建筑）中获得国际国内各类建筑奖、文化奖的项目数量（包括国内省级以上优秀建筑、工程设计奖项、国外知名建筑奖项，以及文化奖项）。	导向指标
	40	万人城市文化建筑面积（m^2/万人）	市辖区内文化建筑（包括剧院、图书馆、博物馆、少年宫、文化馆、科普馆等）总面积与市辖区常住人口的比例。	导向指标
	41	城市历史风貌破坏负面事件数量（个）	当年市域内存在拆除历史建筑、传统民居，砍老树，破坏地形地貌、传统风貌和街道格局等负面事件的个数。	底线指标
	42	城市历史文化街区保护修缮率（%）	市辖区内近5年开展保护修缮项目的历史文化街区数量，占历史文化街区总量的百分比。	导向指标
五、风貌特色（6）	43	城市历史建筑空置率（%）	市辖区内历史建筑空置数量占城市人民政府公布的历史建筑总数的百分比，不宜超过10%。	导向指标
	44	城市国内外游客量（万人）	当年市辖区内主要节假日国内外游客量。	导向指标
六、整洁有序（6）	45	城市门前责任区制定履约率（%）	市辖区建成区内门前责任区制定履约数量，占门前责任区总量的百分比。	导向指标
	46	城市街道立杆、空中线路规整性（%）	市辖区建成区内立杆、空中线路（电线电缆等）规整的城市街道数量，占建成区主干道、次干道、支路总量的百分比。	导向指标
	47	城市街道车辆停放有序性（%）	市辖区建成区内车辆停放有序的城市街道数量，占建成区主干道、次干道、支路总量的百分比。	导向指标
	48	城市重要管网监测监控覆盖率（%）	市辖区建成区内对城市重要管网进行动态监测的城市街道数量，占建成区主干道、次干道、支路总量的百分比。	导向指标

续表

目标	序号	指标	解释	指标类型
六、整洁有序（6）	49	城市窨井盖完好率（%）	市辖区建成区内窨井盖完好的城市街道数量，占建成区主干道、次干道、支路总量的百分比。	导向指标
	50	实施专业化物业管理的住宅小区占比（%）	市辖区建成区内实施专业化物业管理的住宅小区数量，占建成区内住宅小区总量的百分比。	导向指标
七、多元包容（5）	51	道路无障碍设施设置率（%）	市辖区建成区内主干道、次干道、支路的无障碍设施设置率（包括缘石坡道设置率、盲道设置率、出入口盲道与道路盲道相衔接比例、人行横道过街音响提示装置配置率、人行横道安全岛轮椅通道设置率、新建人行天桥和人行地道无障碍设施建设率的平均值）。	导向指标
	52	城市居民最低生活保障标准占上年度城市居民人均消费支出比例（%）	城市最低生活保障标准（×12），占上年度城市居民人均消费支出的百分比。	导向指标
	53	常住人口住房保障服务覆盖率（%）	市辖区内正在享受保障性租赁住房的新市民、青年人数量，占应当享受保障性租赁住房的新市民、青年人总数量的百分比。	导向指标
	54	住房支出超过家庭收入50%的城市家庭占比（%）	市辖区内当年用于住房的支出超过家庭年收入50%的城市家庭数量，占城市家庭总数量的百分比。	导向指标
	55	居住在棚户区和城中村中的人口数量占比（%）	市辖区内居住在棚户区、城中村的人口数量，占市辖区常住人口总数量的百分比。	导向指标
八、创新活力（10）	56	城市小学生入学增长率（%）	市辖区内当年小学生入学人数，较基准年（2015年）城市小学生入学人数的增长率。	导向指标
	57	城市人口年龄中位数(岁)	当年市辖区内城市常住人口年龄中位数。	导向指标
	58	政府负债率（%）	地方政府年末债务余额，占城市年度GDP的百分比。	导向指标
	59	城市新增商品住宅与新增人口住房需求比（%）	市辖区内新增商品住宅竣工面积，占新增人口住房总需求的百分比。新增人口住房总需求是指当年城市新增常住人口×人均最小住房面积。	导向指标
	60	全社会R&D支出占GDP比重（%）	当年全市全社会实际用于基础研究、应用研究和试验发展的经费支出，占国内生产总值的百分比。	导向指标
八、创新活力（10）	61	万人新增中小微企业数量（个/万人）	当年市辖区内净增长中小微企业数量，与市辖区常住人口的比例。	导向指标
	62	万人新增个体工商户数量（个/万人）	当年市辖区内净增长个体工商户数量，与市辖区常住人口的比例。	导向指标
	63	万人高新技术企业数量（个/万人）	当年市辖区内高新技术企业数量，与市辖区常住人口的比例。	导向指标
	64	万人上市公司数量（个/万人）	市辖区内上市公司数量，与市辖区常住人口的比例。	导向指标
	65	城市信贷结构优化比例（%）	全市当年城市小微企业贷款余额，占基准年(2015年)城市小微企业贷款余额的百分比。	导向指标

附表 2　街景数据获取关键代码

```
# coding=utf-8
import math
import requests
import urllib
from urllib.request import urlopen
import threading
from optparse import OptionParser
import cv2
try:
    import urlparse
except ImportError:
    import urllib.parse as urlparse
import numpy as np
#发送请求保存照片
def download(url,name):
url='https://apis.map.qq.com/ws/streetview/v1/image?size=640x480&pano=10141031130101141134000&heading=0&pitch=0&key=K76BZ-W3O2Q-RFL5S-GXOPR-3ARIT-6KFE5'
    # 将user_agent,referer写入头信息
    headers={'User-Agent':'Mozilla/5.0(Windows NT 10.0; WOW64)AppleWebKit/537.36(KHTML,like Gecko)Chrome/77.0.3865.120 Safari/537.36','Referer':'https://lbs.qq.com/tool/streetview/streetview.html'}
    images=requests.get(url,headers=headers)
    img=images.content
    if images.status_code==200:
        print('图片:%s%s 正在下载..'%('张飒','xin'))
        with open(name,'wb')as fp:
            fp.write(img)
# WGS84转高德
def wgs84togcj02(lng,lat):
```

```
    PI=3.1415926535897932384626
    ee=0.00669342162296594323
    a=6378245.0
    dlat=transformlat(lng-105.0,lat-35.0)
    dlng=transformlng(lng-105.0,lat-35.0)
    radlat=lat/180.0 * PI
    magic=math.sin(radlat)
    magic=1-ee * magic * magic
    sqrtmagic=math.sqrt(magic)
    dlat=(dlat * 180.0)/((a *(1-ee))/(magic * sqrtmagic)*
PI)
    dlng=(dlng * 180.0)/(a/sqrtmagic * math.cos(radlat)*
PI)
    mglat=lat+dlat
    mglng=lng+dlng
    return [mglng,mglat]
  # GCJ-02/谷歌、高德 转换为 WGS84 GCJ02toWGS84
  def gcj02towgs84(localStr):
    lng=float(localStr.split(',')[0])
    lat=float(localStr.split(',')[1])
    PI=3.1415926535897932384626
    ee=0.00669342162296594323
    a=6378245.0
    dlat=transformlat(lng-105.0,lat-35.0)
    dlng=transformlng(lng-105.0,lat-35.0)
    radlat=lat/180.0 * PI
    magic=math.sin(radlat)
    magic=1-ee * magic * magic
    sqrtmagic=math.sqrt(magic)
    dlat=(dlat * 180.0)/((a *(1-ee))/(magic * sqrtmagic)*
PI)
    dlng=(dlng * 180.0)/(a/sqrtmagic * math.cos(radlat)*
PI)
    mglat=lat+dlat
```

```
        mglng=lng+dlng
        return str(lng * 2-mglng)+','+str(lat * 2-mglat)
    def transformlat(lng,lat):
        PI=3.1415926535897932384626
        ret=-100.0+2.0 * lng+3.0 * lat+0.2 * lat * \
              lat+0.1 * lng * lat+0.2 * math.sqrt(abs(lng))
        ret+=(20.0 * math.sin(6.0 * lng * PI)+20.0 *
               math.sin(2.0 * lng * PI))* 2.0/3.0
        ret+=(20.0 * math.sin(lat * PI)+40.0
               math.sin(lat/3.0 * PI))* 2.0/3.0
        ret+=(160.0 * math.sin(lat/12.0 * PI)+320 *
               math.sin(lat * PI/30.0))* 2.0/3.0
        return ret
    def transformlng(lng,lat):
        PI=3.1415926535897932384626
        ret=300.0+lng+2.0 * lat+0.1 * lng * lng+\
              0.1 * lng * lat+0.1 * math.sqrt(abs(lng))
        ret+=(20.0 * math.sin(6.0 * lng * PI)+20.0 *
               math.sin(2.0 * lng * PI))* 2.0/3.0
        ret+=(20.0 * math.sin(lng * PI)+40.0 *
               math.sin(lng/3.0 * PI))* 2.0/3.0
        ret+=(150.0 * math.sin(lng/12.0 * PI)+300.0 *
               math.sin(lng/30.0 * PI))* 2.0/3.0
        return ret

    #获取经纬坐标
    def getPoint(_points):
        point=_points.split(',')
        point_jin=point[0]
        point_wei=point[1]
        transOpints=wgs84togcj02(float(point_jin),float
(point_wei))
        return transOpints
```

```
    # 输入左下,以及右上角坐标 根据两点形成等差坐标组 进而获取图片
    def getImage(start_point,end_point,cityName):
        # 取得起始坐标
        start_point_jin=start_point[0]
        start_point_wei=start_point[1]
        end_point_jin=end_point[0]
        end_point_wei=end_point[1]
        #创建等差数组

jins=np.arange(float(start_point_jin)*1000,float(end_
point_jin)*1000,1)*0.001
        jins_num=len(jins)

weis=np.linspace(float(start_point_wei)*1000,float(end_
point_wei)*1000,jins_num)*0.001
        weis_num=len(weis)
        for jins_i in range(jins_num):
            jin=jins[jins_i]
            for weis_i in range(weis_num):
                wei=weis[weis_i]
                #这里要注意下,对应的经纬度没有街景图的地方,输出的
会是无效图片
                print(jin,wei)

img_name="E:\\dataTest\\streetImgData\\"+cityName+"\\"+
str(wei)+"_"+str(jin)+".jpg"

url="https://apis.map.qq.com/ws/streetview/v1/image?size
=600x480&location="+str(wei)+","+str(jin)+"&pitch=0&
heading=0&key=E2BBZ-AEB6U-ONRVX-4PBS3-CZIHK-A7FJI"
                outimg=download(url,img_name)

    #定义数据字典 根据起始点坐标推算内容坐标
    cityJinweiArr=[{"start":"115.442845,39.464988","end"
```

```
:"117.498766,40.978318","city":"beiJing"},{"start":"112.
681398,34.269097","end":"114.226897,34.958295","city":"
zhengZhou"},{"start":"113.692462,29.971956","end":"115.
082138,31.362241","city":"wuHan"}]
    for city in cityJinweiArr:
        start_point=getPoint(city['start'])
        end_point=getPoint(city['end'])
        cityName=city['city']
        getImage(start_point,end_point,cityName)
```

彩　图

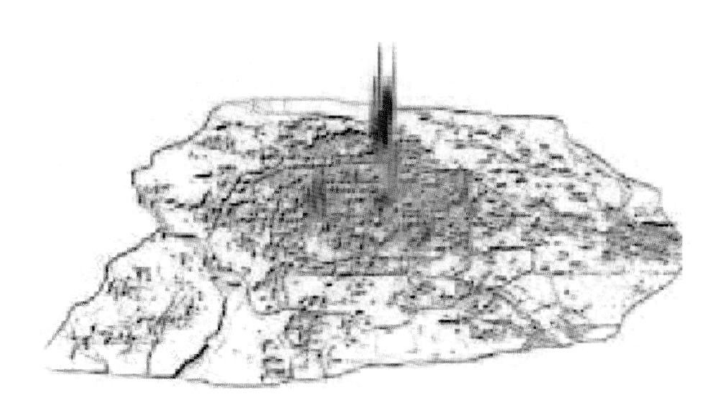

图 3-14　城市跑步指数图

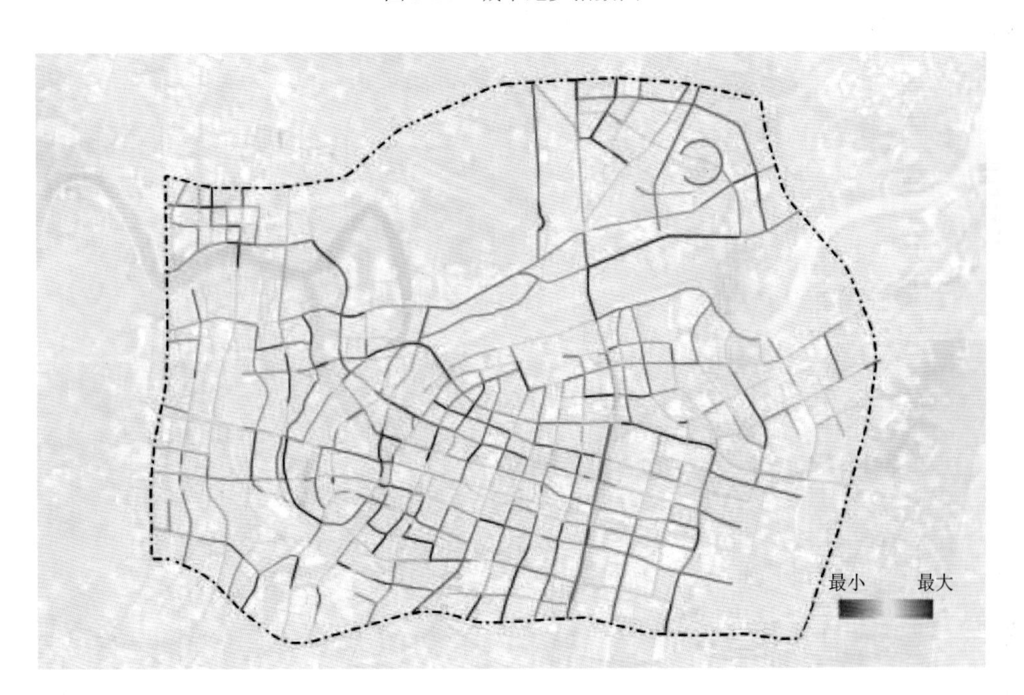

图 3-17　绿色景观指数

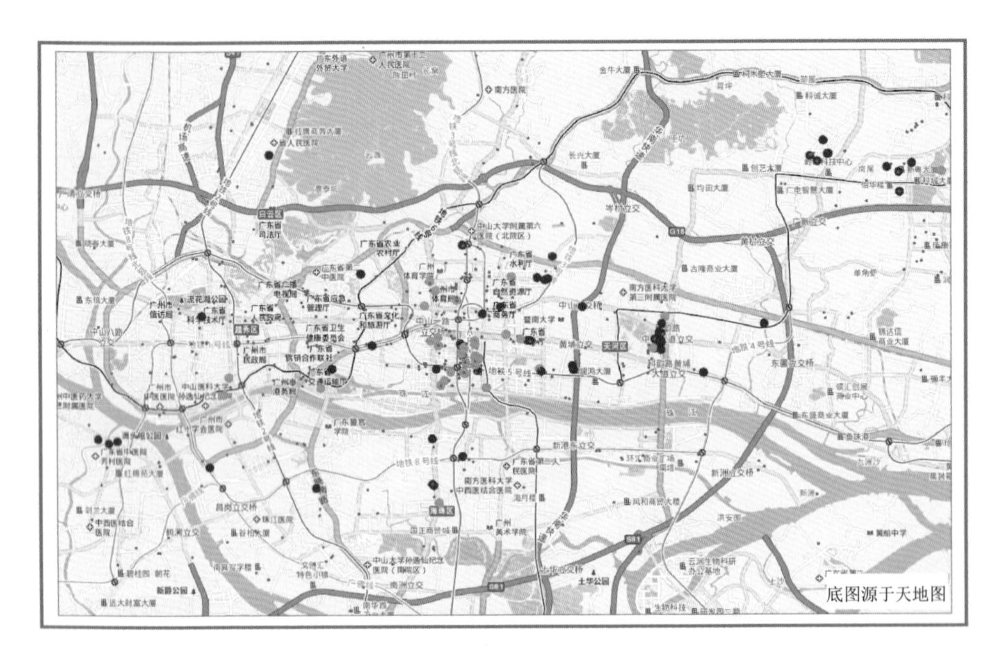

图 5-17　金融业、信息技术服务业营收 2000 万元以上企业分布

（红色：金融业，绿色：信息技术服务业）

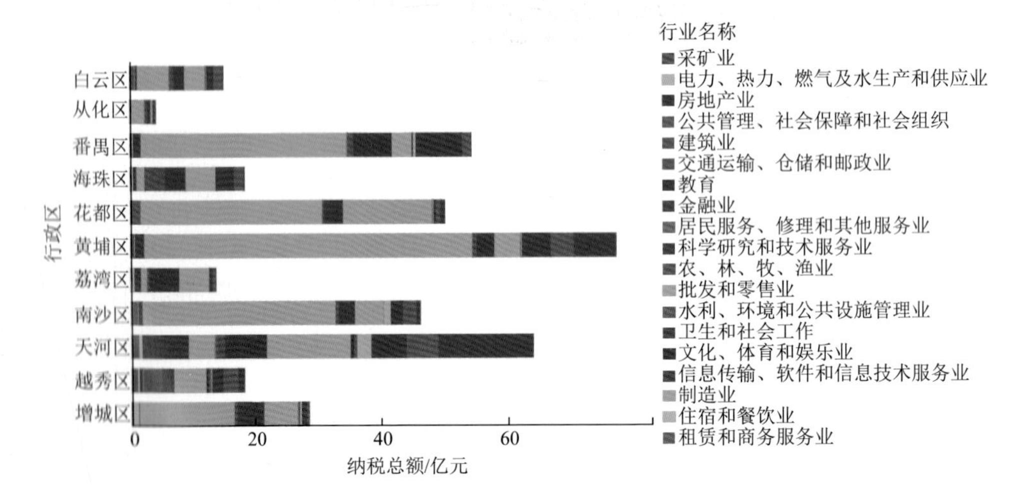

图 5-18　全市各行政区行业纳税总额情况

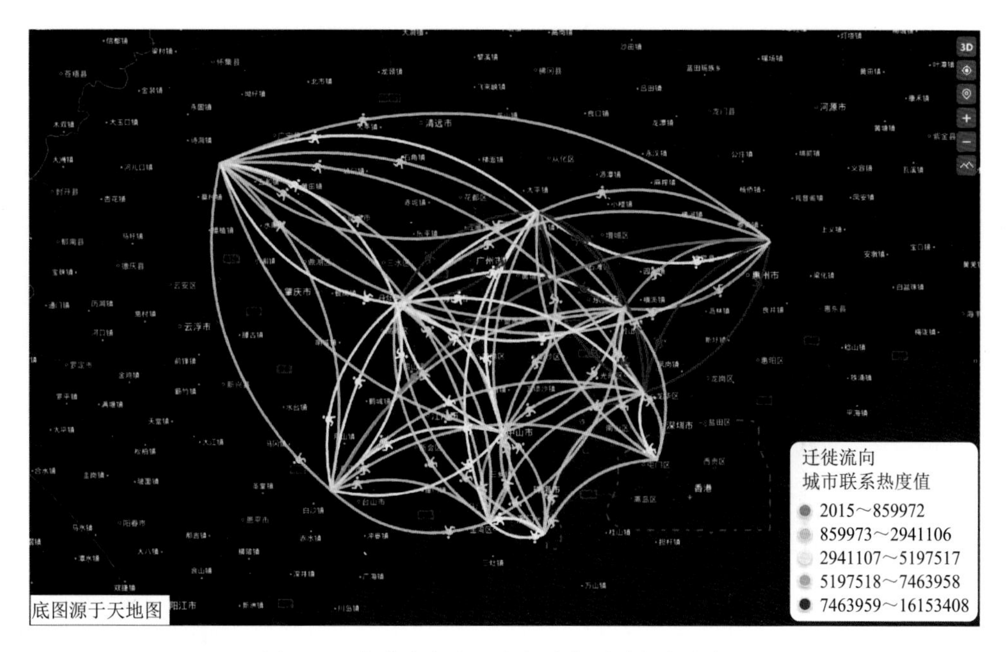

图 7-11　粤港澳大湾区内部城市联系热度流向图

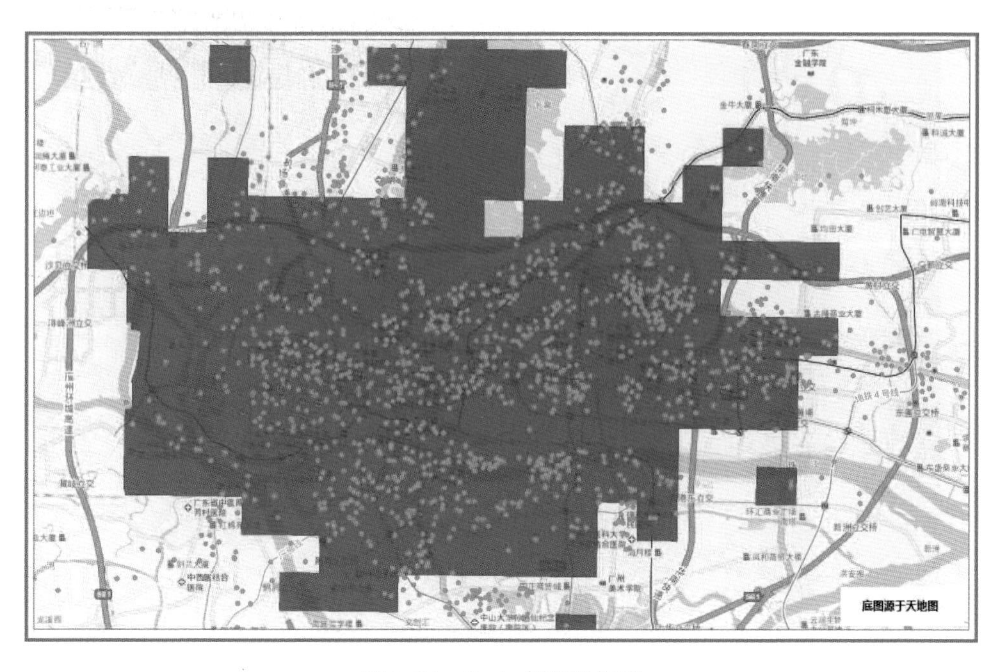

图 8-27　30min 驾车时空圈

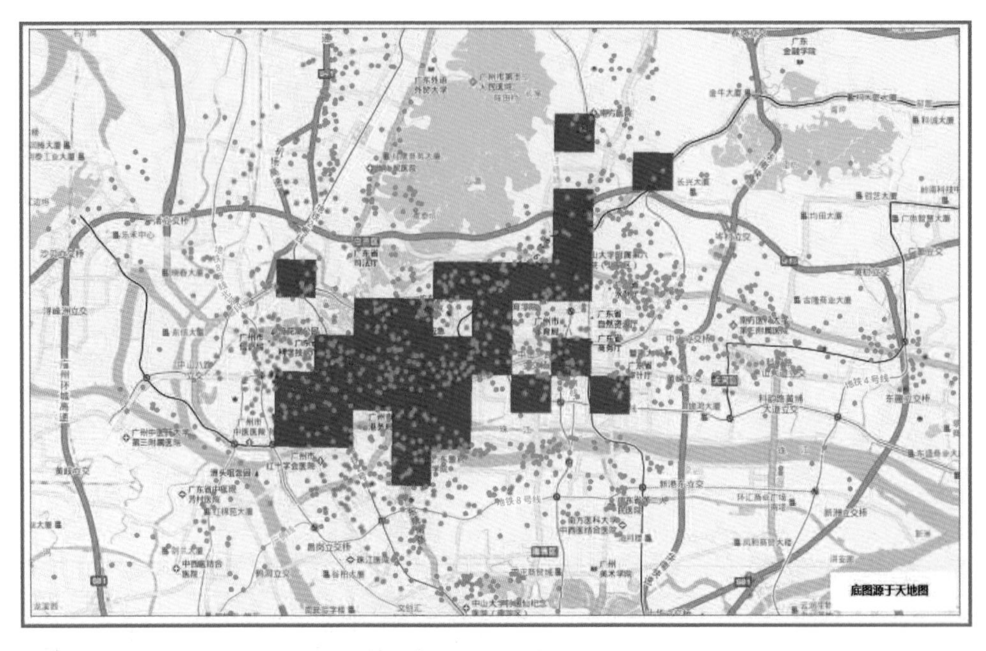

图 8-28　30min 公交时空圈

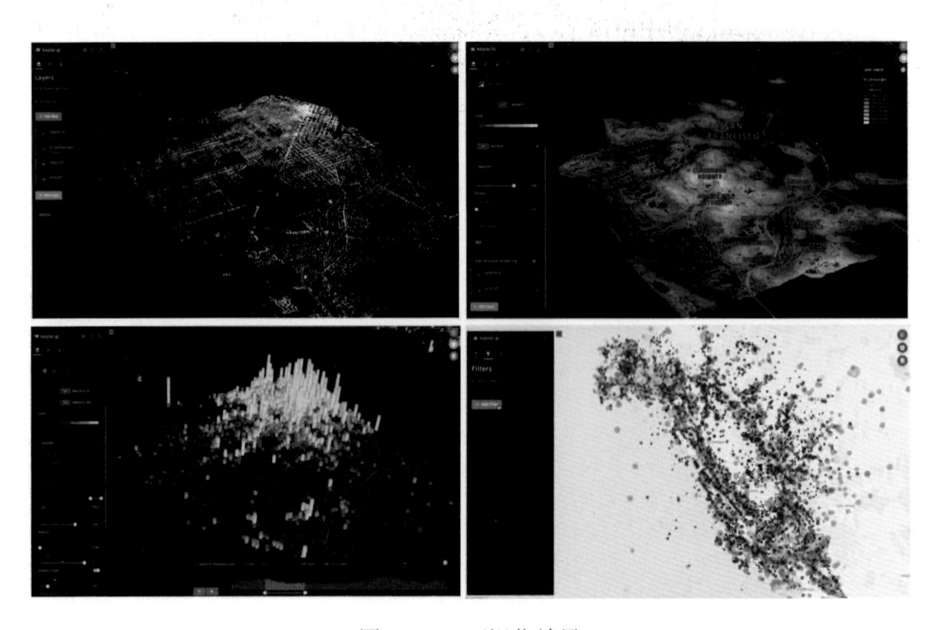

图 13-36　可视化效果